主编 漆平 赵炜

水乡古韵

——广东省鹤山市古劳镇规划设计

西南交通大学出版社

·成都·

图书在版编目（ＣＩＰ）数据

水乡古韵：广东省鹤山市古劳镇规划设计 / 漆平，
赵炜主编. —成都：西南交通大学出版社，2018.3
　　ISBN 978-7-5643-6081-8

　　Ⅰ. ①水… Ⅱ. ①漆… ②赵… Ⅲ. ①城市规划 – 建
筑设计 – 作品集 – 鹤山 – 现代 Ⅳ. ①TU984.265.3

中国版本图书馆 CIP 数据核字（2018）第 034435 号

水乡古韵
—— 广东省鹤山市古劳镇规划设计
Shuixiang Guyun
—Guangdong Sheng Heshan Shi Gulao Zhen Guihua Sheji

主编　漆　平　赵　炜

责 任 编 辑	杨　勇
封 面 设 计	漆　平
	西南交通大学出版社
出 版 发 行	（四川省成都市二环路北一段 111 号
	西南交通大学创新大厦 21 楼）
发行部电话	028-87600564　028-87600533
邮 政 编 码	610031
网　　　址	http://www.xnjdcbs.com
印　　　刷	四川玖艺呈现印刷有限公司
成 品 尺 寸	250 mm×250 mm
印　　　张	17
字　　　数	317 千
版　　　次	2018 年 3 月第 1 版
印　　　次	2018 年 3 月第 1 次
书　　　号	ISBN 978-7-5643-6081-8
定　　　价	98.00 元

编委会

序 言

今年3月，由广东省城乡规划设计研究院赞助、广州大学主办的2017届"南粤杯"联合毕业设计竞赛启动仪式在我院召开。来自广州大学、西南交通大学、昆明理工大学、南昌大学、厦门大学和哈尔滨工业大学共6所高校的7位教师和46名学生组成的10支队伍参加本次竞赛活动。

本联合毕业设计活动于2013年由广州大学和西南交通大学开始创办，2014年得到广东省城乡规划设计研究院的支持，并设立"南粤杯"。在对前几届联合设计竞赛经验总结的基础上，本次竞赛在活动组织方面进行了创新。一是形成"6+1+1"的模式，即"6所高校+主办方+技术支持方"的组织方式，突出了行业学会对联合毕业设计竞赛的技术指导作用。"6"代表来自国内的6所高校，"1"分别代表主办方广东省城乡规划设计研究院和作为技术支持方的中国城市规划学会小城镇规划学术委员会。二是增加了活动前期和中期的学术讲座、中期六校工作坊以及后期答辩结束后的大联欢等内容，旨在加强各校师生的交流与讨论。本次活动为设计院、行业学会和各高校提供了一个交流学习的平台，进一步丰富了科研单位与高校的合作方式，充分发挥行业学会技术指导的作用，促进了各高校规划设计人才的培养。

本次联合毕业设计竞赛重点是关注新时代村镇规划方面的议题，以广东江门鹤山市古劳镇为研究对象，以"水乡古韵"为主题，通过从镇域层面了解全镇生态、生产、生活空间之间的关系来认识镇区的发展和水乡风貌的保护。各参赛队伍结合各自的思考对所选择的场地进行详细设计。联合设计竞赛历时四个月，经历竞赛启动、现状调研、中期方案汇报与模型制作、成果答辩与评奖等四个阶段，形成了丰硕的成果。

中期方案汇报在昆明理工大学举行。汇报内容包括设计方案、方案模型展示、主题视频、小品表演、装置艺术构思五个部分，同时还加入了角色扮演环节。各参赛作品的方案构思和设计成果展现出同学们认真的学习态度和勤勉踏实的作风；团队合作的方式为同学之间分工协作、各展所长提供了机会；角色扮演锻炼了学生从不同的社会角度去发现问题的思维能力。汇报邀请了沈阳建筑大学石铁矛校长、昆明理工大学建筑学院翟辉院长、亚洲城市与建筑联盟姚领秘书长、广东省规划设计研究院的马向明总规划师作为嘉宾，与参赛高校指导老师组成现场评委。石铁矛校长作为国家高等学校城市规划专业指导委员会副主任委员充分肯定了师生们在这一阶段所做的努力以及中期丰富的教学成果：教学方法有创新，教学模式有突破，值得其他院校学习。此外，各评委还分别从汇报逻辑、方案构思、社会经济、空间设计方法等方面对各参赛小组进行了指导。

在西南交通大学举行的成果答辩活动邀请了中国城市规划学会小城镇规划学术委员会主任委员、同济大学教授彭震伟和《南方建筑》主编邵松作为评委。竞赛工作组根据各组同学在每站活动的综合表现进行了评奖，评出一等奖1名，二等奖2名，三等奖3名，优秀奖4名和最佳创意奖1名。来自南昌大学的同学通过两个阶段的优异表现取得了此次六校联合毕业设计的第一名；来自昆明理工大学和西南交通大学的两组同学获得第二名，获得第二名的西南交通大学的同学也摘得最佳创意奖。

本次联合毕业设计竞赛活动的成功举办，设计成果作品集的出版，离不开六所高校领导的高度重视、各位老师和专家的指导，以及参赛同学们的积极参与和对专业的热爱。今后，我院将一如既往地支持"南粤杯"联合毕业设计竞赛活动，充分发挥我院在生产实践和项目研究方面的优势，进一步开展与各高校在人才培养、技术创新等领域的合作。祝贺"南粤杯"联合毕业设计竞赛作品集出版，并向各位专家、指导老师和参赛学生致以诚挚的谢意！

广东省城乡规划设计研究院院长

前　言

　　联合毕业设计已走过了五年的历程，前后参与的各方都付出了极大的热情和辛劳，教学理念日趋成熟，教学过程日益完善，教学水平逐年提高，校企交流持续深入，学生热情不断高涨。在这种良性循环下，我们的6+1联合毕业设计对于教学的改革和企业的创新都起到了积极的推动作用。

　　既然是把联合毕业设计作为城乡规划教学改革的切入点，我们多年来一直在思考，如何结合城市建设发展的需要，提升规划人才的知识结构和工作能力，在思考方式、工作方式、表达方式和专业协同等方面进行了探索和实践。回首五年来的教学过程，我们主要在"跨"和"趣"方面形成了自己的教学特色。

　　所谓"跨"体现在三个方面：一、跨地域。参与的高校包括南部的广州大学、西部的西南交通大学和昆明理工大学、中部的南昌大学、东部的厦门大学、北部的哈尔滨工业大学，基本覆盖了东西南北中五大区域。这种不同地域背景下的规划教学交流对于师生视野的拓展起到了积极的作用。二、跨校企。广东省城乡规划设计研究院对该活动在人员、经费和课题方面都给予了全方位的支持，使学生能在最后一个大作业中得到规划设计单位技术人员的技术指导，从而直接了解设计单位的工作方式，教师也能够进一步了解企业对人才的需求。三、跨专业。当今的城市建设对规划成果在广度和深度上都提出了更高的要求，多专业的协同已成为规划行业的一个特点。因此，在各校教学小组的成员构成中，我们要求各校尽可能以规划专业为主，安排少数建筑学、风景园林专业的学生共同完成课题。这种专业上的互补使得作业的完整性和深度都有了明显的提升。

　　这"三跨"拓展了师生的视野，促进了校际交流，结合了工作实践，强化了协作精神，从而弥补了教学过程中的短板，提高了毕业设计的教学水平。

　　城乡规划工作是建立在深入的科学分析和严谨的推导基础上的，但一些刻板的工作方法和单向的思维方式也往往束缚了我们的思想。我们探讨在严谨的教学过程中采用轻松的教学过程，把趣味性融入教学过程中。我们尝试用其他的艺术形式来解读对规划的认知和对构思的表达，尽管对工科生而言是一种挑战。为使学生更加关注人的生活状态，我们要求汇报时采用小品表演的方式，在服装、道具、语言上要与角色相匹配，情节编排上要与居民生活相对应，这样会促使学生更深入地观察；对于城市空间的认知，要求采用视频的手法汇报，学生要通过电影语言中的蒙太奇、配乐、旁白、色调等来表达对场地的认知，以摆脱片面地依靠图片陈列，而更多地感受城市的氛围；在规划理念表达的环节，要求辅助装置艺术的手法来进行阐述，从而在抽象造型与城市空间中寻找结合点；对汇报的点评部分，加入了学生点评，要求学生以居民代表、政府管理部门和专家的身份进行点评，训练学生能站在不同的立场来思考问题。

这当中借鉴了戏剧表演、电影、装置艺术的表现形式，训练了学生的多向思维，适合年轻人的特点，教学过程生动有趣。

这些教学改革的探索虽然得到了参与各方和历年所邀请的专家学者的好评和鼓励，今年的联合毕业设计也已圆满结束，但我们深知还存在着诸多不足之处，仍需要我们不断努力去完善和提高。

在此，需要向多年来一直对6+1联合毕业设计给予大力支持的广东省城乡规划设计研究院表示深深的敬意和感谢！

感谢广州站的嘉宾广东省规划院温春阳副院长、同济大学张立老师、华南理工大学何志森老师！感谢昆明站的嘉宾沈阳建筑大学石铁矛校长、广东省规划院马向明总工程师、亚洲建筑联盟姚领秘书长、昆明理工大学翟辉院长！感谢成都站的嘉宾同济大学彭震伟老师、《南方建筑》编辑部邵松主任、广东省规划院马向明总工程师、西南交通大学崔珩老师、哈尔滨工业大学吕飞老师！

感谢江门规划局林健生局长、古劳镇领导的支持！

感谢工作营期间昆明理工大学师生给予的支持和帮助，特别是陈桔老师不辞辛劳的工作使得工作营得以顺利完成。感谢毕业答辩成都站西南交通大学的师生，赵炜老师的周密安排让毕业答辩画上了一个圆满的句号。感谢广州大学骆尔提老师、南昌大学周志仪老师、厦门大学王量量老师、哈尔滨工业大学马辉老师等全体指导老师的悉心指导！

最后感谢参加联合毕业设计的全体毕业生！你们的才华和努力让联合毕业设计栩栩生辉。

广州大学建筑与城市规划学院

石铁矛 教授

沈阳建筑大学校长、
全国高等学校城市规划专业
指导委员会副主任委员，
教育评估委员会委员

首先感谢漆老师以及各个学校邀请我参加中期汇报活动，我很高兴。实际上我已经十年没有带过本科生的课程设计了，有点生疏了，但是参加你们这个活动之后，感觉到很愉快，又回到了我教书时的那种兴奋感。

我认为你们这个教学活动有创新，非常好，希望你们继续努力。我们国家的城市规划专业教育有建筑类、农（园）林类、地理类等不同学科背景下的教育模式，大家一直在探讨办学特色，但城乡规划专业规范只是规定了基本的教学方向和课程体系，就十门核心课程，其他特色课程都由各学校自己设置。你们这个教学活动搞得非常好，有创意，我之所以说很喜欢，就是看到学生从最开始的小品的表演，到视频，到装置艺术，最后才是我们的老本行的设计表现，实际上是锻炼了同学们多方位的能力。我们搞规划的人应该善于表达，还要表达得很好，因为今后你可能不仅是做设计，可能做管理，甚至就是做规划实施管理等等工作，所以城市规划的学生需要具有各种表达能力，今天这四项的内容真正锻炼了我们学校学生的城市文化表达。每个同学都各有长处，有善于语言表达的，有行为表达的，有思维表达的，表达的方式也各不一样，甚至视频的表达都很专业。因此，我认为这次活动整体很成功，也值得其他学校学习和借鉴。今天看到各个学校、每个同学对于设计表达确实都有不同，所以通过这样的教学活动，会使各校学生真正交流起来，相互学习。我还感受到，你们的设计活动使学生在紧张与愉悦中度过。我总听到同学抱怨，设计是在加班和深夜画图的疲劳中度过，这次学生也可能工作到半夜两点，但是通过学生表演之后大家感觉到这个课程学习得很清楚和愉快，这是你们调动了学生的兴趣所然，这是教学方法的一种解读。

还有一点，今天我们多位老师做点评时，学生承受了心理的压力。我看着有的同学在得到表扬时的微笑，得到批评时的拘谨，但是锻炼了你的心智，以后工作后还要向不同的专家、领导汇报。我想你们的老师都有不同的设计经历、经验，要有被别人评价和批评的承受能力。可能由于我们的工科背景，今天部分环节的呈现还不是我们擅长的，但我相信这样的探索活动有助于你们的成长。我们做规划的，知识面应该更宽一些。例如，你们做调研的时候以社会学为切入点，对古镇水乡设计紧扣着生态主题非常好，能加入生态技术的分析更好；现今的规划设计，我希望大家多用一些新城市科学方法，城市规划技术的介入。我们可能会用数学模型和软件来做分析，GIS和遥感的应用，今后还会运用大数据和跨学科方法。如果你们现在就着手加入一些规划技术的应用，那你们的设计不仅用优秀传统文化去打动人，更用科学的数据去说服人，使规划不仅合理、更符合现实，更经历史检验。

今天我学到很多，不仅从各位评委，也从同学们那儿学到很多，所以我度过了很愉快的一天。谢谢！

姚 领

亚洲设计学年奖、亚洲城市与建筑联盟秘书长

非常荣幸来到今天的现场！其实去年我就应该出现在这里。现在其实是让我蛮惊讶的，因为我们每年活动都非常多，有国际论坛、国际交流活动，其中有不少优秀的学校参加，但是我们今天的水准一点都不输于那些活动，甚至我们还有一些更加有价值的地方凸显出来。其实每个院校都有自己独特的定位和思考，包括你们毕业之后，应该对自己今天的表现充满着自信和自豪，你们可以跟一线的院校去比拼是没有问题的。接下来，我谈谈今天的一些收获和感想：

第一，这个活动应该继续做下去，对设计师来说，这是一个非常综合的训练。设计不是只有画图的才叫设计，所有设计的行业有画图的，有做传媒的、做政策研究的，这也都是设计，而不是说我去画这个图和做出具体型态才叫作设计，这需要我们有不同的理念。另外，设计过程不能只是用一些常规的手法去开展，我们的设计要能运用各种不同的手段，要围绕项目的问题本身，因为所有的设计概念应该源于对背景和现状的研究，包括这次汇报中提出的"最小干预"的概念。我们运用这些概念都要了解它们的内涵，它要具体解决什么问题。其实所有的问题都是比较复杂的，包括人性、社会发展、历史文化、自然环境等方面。现实当中，很多事情可能出发点很好，但是我们没有那个操作的能力，最终会导致好心干坏事，这个需要我们警惕。因此，我觉得最重要的不是知识本身，而是我们对已掌握知识和理论的警惕和反思、怀疑和批判，这个才是我们真正有价值和有意义的方面，因为你们的任务一定是对过去问题的反思，甚至颠覆，过去的知识和经验是供我们参考的，并不是唯一正确和伟大的。我们批评柯布西耶的居住机器，其实他的出发点很好，就是想解决社会现象中的移民问题。所以我希望大家还是要客观地结合此时此景，理性地思考问题的背后是什么，并拿出一些具有创造性的解决方案。总之，设计不是简单的事情。

第二，千万不要把设计变成简单解决生存状况的工具，真正的设计，包括艺术，它真正的价值是提升人的生命境界。可惜的是真正的艺术、好的设计在我们今天看到的还比较少。设计的前提是在于如何让整个社会生态更文明，现在倡导的绿色生态和可持续发展，就是很好的反思。现在的经济水平提高了，物质环境更丰富了，但同时也迸发出更多可怕的问题，所以这是一个需要我们长期思考的问题，如何将生命提升到一个更有价值的状态，这也是需要设计师思考的问题。谢谢！

马向明 教授级高工
广东省城乡规划设计研究院总规划师

　　谢谢在座的师生们！今年是活动的第四届，我来昆明理工大学应该是第三次，每次来都看到有新东西，这次建筑楼的内部场所已经变成一个更有利于交流的开放空间。广东省规划院资助这个活动的目的主要是想让生产实践和教学有更紧密的结合，所以借助这个机会，我也谈谈我的一些看法。

　　首先，我们城市规划在过去相当长的时候，都是强调规划的综合性，我们规划的内容往横向扩展，包括市政交通、土地利用、信息、产业、生态等方面不断拓展。但是最近几年对于规划的横向拓展，不少行业人士都是持保留态度的，例如规划师花那么多精力去做产业方面的规划，回头社科院编一本就把你给取代了，你何苦呢？城市规划的核心应该还是解决空间的问题。最近出现另外一个迹象，就是竖向综合。原来我们只是含糊地说规划要管理好城市建设，住房和城乡建设部现在倡导的是要强调编制、管理、监督之间的关联。例如编制规划时确定了的绿线，将来监督部门用卫星影像图比对，就可以发现实施中的问题，有问题马上派督查组调查具体情况，这就对规划的纵向综合提出新的要求。

　　其次，是城市规划中规划与设计是始终有区别，规划强调系统性，强调平衡、科学，要保证公共利益，给最弱的群体有基本保障，规划强调要有底线。而设计则会强调价值的提升，城市设计和建筑设计更多的是选择最优，但规划部分讲究最平衡，所以两者是有所不同的，要不断地去相互校正优化。我们有十个组，有的组很好地解决类这个或者那个问题，让其他同学能得到启发，后面可以做得更好。我们这个工作营就是一个相互学习和交流的过程。

翟　辉 教授

昆明理工大学建筑与城市规划学院院长

首先，祝贺中期工作圆满成功！感谢各校师生们的大力支持，成果表达确实比去年有很大的提升。昆明理工大学也有很多其他组合的联合毕业设计，最近也在做期中检查，但我觉得今天看到的成果和组织方式是比较好的。希望后期大家还可以再做进一步的优化。

我认为这个选题很好，既是热点问题也是难点问题。现在无论是特色小镇还是美丽乡村，做出来的成果能称之为典范的还是很少，难点是很多的，所以不管怎么做，总能挑得出毛病，谁也别希望你的方案可以做到尽善尽美。但对于同学们来说有一点是比较重要的，就是不希望你们毕业设计做出来的东西与规划设计院做出来的是一样的，我认为这么培养是教育的失败。我们不应该在收官的毕业设计的成果上拿那样的一个标准来衡量，大家是年轻人，应该贡献多元化的想法，从这个角度来看各组的方案还有很大的提升空间。

再说一下这次的汇报形式。我以往不太主张用太多的、繁杂的形式，还是要用规划的语言来表达规划，但是我后来也慢慢地转变了，特别今天看到的这些多样化的表达方式，我认为也是可取的。但在这些里面大家要注意的是要围绕着主题，我个人认为这是最重要的，是大家取得共识的价值取向，这个需要用各种手段来表达。可能有些设计是"治病"的，有些是"致病"，我们应该是去治疗，而不是去到导致病。这个应该是各位同学特别要注意的，因为这就在于价值取向，所以我觉得联合毕业设计的最主要的任务，就是我们那么多的同学和老师可以在一起相互交流，我们在交流中所获得的这些信息都是为了能够更好地使我们城乡规划可以进入良性循环的发展轨道，可以持续发展的价值取向。

总之，这个教学环节是非常成功的！祝贺大家！欢迎大家以后再次到访昆明理工大学。

彭震伟 教授

同济大学建筑与城市规划学院党委书记、
全国高等教育城乡规划专业评估委员会主任委员

　　首先，要祝贺参加"南粤杯"六校联合毕业设计的同学们，你们在老师的指导下取得了非常出色的成绩。毕业设计这个环节非常重要，你们在大学前四年半的专业学习中，已经把所有与规划有关的环节都训练过了，到了毕业设计阶段，最重要的就是要对前面所学的所有的专业内容进行深化，把它们都整合在一起。我今天坐了一天，我觉得同学们在老师的指导下做到了这一点，你们在原来的基础上又有了进一步的提高，这也进一步加深了我对六个学校教学质量和同学们的认识。作为全国城乡规划专业评估委主任委员，我时刻在关注全国的城乡规划院校，每年都要进行城乡规划专业的评估，我感到非常高兴，咱们六个学校的教学水平、同学们的投入，都在今天得到了很好的呈现。

　　其次，同学们即将进入到一个新的工作岗位，或者说一个新的世界，马上会有更重、更艰巨的任务等待着大家，所以，希望各位务必再接再厉。在今天各位同学们所呈现出来的设计成果中，还是在不少地方存在着问题，例如从规划成果的规范性来说，图纸上该出现什么、不该出现什么，图纸的名称与表达出来的内容还是有一些差距，等等。但是，总体来说，我看到了同学们出色的、优秀的成果。

　　在此，要祝愿"南粤杯"六校联合毕业设计这项活动能够持续地办下去，并且越办越好。我们的规划教育需要更多像广东省规划院这样的企业来支持，这样的联合毕业设计对我们的教学和规划教育水平的提高一定是有很大帮助的。最后再说一句，就是要时刻牢记我们的城乡规划是为人服务的，这是一个大写的"人"——所有人，公众的利益至高无上，大家必须要有这样一个目标。有老师们辛勤的付出，有同学们不断的努力，相信一定会取得越来越大的成绩！也衷心祝愿各位同学在未来的职业生涯中取得更大的成就！

马向明 教授级高工

广东省城乡规划设计研究院总规划师

首先，要对今年参加我们六校联合毕设的四十八位学生圆满完成毕业设计任务表示祝贺！我记得二月份我们在广州相见，转眼七月又在西南交大相会了。我们这个毕业设计活动已经进入到第四届了，特别高兴地看到我们每年都有进步，特别是看到我们六个学校学生的互动越来越增强，这是值得欣慰的一件事。

借此机会，我想跟同学们分享两个词：第一个词"坚持"。首先，城市规划确实需要坚持，刚才彭主任也说了规划中有关公共利益的事是需要我们去坚持的。其次，做规划本身也需要坚持，我个人的看法这不是一个高烧脑的行业，也不会说一夜之间有了一个"idea"就一鸣惊人，在这个行业不是的，一定要不断地坚持积累下去才能够出成绩。第二个词"谨慎"。以前我看《哈利波特》，看完以后有一句话记忆深刻，当哈利波特出去一个月回来，他的同学问他你出去有什么感觉，他说："学校和社会最大的差异是你在学校做错了，老师可以叫你重来，但是出去社会上机会只有一次，错了以后再也无法挽回。"所以我认为规划工作中无论是方案设计还是汇报，都是很严肃的事情，它需要你们全心全意地去做，要谨慎地去做。我很喜欢一个哲人说过的一句话："是话在说你，而不是你在说话。"看上去是你在说话，实际上别人是通过你说话来了解你是什么样的，你的想法是什么。

在此我也想致谢。我想第一要感谢彭震伟老师来到我们这个活动，并对我们做出指导。今年我参加了规划专业的评估工作，让我更深刻地认识或者了解到了规划教育中各个环节之间的相互关系，让我个人更加理解我省规划院支持这个活动的意义。第二要感谢我们这个活动的组织工作组，我们只是出资金和项目，但是能不能办好是靠的我们教师这个团队，而我们教师团队经过这几年的经验总结，已经办得越来越顺手，这是很值得欣慰。我也要感谢中期在昆明理工大学做的工作营，我觉得这是我们联合毕业设计的特别之处，有十几天的时间，各方都聚集在一起，使我们产生的成果比以前有了很大的提高。最后也感谢我们古劳镇的书记、镇长，是你们的积极配合，也包括你们的关注使得我们的老师和同学们做得更加投入。希望明年我们广州见！

2017 南粤杯六校联合毕业设计解题 ——"水乡古韵"

广东省城乡规划设计研究院

　　江门市位于珠三角西岸，地处华南亚热带，四季常春，东邻佛山顺德、中山、珠海，西接阳江，北与云浮、佛山为邻，南濒南海，毗邻港澳。江门市俗称"五邑"，江门五邑是全国著名侨乡，有"中国第一侨乡"的美誉。祖籍江门的华侨、华人和港澳台同胞近400万，分布在全世界五大洲107个国家和地区。江门地杰人灵，哺育了哲学大师陈白沙、维新领袖梁启超、中国航空第一人冯如、爱国侨领司徒美堂等时代巨子。

　　珠江三角洲是由珠江水系多条河流冲积而成的复合型三角洲，形成了平原上河水纵横交错的特征。这里的人们依水而栖，临水而居，在长期的生活中形成了与水相处、用水与治水的智慧。为了提高农业耕作的效率，智慧的先民们创造一种挖深鱼塘，垫高基田，塘基植桑，塘内养鱼的高效人工生态系统，这就是著名的"桑基鱼塘"，也是我们本次设计竞赛的题眼。如果要问保存最完好的桑基鱼塘在哪里，十个人就有九个人会告诉你在鹤山古劳，鹤山古劳地处西江河畔，面对密织的河网和洼地，当地先民们就地取材，利用低洼积水地深挖为塘，覆土为基，塘间形成一个一个的小土墩，塘可养鱼，小土墩上则种桑种蔗，有的还建有民居。习惯上，西江边上的大堤称作"围"，堤围内鱼塘之间的小土墩称作"围墩"，因此，古劳水乡也被称为围墩水乡，是珠三角地区最典型的水乡之一。

　　多年来，古劳镇经济稳步发展，第二产业已成为支柱产业，但在发展的过程中也遇到了幸福的"烦恼"——古劳镇水域面积大，可开发土地不多，外源性工业植入和大量劳动人口的集聚，叠合上鹤山市区的虹吸效应，使得古劳面临一系列问题：经济可持续发展的驱动力不足，老圩镇综合服务功能和生活环境质量下降，古劳水乡的桑基鱼塘逐渐受到侵蚀，传统水乡风貌和水生态环境遭到严重破坏等，亟需改善和解决。近年来，随着鼓励特色小镇发展的政策相继出台，鹤山古劳交通可达性的改善，古劳水乡迎来了新的发展机遇，处理好保护与开发利用之间的关系，处理好现代城镇空间发展与水乡整体风貌保护之间的关系成为当地政府、民众和我们重点关注的议题。

　　本次联合设计竞赛坚持全域统筹和重点突出的思路，将范围分为两个层次：一是古劳镇全域（面积72平方千米），主要是总体概念规划，旨在从全域的层面思考生产、生活、生态空间的关系，谋划古劳镇未来发展的空间格局；另一个设计范围位于古劳镇镇政府周边地区（在划定范围内自选1平方千米设计区域），以"水乡古韵"为主题，采用城市设计和空间营造的方法，围绕处理好现代城镇空间发展与水乡整体风貌保护之间的关系，提出相应的空间响应策略。

　　何谓"水乡古韵"？应该是体现古劳独特魅力的水乡，是兼顾镇区经济发展与自然环境优化的古韵水乡；应该是延续桑基鱼塘的传统肌理，留存水乡情怀，但又与时俱进的特色小镇；应该是村民其乐融融，互利共享、生活舒适的小城镇。我们希望同学们能从上述角度对规划范围进行设计，通过对场所深入的感知和独到的分析，访谈规划师、政府人员、当地居民、游客等不同人群，思考不同人群对空间的认知和诉求，以人的视角为出发点，寻找当地面临的问题，基于各自团队的理解，提出古劳水乡提升的方向和未来的畅想。重点考虑以下几个方面：

　　（一）突出水乡特色：依托西江和茶山的山水格局，梳理水乡肌理，合理利用城乡空间，保持独具特色的水乡；

　　（二）彰显历史底蕴：充分利用场地的历史资源，将功夫文化、华侨文化等充分展现，提升场所品质和文化内涵；

　　（三）注重风貌塑造：注重传统民居风貌的保护与塑造，对新旧建筑、改造建筑之间的整体风貌协调；

　　（四）提升产业发展：切合古劳镇的实际情况，考虑传统产业的转型，提出可行的产业发展模式；

　　（五）注重实施策略：针对场地现状，提出具有针对性的实施策略，提高方案的现实指导意义。

广东·广州

2017 年 3 月 2 日至 3 月 6 日

2017 年 3 月 3 日，由广东省城乡规划设计研究院主办、广州大学承办的 2017 届"南粤杯"联合毕业设计竞赛启动仪式在广东省规院召开。来自广州大学、西南交通大学、昆明理工大学、南昌大学、厦门大学和哈尔滨工业大学共六所高校师生参加本次竞赛活动。在有关同志的组织和带领下，各校师生有序参观了广东省规院。

参观结束后，在会议室举行了本次竞赛活动的启动仪式座谈会。广东省规院院长邱衍庆、副院长温春阳、总工程师马向明、规划一所所长任庆昌、规划一所技术总监龚斌、规划一所技术人员刘沛和所有参与竞赛活动的师生出席了启动仪式。会议上，温春阳副院长首先向六所高校的师生表达了热切的欢迎。本次竞赛意在能够加强六所院校队伍的互动和交流，希望各校的老师和同学们能够相互交流，共同进步。

活动流程

1. 全体师生到达广州

各校师生于 3 月 1-2 号陆续抵达广州，受到了广州大学师生的热情接待，于学校周边酒店入住。

2. 各校师生参观广州

提前到达广州的同学由广大的负责人提供攻略，结伴参观广州，各校之间进行初步交流。

3. 参观广东省规划院

随后在相关负责人带领下，各校师生参观了广东省规院的各部门及资料室，对于规划的工作环境和工作状态有了一定的认识。

4. 联合毕设动员会议

参观结束后，在会议室举行了本次竞赛活动的启动仪式座谈会和动员大会，全部师生都充满活力。

活动介绍及风采

　　在对前三届联合竞赛经验的总结后，本次竞赛活动更加具有专业性、技术性和丰富性。第一，联合竞赛名称由原来的"广东省规划院杯"联合毕业设计竞赛正式改为"南粤杯"联合毕业设计竞赛。本次参赛的六所院校由7位教师和46名学生组成10支队伍，院校地域分布广泛，教学各具特色。第二，本次联合毕业设计在组织和参与方式上有所创新，突出了行业学会对联合毕业设计竞赛的技术指导作用，形成了"6＋1＋1"的"6所高校＋主办方＋技术支持方"的组织和参与方式。第三，注重竞赛活动的丰富性，增加了前期的学术讲座、参观工作坊和博物馆以及后期答辩结束后的大联欢等内容，旨在加强各校师生的交流与讨论。

5. 举办学术讲座

晚上在广州大学报告厅，同济大学张立副教授和非正规工作室创始人何志森老师带来了精彩学术报告，令广大师生受益匪浅。

6. 古劳镇现场调研工作

3月4日，举办青年规划师下乡活动，征询当地村民、居民对规划的意见和要求，探讨新时代村镇规划的新思路。

7. 江门市参观学习

3月5日，各校师生来到江门市参观，并请到江门市规划院领导对古劳镇项目进行了进一步的介绍，并解答师生的疑问。

8. 返回广州 合影留念

3月6日上午，各校师生乘车返回广州，经过一周相处，大家已经初步熟悉。拍照留念，各自返校。

第二站：昆明理工大学

云南·昆明

2017 年 4 月 1 日至 16 日

2017 年"南粤杯"六校联合毕业设计工作营及中期答辩于四月在昆明理工大学如期举行，六校同学各显其能，中期答辩顺利结束。期待成都站西南交通大学终期答辩圆满完成。

3.31　全体学生到达昆明理工大学。

4.1　工作营开幕，交流前期工作成果。

4.3-4.14　初步方案深化，重点地段模型制作及初步汇报成果制作。

4.14　布置汇报场地及小组成果。

4.15　指导老师到达昆明理工大学，在建筑与城市规划学院中庭举行中期成果汇报。

4.16　中期答辩专家在建筑楼举办学术讲座，全体师生参加。

4.17　工作营结束，下午各自返校。

活动流程

1. 全体同学到达昆明

各校同学到达昆明，参观昆明理工大学呈贡校区，准备工作营开幕。

2. 工作营开幕

漆平老师和陈桔老师参加本次开营仪式，本次开营仪式旨在促进各校之间的交流与沟通。

3. 教学指导方案深化

骆尔提老师和马辉老师对同学们的初步成果进行了解，并对方案和装置提出建议和进行指导。

4. 参观模型室

同学们在老师的带领下参观昆明理工大学模型制作室，了解模型制作的工具和大型设备的使用。

活动介绍及风采

工作营概况

昆明站活动风采

中期答辩现场

5. 中期答辩现场

在建筑与城市规划学院中庭布置中期成果展示，包括重点地段模型、图纸、装置等。

6. 角色扮演点评

同学们扮演村民代表、专家和政府部门对方案进行点评。

7. 专家点评

省规院领导和校外专家及各位老师对各组中期成果进行点评讲解。

8. 中期答辩总结

石铁矛校长、姚领先生、马向明总工和翟辉院长对本次答辩进行总结，对同学们的中期成果予以充分肯定并提出更多的展望。

四川·成都

2017年6月9日至11日

2017年"南粤杯"六校联合毕业设计竞赛终期答辩于西南交通大学建筑与设计学院如期举行。六校同学各展风采，进行了精彩的方案汇报。针对古劳水乡地区现状的具体问题，从不同角度出去，提出了不同的概念设计方案，得到了在场专家和各校老师的专业点评和称赞。六校同学都受益良多。

6.9 六校师生成都报到，进行毕业设计布展。

6.10 西南交通大学建筑与城市设计学院中庭正式答辩。

举行颁奖仪式，共设一等奖一组，二等奖两组，三等奖三组，优秀奖若干。

六校师生庆功聚餐，相互交换礼物。

2017年"南粤杯"六校联合毕业设计竞赛圆满落幕。

活动流程

1. 全体同学到达成都

各校同学到达成都，参观西南交通大学犀浦校区，进行联合毕业设计布展。

2. 终期方案汇报

正式答辩现场气氛火热，学术氛围浓厚。在场专家和各校老师严谨点评，各校同学大展风采。

3. 各校同学进行成果汇报

各校同学向老师和专家们进行了精彩的终期成果汇报，展现了各校同学良好的专业素养和扎实的专业功底。

4. 外校专家进行点评

同济大学建筑与城规学院彭震伟教授对同学们的方案进行激情洋溢的专业点评。

动介绍及风采

各位专家与各校老师仔细聆听学生汇报

各校学生进行方案汇报，专家及老师进行专业点评

汇报结束后，举行颁奖仪式，各校同学与老师合影留念

5. 各校老师进行点评	6. 各校老师总结致辞	7. 各校老师向各组进行现场颁奖	8. 各校师生合影留念
西南交通大学崔珩教授对南昌大学组的设计方案进行专业点评。	昆明理工大学建筑与城市规划学院马向明总工对本次联合毕业设计进行总结致辞。	举行颁奖仪式，南昌大学周志仪老师为昆明理工大学组颁发奖状和奖金。	颁奖结束，各校同学与在场专家和各校老师合影留念。

目 录

广州大学
Guangzhou University

黄昊睿

只有不断地更新知识体系才能解决更多的现实问题。五年的规划专业学习让我意识到社会变革得十分迅速，从三旧改造到海绵城市再到共享经济……必须不断地学习以适应时代的需求。同时，从传统规划专业的角度去解决当下问题可能成本过高，因此，多学科的交叉显得愈发重要，我们需要更优解。在此十分感谢老师教会给我的批判精神与创新精神，我将引以为探寻未来的明灯。

黄逸鸣

时间过得飞快，转眼间五年的学习生活就这么过去了，我也从原来对城市规划的模糊了解，到现在掌握了一些专业知识，自身有了一定的提升。在这次的毕业设计中，我有幸与各个高校的同学们一同学习，见识到了各种充满创意的思路以及优秀的表达手法，让我收获了许多，同时也发现了自己的不足，更令我了解到学习与交流是进步的一大基础。

在未来的工作与学习当中，我要注重以人为本的理念，多加考虑使用者的感受，进一步提升自身的规划能力。

刘子杰

规划从业者们的关注点也一直局限于自己阳春白雪的小圈子。尝试从不同的角度出发，做一些与众不同的尝试，或许能找到一条更加合适的道路。

郑钧元

联合毕业设计不仅是对所学基础知识和专业知识的一种综合应用，更是对我们所学知识的一种检测与丰富，是一种综合的再学习再提高的过程。在整个设计中我懂得了许多东西，也培养了我独立工作的能力，树立了对自己工作能力的信心，相信会对今后的学习工作生活有非常重要的影响。在此要感谢指导老师对我们悉心地指导，联合毕业设计为我们的学业生涯画上了一个完美的句号，使我终身受益。

陈筱悦

一入规划深似海，学海无涯苦作舟。大学五年，规划给予了我看待事物更加多元的角度，也培养了我坚定的意志力，栉风沐雨，砥砺前行，这些是我除了专业知识以外最大的收获。最后的一次作业，可以和各个学校的同学、老师，各个所的大神一起学习交流，是幸运也是缘分，也为五年画上了一个完整的句号。离开大学，是结束也是开始，期待下一次的相遇。

黄庭月

这次毕业设计是大学做过的最好最充实最圆满，同时也是最开心的一次设计作业。在短短几个月里，认识了来自5个不同学校的同学们与老师们，省院的一些规划师们，还有幸见到一些规划设计的大师们，是一份特别难得的经历。真的特别感谢各校的老师们举办这样的联合毕设，让我能够有机会参与到其中。在这期间与其他学校的同学们不断地越来越熟悉，尤其是中期的工作坊，两周的相处里，第一次见识到学霸的厉害之处，感受到各校同学的热情。毕业设计做到最后，收获的不仅是一份设计作业，更专业的知识，更是深厚的师生情，同学情。毕业以后已经不仅是同行，也是能去喝一杯的朋友了。很高兴曾与你们相伴同行，愿老师同学们前路光明，盼来日有缘相聚。

唐晓辉

回望本科五年的学习生涯和一个学期来的毕业设计，原本我对于一个城市的认识只是仅仅局限于他的一个建筑物的美观性，商业街的繁华程度以及鳞次栉比的交通、街道。但是现在明白了一个城市的发展趋势以及发展的规律，城市的经济、布局、交通等等设施因素与彼此之间的联系以及影响，除此之外还有一个城市的层次的体现，使得我对一个城市的认识更加地清晰以及深入。更重要的是我也体会到了城市的一个整体性的规划对于一个城市的发展与生存的关键性。同时城市规划使我明白了一个城市要发展其规划必然是顺应了时代的要求，同时要有明确的条理性的侧重型以及结构性，这让我想到我们的平常的生活、学习、工作也是如此，让我懂得的不仅仅是一个城市的布局、因素的存在，更是一种逻辑性、条理性的一种思想的学习，并将其运用到我以后的的学习、生活、工作中。

周逸峰

非常感谢广州大学建筑与城市规划学院给了我这次难得的机会和六座高水平院校的师生进行同台竞技乃至深度交流。六校联合毕业设计最终高标准、高水平、高产出地圆满结束，这同时也表明参加本次联合毕设的六座院校的教学质量再一次达到一次质的飞跃。本次联合毕设最重要的收获有二，其一是逻辑思维能力的提升。本科教育过程中，因为课题常常缺乏很多必要性的限制条件，而作为学生的我们也没有意识地去了解更多的实际限制性条件，缺乏生活经验，常常使得一些课程作业成果以一种想当然的心态去完成，照猫画虎。但本次联合毕设，不但在开营前让我们完成了基础资料汇编，还组织我们亲身走到现场与当地组织工作的领导进行深度交流，这种形式是一个很好的启发学生的机会，因为所谓合理性，即在限制条件内思考问题，而不是天马行空，缺乏根据。收获之二在于团队合作的有效性，和以往参与的团队合作不同，本次联合毕设是让我们代表母校参与的同台竞技。所以团队组织工作需要比以往更加高效，所以除了联合毕设的课程任务外，我们还面临了高效组织的挑战。在这个过程中，我经历了很大的情绪波动，常常不能保证团队工作能够顺利推进。多亏了我的组员黄庭月、唐晓辉和陈筱悦同学，在种种不利条件之下，意志上相互支持，学习上相互启发，使得工作能一步步推进下去。希望六校联合毕业设计能越办越好。

高鑫　　曾启俊　　戴杰恒　　胡适

水乡人家
欢迎你

劳佩珊　　魏彤彤　　罗力宇　　詹欣泽

曾启俊

五年的规划生活有笑也有痛，每当我感觉身体快被抽空，到凌晨四五点才收工，抱怨 24 个小时不够用，我们的心事有多少人懂。走不完的是漆老师的套路，有多少其他作业没时间去兼顾，但如果有机会在我面前我一把抱住。那些挥洒的汗水就是我的证据，我以为撑不下去，那些未知的可怕应该如何驾驭。我在规划的路上磨平了鞋底，这条道路太拥挤，我会为我自己骄傲，当我十年后想起。记着笑着面对，看我一直在跑没有想过后退。要往前走，你不用跟谁斗。Just going go going go going go. 要往前走，we ready for the show. Just going go going go going go. 我知道你跟我一样，面对着不同的压力不同的挑战，或许你在做规划，或许你在做设计，或许你朝九晚五在上班。但 anyway，如果你前面还有路的话，答应我，一定要跑下去。

戴杰恒

联合毕设是五年规划专业学习的结束，也是余生投入到规划实践工作的开始。五年的专业训练中，每一次的实地走访，每一次疲惫不堪的通宵画图，每一次被肯定或否决的汇报，让我对自身有过怀疑和希望，有过沮丧和欢乐。这些经历让我逐渐成长，我开始感到"规划"二字落在肩膀上的重量，也开始懂得做设计要有悲天悯人的情怀。我们从这里出发，为着前程各奔东西，像是纵横交错的川流，流动不息；我们都怀着规划的共同理想前进，愿在某天如同百川归海，殊途同归。

高 鑫

感知成长，感恩随行。六校联合毕业设计是五年大学规划学习的句号，仿佛一场终身难忘的旅行。旅途是提升自己的过程，三个城市的工作学习中，我受益良多；旅途中收获了来自全国各地的羁绊，我们是竞争对手，也是战友，感谢有你们的陪伴；带领我们前行的老师，您们给我的不仅是专业知识，更是今后人生中受用不尽的财富。各位师长、挚友，缘起缘聚，来日盼重逢。

胡 适

时光荏苒，白驹过隙，时光总是那么静悄悄，毕业到来得那么猝不及防而又那么理所当然。联合毕设，认识了很多新朋友，去了很多有趣的地方。仿佛课室里激烈的讨论还在萦绕耳旁，转瞬就落到了电脑上一圈一点。还没准备好对于过去的道别，新的未来已经推着我往前走。回首每个时期，都曾有过碰壁，有过收获，不计较成果，去享受过程，兴许就是我学到的最大的财富。还有还有的就是那一句：不要随便在图上画一个圈。

劳佩珊

有不可及之志，必有不可及之功。感谢五年来努力的自己，以及那些对我施予善意的老师，同学们。五年在广大、在建院不仅仅是学到越来越娴熟的技术和专业知识，而且对于专业素养的培养，包括逻辑思维的缜密和成熟表达想法能力都着实提高。在磕磕碰碰的毕设之后蓦然回首，惊叹于跃升的高度。 撑着船篙蹦老年 Disco，我们在古劳水上种下种子，悉心浇灌，剪除杂枝，终成大树。生死的诠释、人与生态的博弈引发作为一个城市规划者、设计者对于意识到自然、乡村无法与周边的世界产生共鸣的恐慌和焦虑。希望我们，你们能保持着自己的初心和信仰，继续修仙！城市规划师一天不仅仅只有 24 小时，We are standing by.

罗力宇

我一直觉得，城市规划设计，不仅仅需要读万卷书，行万里路，更需要的是不断交流，不断去刺激我们的大脑，培养看待问题更多元的角度。在与六校师生和各位专家的深入交流中，我们的思维得到了延伸和拓展。尽管不是每一个想法都会得到实现，但在这种头脑风暴中，我们不仅学会了发散思考，还学会了用较为理性的眼光去重新推敲不同的观点和做法。小组成员的激烈讨论，与六校老师同学以及专家的相互探讨，都让我们更深刻地体会到城市规划理性与感性相融合的特点。转眼联合毕业设计就到了尾声，特别要感谢六校联合毕设这个平台让我与天南地北这么多优秀的人结缘，六校的老师同学，广东省城乡规划设计研究院，以及所有给予过我们宝贵指导的专家们，是他们真诚无私的付出，让我们在大学的最后时光中有了如此珍贵的经历。感谢大家，感谢六校联合毕业设计！

魏彤彤

此次六校联合毕业设计为五年的大学生涯画上圆满句点。从前期的古劳调研，到中期在昆明理工工作坊的头脑风暴，再到最后的成果出炉，其间，与成员们争执过、拼搏过，碰撞出学习上、生活上新的火花，为这段特别的设计旅程点缀色彩。同时也认识了五湖四海的老师、同学，很庆幸能在大学最后一次设计中从他们身上学习到新的知识，结交到新的朋友，十分感谢这次活动的组织者！

詹欣泽

五年大学生涯转瞬即逝，现在回想起来很庆幸当初选择了规划专业，给了我这紧张充实的大学生活。最后的毕业设计不仅让我对这个专业有了更深的认识，而且更重要是认识到了来自各个学校的好朋友。希望我们能永远珍惜，永远铭记这段经历。

鹤山市古劳镇概念规划及局部地段城市设计

指导老师：漆平、骆尔提
组员：黄昊睿、刘子杰、郑钧元、黄逸鸣
学校：广州大学

"鸟·人"

规划背景

区位分析

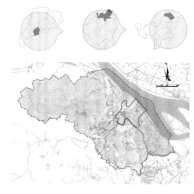

古劳镇地处广东省江门鹤山市北部的西江河畔，毗邻鹤山市主城区沙坪镇，与佛山南海区隔江相望，水陆交通便利，保留有较原始的水乡风貌，素有"东方威尼斯"的称号。

古劳镇工业区依托三连路和龙古路发展布局，南连龙口镇产业用地。

历史沿革

宋	明	清	民国	1953	1958	1987	1993	2015	未来
始建古劳镇	西江筑堤	设古劳都	易名第一区	易名古劳乡	合并为公社	建镇	创建工业区	修建梁赞故居	?

古劳

上位规划解读

根据珠三角地区改革发展规划纲要，未来将建成生态文明的新特区，加快建设国际商务休闲旅游度假区，大力发展生产性服务业。

主动接受广佛都市区的经济辐射和产业转移，重点发展区域性居住、旅游、现代制造业等产业，提升市区的服务地位和产业基础。

古劳将成为鹤山市教育培训、创意产业基地和珠三角"生态水乡"建设示范区。

规划背景

土地利用现状

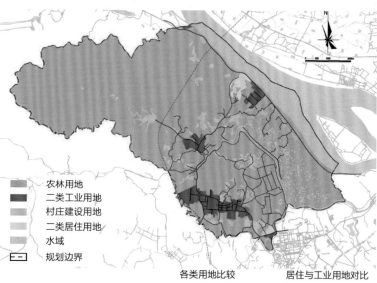

图例：
- 农林用地
- 二类工业用地
- 村庄建设用地
- 二类居住用地
- 水域
- 规划边界

城镇建设用地主要依托省道S270分布在三个组团，分别是镇区、麦水工业区和三连工业区。

各类用地比较　　居住与工业用地对比

二类居住用地　村庄建设用地
水域　　农林用地　　居住用地　工业用地

围墩鱼塘　　　石板桥　　　围墩建筑

交通现状

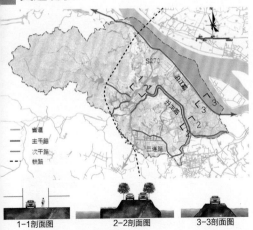

1-1剖面图　2-2剖面图　3-3剖面图

　　南北贯通的270省道与东西贯通537县道承担古劳镇主要的对外交通。

历史沿革

　　古劳镇年平均降雨量1 800毫米，河网密布，形成典型的水乡格局。北临西江，内有沙坪河干流、支流，流径众多，河网鱼塘密布，蓄水功能强大。

人口现状

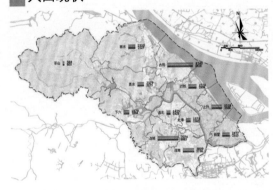

　　至2015年年底，镇域常住总人口47849人，总户数8768户。其中，户籍人口29515人，流动人口19070人。镇域城镇化水平逐年提高。全镇域人口密度为665人/km²，小于珠江三角洲平均水平1005人/km²。

人口现状

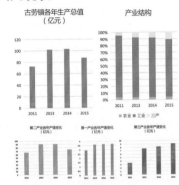

　　1. 产业结构失衡，且主导产业工业呈下滑趋势。
　　2. 现状旅游资源服务种类单一，旅游形式仍以观光式旅游为主，旅游业尚不能承担产业转型的重任。

行政区划现状

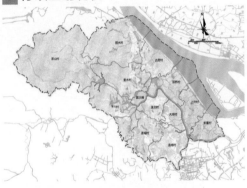

　　全镇辖1个镇区居民社区和12个行政村，151个自然村。其中，一个镇区居民社区为东宁社区，12个行政村分别为新星、上升、双桥、大埠、古劳、丽水、麦水、下六、连城、连南、连北和茶山。

旅游现状

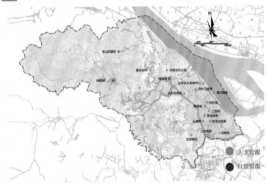

　　镇域范围内有丰富的自然、人文资源，其中人文资源主要分布仕镇域东南部水乡区域，北部为茶山风景区和仙鹤湖度假区。

目标定位

SWOT分析

1. 独特的水乡肌理
2. 丰富的自然资源
3. 富有特色的当地文化

1. 区域生态系统现状较差
2. 现阶段存在空心化问题
3. 产业发展不均衡

1. "大交通"格局带来的机遇
2. 巨大市场需求催生广阔的旅游发展空间

1. 传统文化的流失
2. 与周边同质城镇的竞争

SWOT分析

宜居宜业幸福小镇

改善镇区道路网络，统筹各组团设施建设，引导产业优化升级与人口转移，改善居民生活环境。

绿色生态岭南水乡

重点保护和开发水乡片区、候鸟栖息湿地和茶山风景区，以良好自然生态为基础发展观光农业。

特色休闲旅游基地

传承与发扬水乡文化，加快旅游基础设施建设，注意协调区域生态环境和景观协调。

规划策略

规划原理

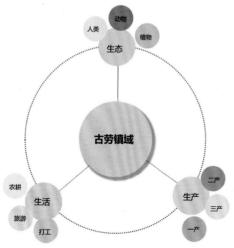

协同进化论的引入

区域中的各种生产、生态、生活从原来的单向服务、依赖，甚至于毫无交集的形式，逐步改善为互补互助、互利共生、相互交融，实现共同发展。

生产上的互补互助　　生态上的互利共生　　生活上的相互交融

规划策略

要素提取 ----- 原理导入 ----- 规划策略 ----- 规划目标

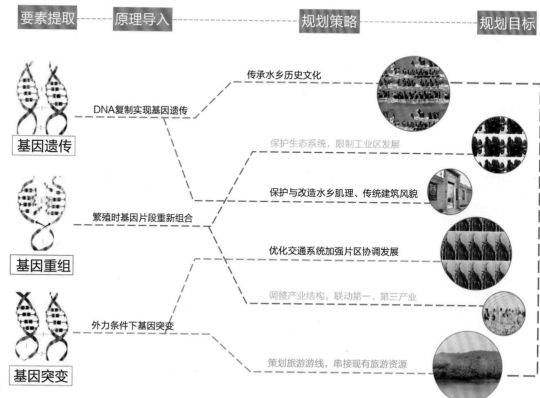

基因遗传　　　DNA复制实现基因遗传　　　传承水乡历史文化

　　　　　　　　　　　　　　　　　　　保护生态系统，限制工业区发展

基因重组　　　繁殖时基因片段重新组合　　保护与改造水乡肌理、传统建筑风貌

　　　　　　　　　　　　　　　　　　　优化交通系统加强片区协调发展

　　　　　　　　　　　　　　　　　　　调整产业结构，联动第一、第三产业

基因突变　　　外力条件下基因突变　　　　策划旅游游线，串接现有旅游资源

规划策略

规划分区

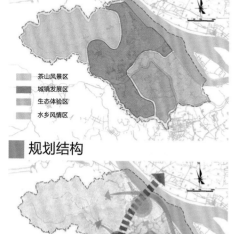

茶山风景区
城镇发展区
生态体验区
水乡风情区

规划结构

- - - 城镇发展轴
— 景观生态轴
● 工业组团
● 中心镇区

根据功能性质的不同，镇域层面分为茶山风景区、城镇发展区、生态体验区和水乡风情区。

其中，水乡湿地景观区现是古劳镇最具特色的区域，片区重点以生态环境改良为主，为候鸟提供良好的栖息地，同时辅以适量的旅游开发，形成生态+生产+生活体验的片区。

镇区发展沿着镇区—麦丽工业组团—三连工业组团发展，南部景观生态廊沿仙鹤湖—沙坪河，北部生态廊道沿水乡—西江—茶山发展。

用地规划

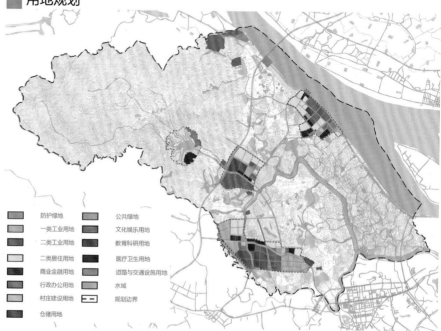

防护绿地　　　　　　公共绿地
一类工业用地　　　　文化娱乐用地
二类工业用地　　　　教育科研用地
二类居住用地　　　　医疗卫生用地
商业金融用地　　　　道路与交通设施用地
行政办公用地　　　　水域
村庄建设用地　　　　- - - 规划边界
仓储用地

■ 道路系统规划

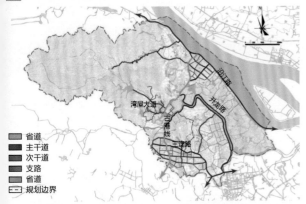

■	省道
■	主干道
■	次干道
■	支路
■	省道
□	规划边界

1. 未来将对交通路网进行优化,加强各组团之间,及组团与周边镇之间的联系路线——沿江路(X537)与古港线(S270)的联系,提升对外交通的通畅程度。

2. 梳理镇区、各工业组团的内部交通网络,建立完善的道路体系,提升内部通达性与便捷性。

3. 加强各自然村之间的联系,对于各个断头的的村间小路,采用打通连接的方式,形成通畅村间交通。

■ 产业规划

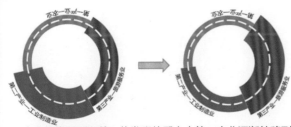

产业结构亟需调整,将发展的重心由第二产业逐渐转移到第三产业,并联动式发展。

产业发展策略

1. 发展观光农业

就地将单一种植经营农业的农民变为了经营生态旅游、民宿、农产品加工出售的商人。

2. 农业产业化,工业理念诱导农业转型

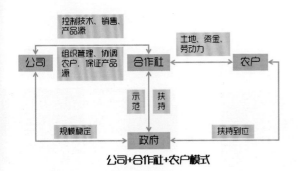

公司+合作社+农户模式

■ 规划策略

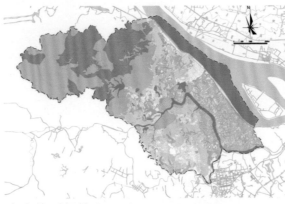

生态绝对保护区:现状生态敏感度高的区域,目前处于未开发状态的非建设用地,以生态绝对保护为主。

生态涵养区:林地覆盖水平一般,但已有一定利用的非建设用地。

生态恢复区:现状生态环境状况较差,但区位和交通条件均较好,已有相当的开发利用的非建设用地。

生态绝对保护区
主要包括茶山风景区的森林覆盖区、水库和西江、沙坪河、横海浪。

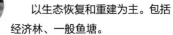
生态涵养区
以生态抚育为主,主要包括茶山村庄、农业耕种区和水乡湿地区。

生态恢复区
以生态恢复和重建为主。包括经济林、一般鱼塘。

3. 工业和第三产业的互动

1)通过相关产业的配置,使之形成完整的产业链,资源配置成本大幅度降低,使提高竞争力的根本所在。

2)工业旅游是指以工业生产过程、工厂风貌、工人工作生活场景为主要吸引物的旅游活动。

■ 旅游规划

生态文化旅游线

工业文化旅游线

规划背景

全世界共有8条候鸟主要迁徙路线

三条经过我国的候鸟迁徙线路中，东亚—澳大利亚迁徙路线的鸟类数量最多。目前该路线受到水产养殖、环境污染等影响。

1. 古劳水乡位于东亚—澳大利亚的迁徙路线上，大约有60个品种共500万只候鸟停留或途径此处，觅食或休憩。

2. 沿着这条路线正在开发一个保护性网络，作为亚洲—太平洋迁徙性水禽保护策略的一部分。将古劳保护、还原成为一个生态丰富的湿地，对于新镇区、以及周边环境将会有极大的改善。

古劳水乡在区位条件上具备发展为鸟类栖息地的潜力。可以发展为其中的一个重要节点。

现状分析

设计选址

选址范围：
城市设计选址于古劳镇双桥村西南侧，位于古劳水乡西面。设计面积101.12公顷，北靠古劳村，南毗邻连北村，西至横海浪片区，东至水乡风情馆旅游区。

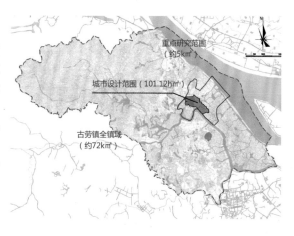

用地分析

围墩分析

围墩形态的不同反映了古劳水乡居民生活的不同。围墩由最初内向型聚落逐渐朝外向型聚落发展，通过共享生产资料能实现经济最大化。

类型A：完全围合型，受河流等边界限制，难以扩张。这类围受到鱼塘的压迫，空间狭长，发展水平一般较低。

类型B：半围合型，由三个鱼塘包围，并没有想其他围一样失去发展的余地，还有一定的增长空间。

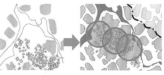

类型C：生长型，多个围村距离较近，在逐步扩张的过程中，围村与围村相互融合，形成了规模较大、粗带状的墩。

SWOT分析

优势

具备良好的自然生态环境基础，吸引大量候鸟停留于此

具有悠久的历史历史文化人文资源特色突出、

机遇

《国家候鸟保护路线总体规划》将古劳水乡划为保护节区之一

珠三角旅游需求旺盛，推动古劳镇产业转型升级

劣势

以渔业生产为主，造成动植物种类单一，水质受污染

河经济基础薄弱，生活、旅游基础设施尚不完善

威胁

《国家候鸟保护路线总体规划》将古劳水乡划为保护节区之一

珠三角旅游需求旺盛，推动古劳镇产业转型升级

策略框架

设计策略 策略解读

生态环境

根据鸟的各项生活习性需求，综合运用一系列生态环境修复与保护措施，营造"自然清新、水清草丰、人欢鸟娱"的鸟类栖息地；

力求保护与发展协同，通过产业转型提升，生活活动优化，在环境保护中实现生活改善、生产创收；

生活生产

圈层保护：利用缓冲区减少人类干扰

湿地规划：修复和营造多样性生态环境

水系设计：实现湿地水系净化与流动

植物设计：多样性植物满足鸟类需求

人鸟和谐共栖共生
生态生产生活协同

围墩改造：形态改造与边界边界

活动设计：丰富居民游客互动活动

生产模式：统筹资源提高生产效率

鸟类分析

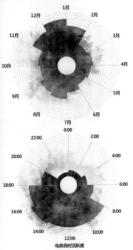

古劳水乡现状主要鸟类可分为涉禽、鸣禽、陆禽、攀禽四种，通过对各种类的主要物种分析可知，不同鸟类物种其栖息、觅食等活动需求存在着差异，在时间方面存在不同，生态环境多样性是鸟类栖息地的重要基础。

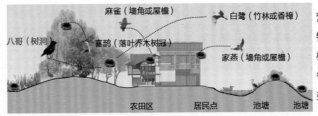

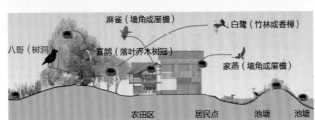

营巢与繁殖活动需求分析
针对各种鸟类习性，应从觅食距离、植物种类、人群干扰、营巢材料分析各类鸟类营巢与繁殖的选址，设计各类微栖息空间吸引鸟类栖息。

引鸟设施的需求
鸟类的营巢与繁殖面临威胁较多，因此在敏玲保护区种植鸟嗜植物的基础上，可适当增加人工的引鸟设施，如栖台、人工巢穴、投食台等，吸引鸟类驻留营巢与繁殖。

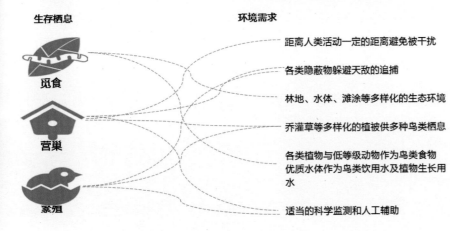

生存栖息

觅食

营巢

繁殖

环境需求

距离人类活动一定的距离避免被干扰

各类隐蔽物躲避天敌的追捕

林地、水体、滩涂等多样化的生态环境

乔灌草等多样化的植被供多种鸟类栖息

各类植物与低等级动物作为鸟类食物
优质水体作为鸟类饮用水及植物生长用水

适当的科学监测和人工辅助

生态规划

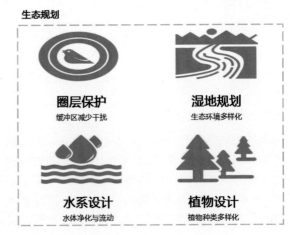

圈层保护
缓冲区减少干扰

湿地规划
生态环境多样化

水系设计
水体净化与流动

植物设计
植物种类多样化

■ 圈层保护

人类对鸟的影响

人类活动对鸟类有着较大的影响。人类的活动可能通过环境污染破坏影响鸟类生存，也可能通过直接干扰使鸟巢受损、减少卵和幼鸟的数量以及迫使禽鸟弃巢等。当人类的干扰严重影响了鸟类的繁殖时，鸟类的种群数量会减少，种群的分布也将改变。

圈层模式的借鉴与应用

为达到"人鸟和谐、共栖共生"的理念，在对古劳鸟类栖息地的保护与恢复模式研究中，参考白鹭的警戒距离（60m至80m），借鉴自然保护区理论中常用的圈层保护模式，形成"核心区——缓冲区——实验区"的划分与利用模式。

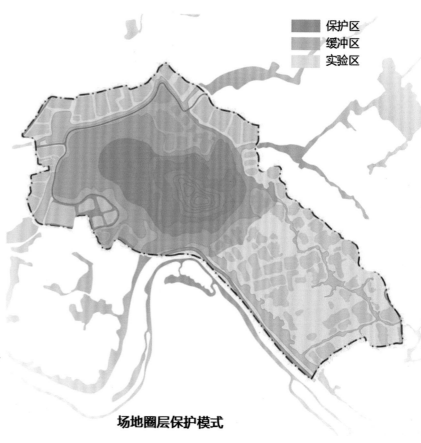

场地圈层保护模式

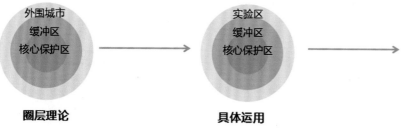

圈层理论　　　　　　具体运用

■ 湿地设计

1-1 湿地鸟类分布分析图

2-2 湿地鸟类分布分析图

1.　保持和塑造多样湿地环境:根据鸟类需求分析可知，不同的鸟类对栖息环境有多种需求。多类型的湿地环境对于吸引多种鸟类、提高动植物种类多样性具有重要意义。
2.　湿地环境满足多种鸟类需求:栖息地以湿地面积为60%以上，多种湿地环境满足多种鸟类需求。例如：涉禽和游禽主要活动于水边草丛、沼泽或湖边大树上；鸣禽在墙壁、树根中活动；攀禽、猛禽可在高大乔木上栖息。常绿阔叶林适合多种鸟类活动。

水系设计

现状：河流与水池相互独立

方法1：保留肌理与功能，通过暗渠联通

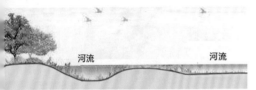

方法2：池塘功能置换，直接与河流联通

构建联通化、流动化生态水网体系

现有的鱼塘相互独立，生态结构单一。设计将改变部分池塘的高密度养殖功能，将其与河流完全相连；对于部分保留养殖功能的鱼塘，建议在保留池塘肌理的基础上在将鱼塘底部与河流串通，使各地块内水网相通，各蓄水单元内部水均实现流动。

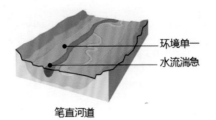

笔直河道

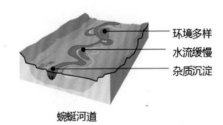

蜿蜒河道

蜿蜒河道，降低水体流速

蜿蜒型河道地貌复杂，为多种水生和湿生动植物提供多样化生境。凸岸边滩随着时间越来越高，相应的河岸带植被也随之发生一系列演替作用，从而适合众多鸟类进行摄食、筑巢和繁育。蜿蜒型河道使水流发生变化，通过水流的分拣作用，杂质沉淀并分解。

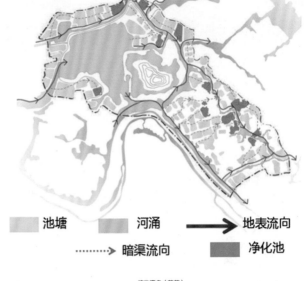

| 池塘 | 河涌 | ➡ 地表流向 |
| 净化池 |

⇢ 暗渠流向

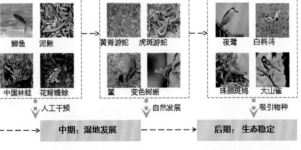

植物浮岛（芦苇）

芦苇群落 | 抵水植物 | 浮水植物/沉水植物 | 抵水植物 | 芦苇群落

多种方式实现水体净化

结合暗渠流向设置净水池，净水池布置于暗渠流向下游，避免在水体流通过程中池塘对河流造成污染。

净化池种植吸污能力较强的水生植物，如芦竹、菖蒲、芦苇，并通过底泥水中微生物和水生动物配合作用，快速降解水中有害物质，实现适应各季节的全面水质净化。

动植物设计

①植物物种多样性
以古老本乡土植物为主要种源，丰富植物多样群与复杂性有利于创造多种本地生态环境，加强生态结构稳定性，丰富景观效果。

②适度人工干预修复
古劳水乡的植物规划应强调对原有自然湿地植物群落的修复与重建，适当控制植物种类的植入和认为辅助自然修复。

③为鸟类提供食物
植物的花、芽、也、果实是很多鸟类、昆虫等动物的食物，应优先选择开花植物、落果植物、蜜源植物。

④为鸟类提供筑巢材料
近水林地、灌木丛等植物群落是多数鸟类的营巢地，应提供近似圆形的空间形态、枝繁叶茂的植物群落适合多数鸟类筑巢。

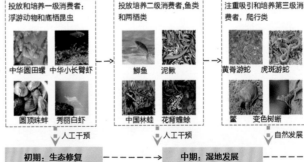

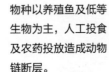

通过对场地的现状地形、水文、土壤、植被及人文历史等因素的研究，遵循当地自然系统的形态和生物系统的分布格局，结合栖息地功能分区的具体条件，合理规划出各种适宜的植物群落。按照陆生植物、湿地植物两大类共八小类划分。引导、培育遭到破坏的原始乡土植物资源，最终形成丰富、多样、自然的湿地生态群落，为各种鸟类等各种生物繁衍营造适宜的生境。

物种以养殖鱼及低等生物为主，人工投食及农药投放造成动物链断层。

低等生物丰富，渔业及养殖业向有机农业与生态养殖转型。

鸟类等高等生物增多，形成稳定的食物链，动物多样性增加。

规划背景

围墩改造

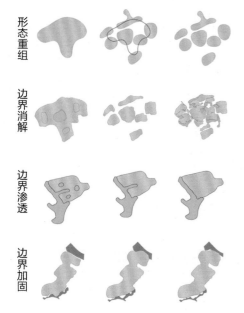

形态重组

边界消解

边界渗透

边界加固

围墩改造方法1：形态改造,借用原本围墩的生长模式,重新设计出新的围墩,使其规模更大,服务范围更广,效率更高。

围墩改造方法2：边界改造,通过对传统村围墩肌理的改造,消解或模糊村民与鸟类的界限,促进人与鸟的共栖。

游客、居民的生产生活协同：规划新增多项活动内容,居民除了作为农业渔业生产者,也承担旅游设施经营者的职能,游客在其中作为消费者,二者在生产生活中协同共处。在不同的时间,居民与游客相同的场地内发生多种类型的互动,例如榕树广场空间也在一天之内承担多种职能。

生产生活

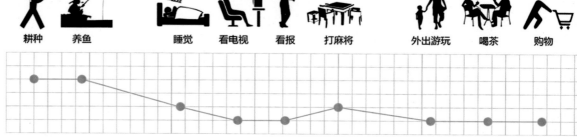

村民生产活动　　　　村民日常休憩活动　　　　村民外出活动

耕种　养鱼　　睡觉　看电视　看报　打麻将　　外出游玩　喝茶　购物

根据现场调查可知,居民活动主要围绕着生产活动进行,休憩活动以及外出活动较少,活动类型单一。设计希望能衍生出丰富居民的生活,扩大居民的生活圈子,丰富居民的活动。同时也有利于外来游客在地块内部的游览,居民能提供更加丰富的活动项目与更加多元的游憩体验。

耕种　养鱼　衍生　经营餐饮　经营民宿　游船　出租渔具　导游　手工艺品

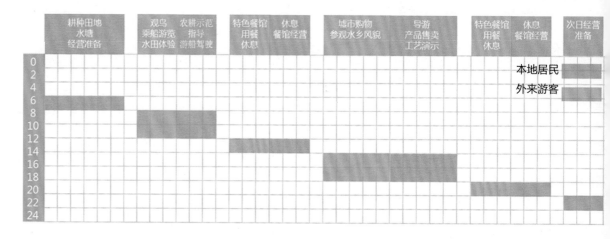

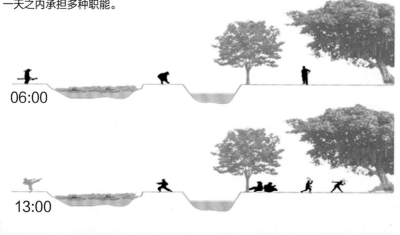

06:00

13:00

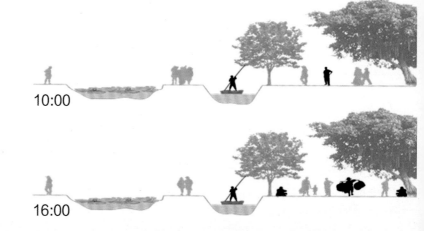

10:00

16:00

12

■ 生产组织形式

资源整合，统筹发展

股份管理，居民参与

提供机会，经济发展

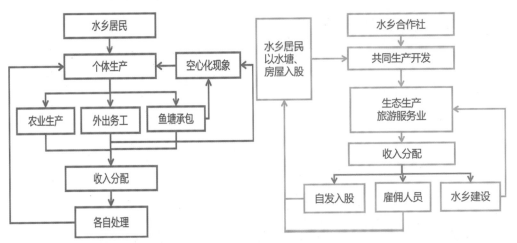

现状居民收入构成

规划合作社居民收入构成

■ 外出务工　■ 旅游服务
■ 鱼塘分红　■ 农渔销售

　　目前水乡居民将鱼塘对外承包获取分红，剩余的少量田地则自行耕种售卖，主要的劳动力大多选择外出打工，造成本地的空心化现象，实体经济发展遇到瓶颈。

　　规划古劳水乡采用新型合作社模式，未来以双桥村主导设立水乡合作社，新凼、横浪、养湖、大地等自然村的村民参与组织，通过入股分红、劳务等方式共同进行生产。通过合作社统一调配、利用全村资源，减少农资市场、销售市场、生产管理上的阻碍，提高各种项目的开发与管理效率。村民以田地、房屋等入股，并参与管理、分红，解决统一大型开发所需要的收购费用，提升村民的积极性，同样可以将村民的劳动力从较为低效的个人生产中解放。

总平面图

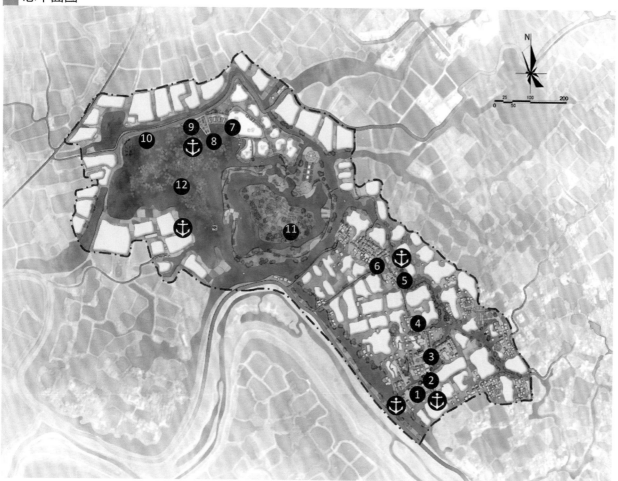

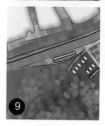

1 入口榕树广场	7 服务站
2 水乡墟市	8 观鸟瞭望塔
3 水乡民宿	9 水上餐厅
4 林间小道	10 环湖绿道
5 农田体验区	11 栖息地保护区
6 传统民居	12 横海浪荷花世界

功能分区

自然湿地区
密林保护区
传统村落区
综合体验区

规划根据场地内的土地利用、自然资源、空间格局，进行空间功能分区，分为自然湿地区、密林保护区、传统村落区、综合体验区，空间设计将从各区中选取一个节点进行具体设计。

湿地规划

湖泊湿地
河流湿地
基塘湿地
滩涂湿地
沼泽湿地
农业湿地
其他植被区

为满足古劳水乡湿地生态系统多样性的需求，针对现状湿地种类单一的现状，恢复部分人造风貌为自然风貌，规划形成以河流湿地、湖泊湿地、基塘湿地、沼泽湿地为主、人工与自然结合的多类型湿地环境。

水系规划

池塘
河涌
净化池
→ 地表流向
┄► 暗渠流向

综合上章所述水系规划策略，运用净化水质、恢复蜿蜒河道、恢复自然驳岸等方法。结合暗渠流向设置净水池，净水池布置于暗渠流向下游，避免在水体流通过程中池塘对河流造成污染。

14

植物设计

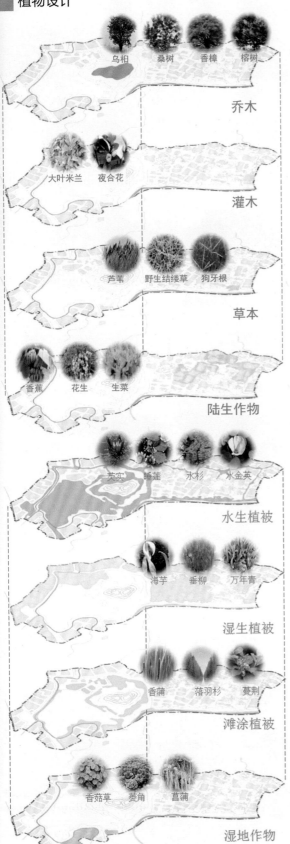

乔木
乌桕　桑树　香樟　榕树

灌木
大叶米兰　夜合花

草本
芦苇　野生结缕草　狗牙根

陆生作物
香蕉　花生　生菜

水生植被
芡实　睡莲　水杉　水金英

湿生植被
海芋　垂柳　万年青

滩涂植被
香蒲　落羽杉　蔓荆

湿地作物
香菇草　菱角　菖蒲

鸟类活动分析

鸟类营巢与繁殖规划分布：

　　根据鸟类营巢繁殖活动习性，综合分析湿地规划、植物设计等场地设计，分析场地内鸟类的主要营巢、繁殖活动分布。

　　在该场地上，鸟类主要在核心保护区营巢，此处为近水林地，食物供给充足，人群干扰少，是营巢的理想场所。地块内生态环境多样，各种陆生、湿地植被覆盖区可满足多种鸟类营巢、繁殖的需求。

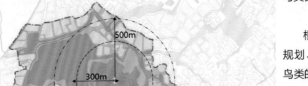

鸟类营巢与繁殖规划分布：

　　根据鸟类觅食活动习性，综合分析湿地规划、植物设计等场地设计，分析场地内鸟类的主要觅食活动分布。

　　鸟类主要在场地内湖泊、河流、密林、农业区觅食，其余植被覆盖区（灌木、草本等）将为鸟类觅食提供补充。

　　鸟类主要于核心保护区岛屿、横海浪一带觅食，主要栖息地距离500m范围内，满足哺育期鸟类近距离觅食需求，各类植物为提供鸟类的隐蔽保护。

交通规划分析

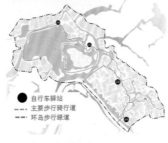

自行车驿站　主要步行骑行道　环岛步行绿道
停车场　主要步车行道　主入口
码头　主要船行路线

开发时序分析

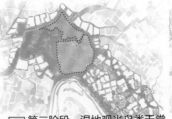

第一阶段：旅游服务配套　第二阶段：湿地观光鸟类天堂　第三阶段：生活体验

综合服务节点

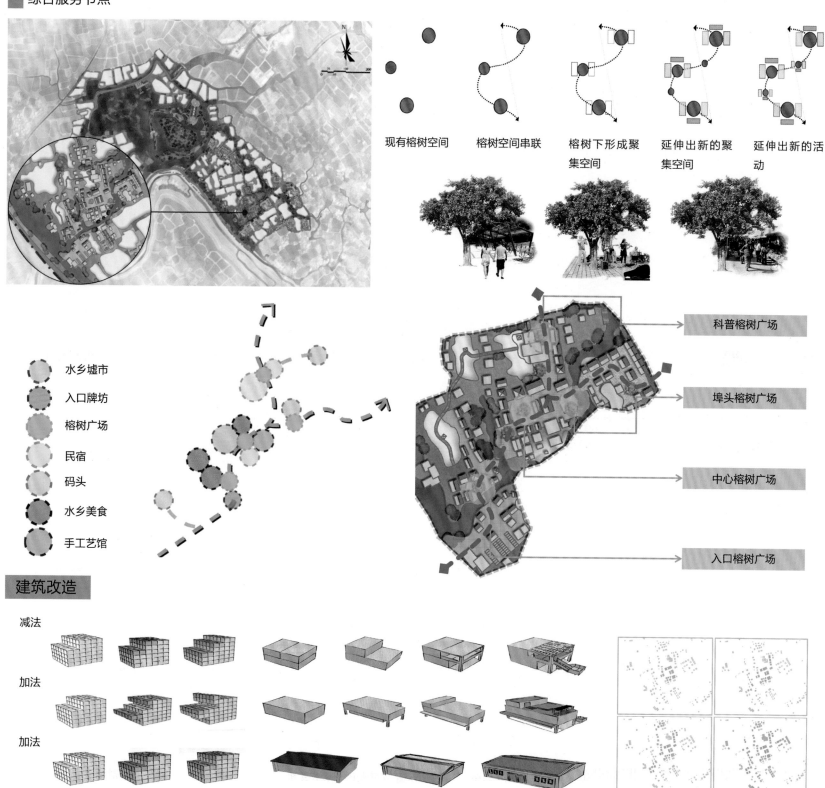

现有榕树空间　　榕树空间串联　　榕树下形成聚集空间　　延伸出新的聚集空间　　延伸出新的活动

水乡墟市
入口牌坊
榕树广场
民宿
码头
水乡美食
手工艺馆

科普榕树广场
埠头榕树广场
中心榕树广场
入口榕树广场

建筑改造

减法

加法

加法

活动空间

生活体验节点

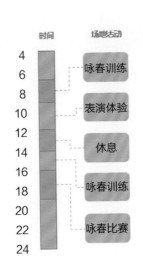

时间　场地活动

咏春训练

表演体验

休息

咏春训练

咏春比赛

08:00

11:00

13:00

15:00

16:00

方案设计

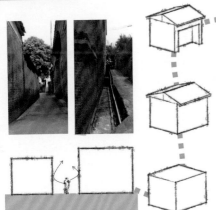

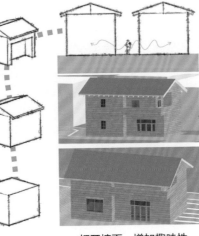

原有行走体验单一

打开墙面，增加趣味性

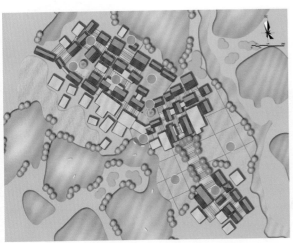

1. 农耕博物馆
2. 耕种体验田
3. 蔬果采摘点
4. 码头
5. 活动广场
6. 晒场
7. 美食街
8. 特色商品街
9. 咏春习武场
10. 钓鱼平台

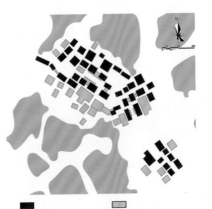

主要步道　次要步道　公共空间　　传统建筑　　普通建筑

生态观光节点

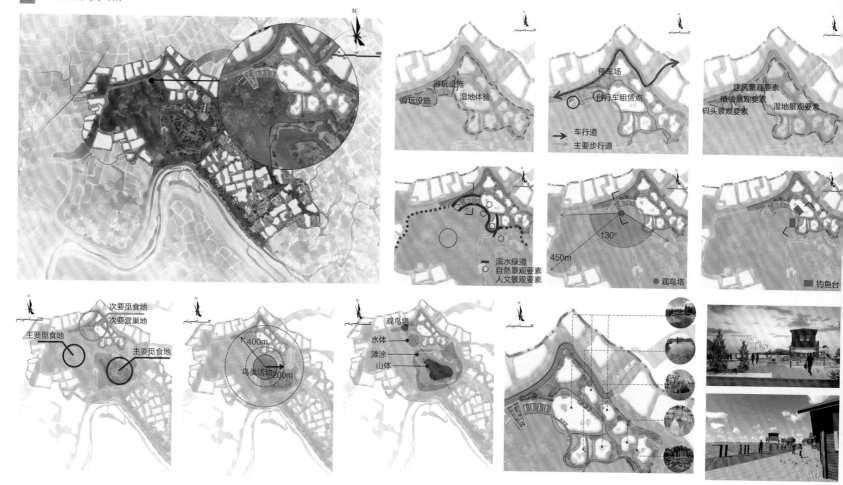

效果图

餐厅后勤部　　游船码头　　　　　　　　百亩荷花池　　　环湖游线

节点设计

鸟类天堂节点

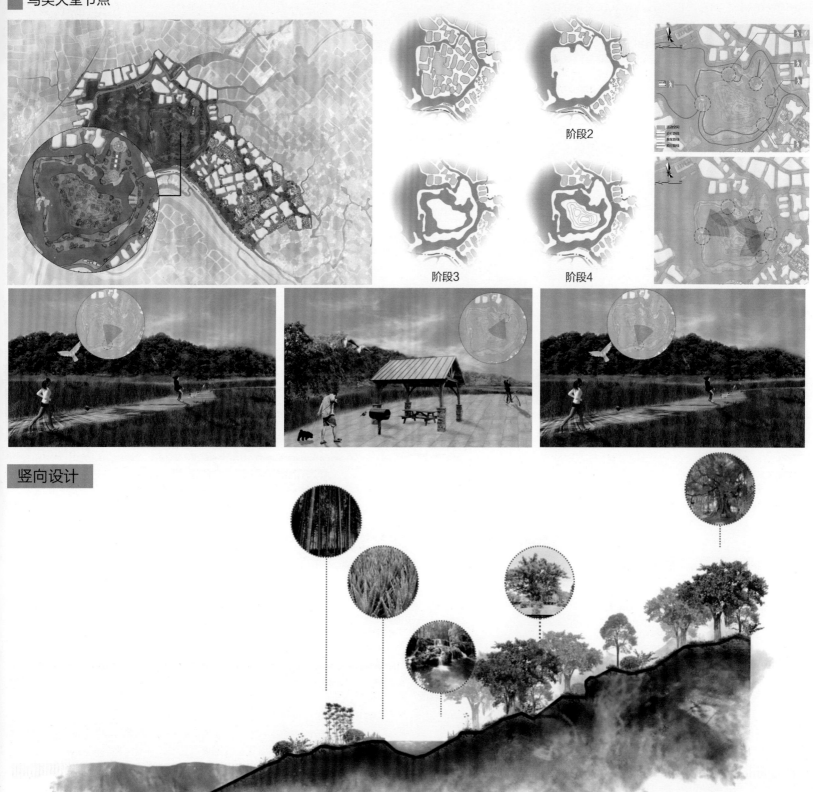

阶段2

阶段3　　阶段4

竖向设计

鹤山市古劳镇概念规划和局部地区城市设计

指导老师：骆尔提　漆平
作　者：戴杰恒　胡适　曾启俊　高鑫
学　校：广州大学

土地利用现状图

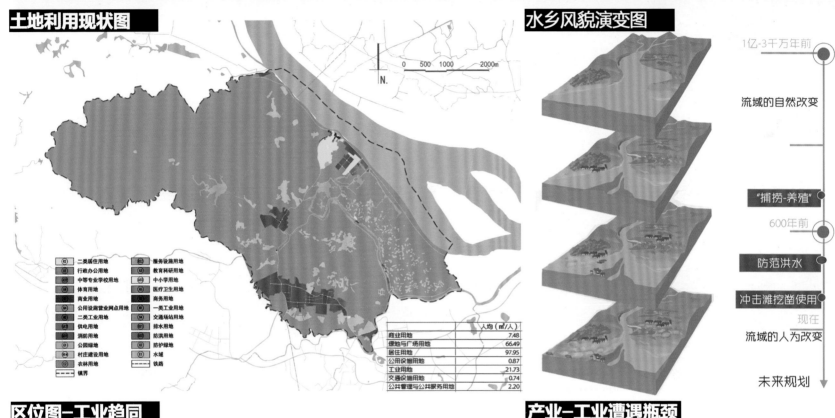

	人均（㎡/人）
商业用地	7.48
绿地与广场用地	66.49
居住用地	97.95
公用设施用地	0.87
工业用地	21.73
交通设施用地	0.74
公共管理与公共服务用地	2.20

水乡风貌演变图

1亿-3千万年前

流域的自然改变

"捕捞-养殖"

600年前

防范洪水

冲击滩挖凿使用

现在

流域的人为改变

未来规划

区位图-工业趋同

宏观区位

麦水工业区

三连工业区

中观区位

茶山

水乡

微观区位

古劳镇位于珠三角区域的中部，鹤山与佛山交界处。其周边区、镇现状以及发展策略中多以工业发展为主。在鹤山市中，古劳镇作为西部门户，茶山、水乡，保持相对良好的原生态和原始风貌。

产业-工业遭遇瓶颈

古劳镇两个工业区都受自然地理的限制。古劳镇投资总额逐年增长，近年来年均增长率达38%，其中投资主要在于第二产业。

在投资建设后，古劳镇第二产业成为了支柱产业，规模化达到了85%，但是为了在古劳发展第二产业，往往不得不花费大量资金填挖土方破坏山体开发可建设用地，建设大型配套设施，使得投资回报越来越低，且破坏生态。

反观第一产业和第三产业，虽产出小，但投资与回报比较高，在第二产业发展势头不好的情况下，拉动了GDP增长。而且有利于生态的保护和持续发展。

5%　22%
73%
■第一产业 ■第二产业 ■第三产业

投资占比分析

15%
85%
■规模化企业 ■其他企业

企业占比分析

11%　4%
85%
■第一产业 ■第二产业 ■第三产业

产业占比分析

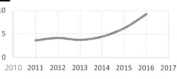

投资总额走势图（单位：亿元）

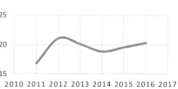

GDP走势图（单位：亿元）

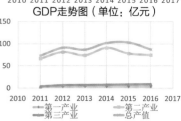

产业生产值走势图（单位：亿元）

第一产业　第二产业　第三产业　总产值

态-亟待保护的山与水

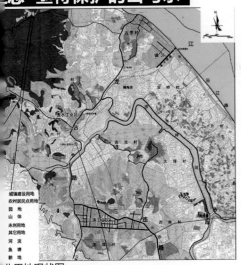

业用地现状图
片来源于《广东古劳镇总体规划（2006-2020）》

从2008年的现状图可以发现古劳适宜建设的土地有限，受空间规模限制，三连工业区向南、向东发展空间极其有限，并有村庄限制，向北向西都是低洼地或较大的丘陵，土方开挖或铺填工程大，工业用地开发成本较高。

对比2008年和2016年的麦水工业区和三连工业区的工业用地状况，可以发现两个工业区都有不同程度的侵占山体的开发行为。

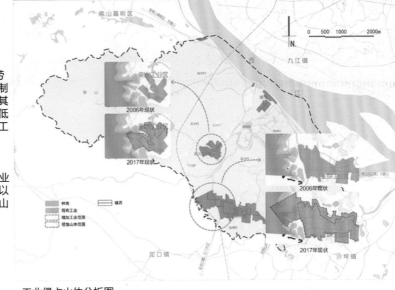

工业侵占山体分析图

人工干预水系图

内涝问题：由于水系缺乏连通性，人工排水未能有效解决雨水的外排问题，导致若干内涝点的出现。

古劳水乡内，水系缺乏必要的流动，水体缺乏有机质更新，加上人工养殖的影响，导致水乡东侧区域水质污染严重。

古劳水乡内，水系仅靠调水泵站定期换水，缺乏必要的流动，水体缺乏有机质更新，加上人工养殖的影响，导致水乡东侧区域水质污染严重。

通过分析古劳镇域的高程，标记出 4m 以下的地区。

然后通过分析古劳镇域地表径流的走向，找到容易内涝的地区。标记居民聚集点发现部分居民聚集点与易内涝地区重合。

公用设施现状图

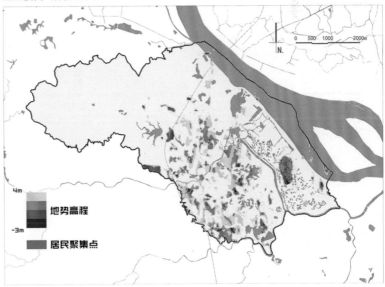

内涝地区与居民点叠加图

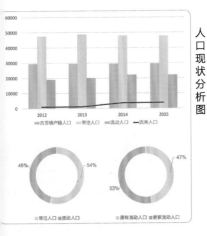

人口现状分析图

2015年古劳镇常住人口47849人，流动人口22171人，占人口总数54%。

村落人口的流失与流动，使得古劳村落房屋空心化严重，大部分房屋闲置甚至荒废。

空心化村落和建筑或将成为之后发展的契机

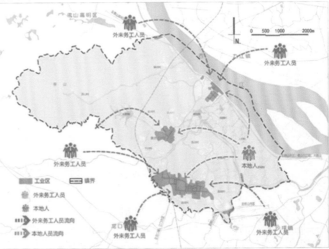

人口流动分析图

21

活动-有待满足的活动需求

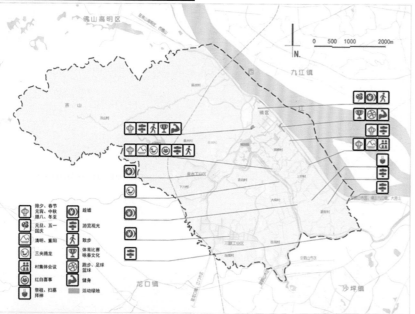

活动归属	活动类别	活动具体	活动规模	参与单位	活动地点	活动时间	持续时间
现代	交易	趁墟	大	个体、街道	街道	每逢农历二五八	一天
	游憩	游览观光	中	个体、家庭、团体	公园	节假日	一天
		散步	小	个体、家庭	公园	每日	半小时
	体育活动	体育比赛、咏春文化节	大	团体	操场、公园	三月、九月	五天
		跑步、足球、篮球	小	个体、团队	操场	每日	半小时
		健身	小	个体	健身广场	每日	半小时
传统	节庆	除夕、春节、元宵中秋、腊八、冬至	大	家庭、村落	宗祠、公园、广场	农历十二月三十、一月初一、一月十五、八月十五、十二月初八、十二月二十	一天
		元旦、五一、国庆	大	家庭、村落	公园	新历一月一日、五月一日、十月一日	三天
		清明, 重阳	大	家庭、村落	宗祠	农历四月五日、九月九日	一天
		三夹腾龙	大	家庭、村落、乡镇	宗祠、河道（60米以上宽度）	农历五月初五	一个月
	议事	村集体会议、村委党政会议	大	家庭、集体、村落	宗祠	每逢村委开会（每年约12次）	一天
		红白喜事	大	家庭、集体	宗祠	每逢人事	三天
	祭祀	祭祖、扫墓、拜神	中	个人、家族	宗祠	每逢家族祭拜日（每年约3次）	一天

居民活动丰富，"三夹腾龙"是当地最为盛大的节日，古劳水乡以龙聚内外人气，以龙促家乡善事，此活动不仅持续一个月，而且参与人数众多，涵括海内外人士，还于2009年3月，被列入江门市级第二批非物质文化遗产名录。

0.44%	15.73%	3.81%
公用设施用地	居住与村庄建设用地	公共服务设施用地
49.83%	2.19%	1.12%
工业用地	绿地与广场用地	商业服务业设施用地

园地集中在茶山范围，镇区等居民集中的区域公共活动场所极少。镇区范围仅有梁赞公园和少量绿地广场。且公共活动场所分布不均。

景观资源有待挖掘，利用率低，游客到访体验差。

现状交通无法满足居民需求。水乡居民点多靠近沙坪河分布，而古劳仅有的一条公交线路沿途站点距离沙坪大堤较远，水乡居民靠公共交通出行的便利程度不高。

公共交通：镇域内1条公交线路，6个公交站点，由镇区至鹤山市。而水乡居民点多靠近沙坪河分布，而古劳仅有的一条公交线路沿途站点距离沙坪大堤较远，水乡居民靠公共交通出行的便利程度不高。

层次规划解读

以生态优先为原则，保护西部良好的生态资源，点发展生态农业、农产品加工业、旅游业，将西部区建设成为鹤山市域的"粮仓"和"绿肺"，为鹤打造成为珠三角生态休闲旅游城市提供必要条件。

保证生态廊道的连续和宽度，建议优化几个规划业组团的建设用地规模和边界。保育湿地生态、打永春文化品牌、活化利用水乡民居，最终发展成为永春文化、生态湿地为特色的岭南第一水乡。

加强沿江生态廊道建设，强化水乡湿地保护，形以南国水乡为特色和背景，生态环境优良，景观特玥显的，更具大山水特征的城乡一体、环境优美的水乡城镇。在现有工业园区基础上，推进已有企业断升级，加大技术密集型企业引入，促进高新企业聚，形成现代产业基地。结合妥善处理水乡湿地和山风景区开发资源保护和开发的关系，注意协调区生态环境和景观形态，改善仙鹤湖和水乡周边不协因素，结合旅游服务需要，完善促进休闲度假基地设职能。

划原则提出

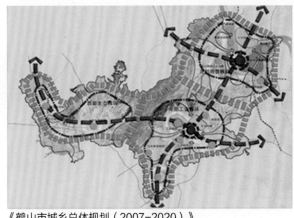

《鹤山市城乡总体规划（2007-2020）》

《鹤山市沿江山水景观带概念性总体规划及大雁山片区整体提升研究规划》

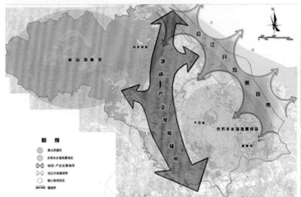

《鹤山市古劳镇总体规划（2006-2020）》

《鹤山市沿江山水景观带概念性总体规划及大雁山片区整体提升研究规划》

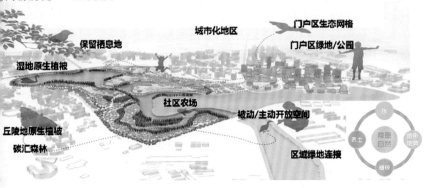

体发展原则——生态优先

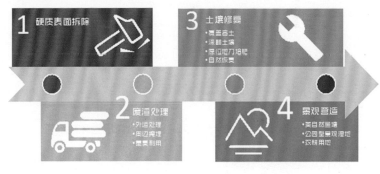

减量化规划——生态修复

土地资源平衡共享
生活模式和谐共存

控制工业区蔓延
产业互动

物质文化与非物质文化整体保护
多维度保护与传承本地文化

土地规划及结构分析

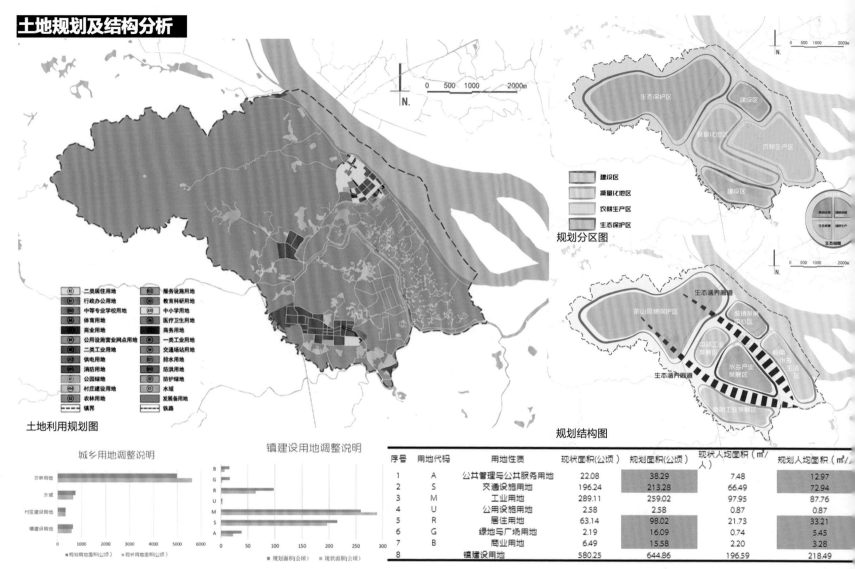

规划分区图

图例：
- 建设区
- 减量化地区
- 农耕生产区
- 生态保护区

土地利用规划图

土地利用规划图例：
- 二类居住用地
- 行政办公用地
- 中等专业学校用地
- 体育用地
- 商业用地
- 公用设施营业网点用地
- 二类工业用地
- 供电用地
- 消防用地
- 公园绿地
- 村庄建设用地
- 农林用地
- 镇界
- 服务设施用地
- 教育科研用地
- 中小学用地
- 医疗卫生用地
- 商务用地
- 一类工业用地
- 交通场站用地
- 排水用地
- 防洪用地
- 防护绿地
- 水域
- 发展备用地
- 铁路

规划结构图

城乡用地调整说明 / 镇建设用地调整说明

序号	用地代码	用地性质	现状面积(公顷)	规划面积(公顷)	现状人均面积（㎡/人）	规划人均面积（㎡/人）
1	A	公共管理与公共服务用地	22.08	38.29	7.48	12.97
2	S	交通设施用地	196.24	213.28	66.49	72.94
3	M	工业用地	289.11	259.02	97.95	87.76
4	U	公用设施用地	2.58	2.58	0.87	0.87
5	R	居住用地	63.14	98.02	21.73	33.21
6	G	绿地与广场用地	2.19	16.09	0.74	5.45
7	B	商业用地	6.49	15.58	2.20	3.28
8		镇建设用地	580.25	644.86	196.59	218.49

依托镇区现有建设发展基础，确定以后城镇发展的中心。控制现状工业，优化提升现有工业，防止工业扩张，采取适当存量改造或减量措施，进行生态修复。保护生态，尊重现状。在合理范围内需求优化发展，划定生态保护区。合理规划，积极修复。重现水乡传统风貌，从源头治理污染，发展地方特色农业、渔业。

六区：茶山风景区、城镇发展中心区、中部产业发展区、岭南水乡生活区、水乡产业发展区、南部工业发展区。

两廊道：生态涵养廊道以两条连接水乡和茶山的生态涵养廊道控制工业区的扩张

生态系统规划

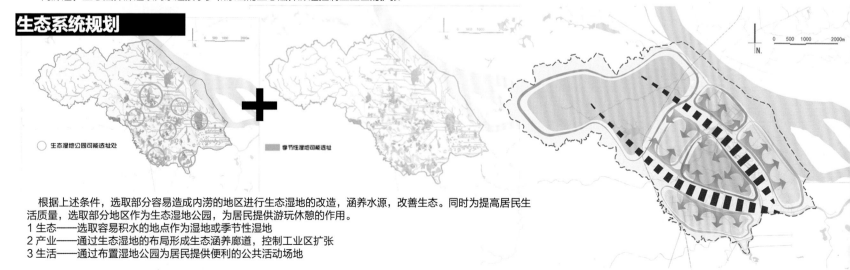

根据上述条件，选取部分容易造成内涝的地区进行生态湿地的改造，涵养水源，改善生态。同时为提高居民生活质量，选取部分地区作为生态湿地公园，为居民提供游玩休憩的作用。

1 生态——选取容易积水的地点作为湿地或季节性湿地

2 产业——通过生态湿地的布局形成生态涵养廊道，控制工业区扩张

3 生活——通过布置湿地公园为居民提供便利的公共活动场地

路系统规划

道路名称	道路等级	道路宽度
省道270	主干道	12
县道537	主干道	12
德政大道	主干道	20
乡道905	主干道	12
乡道910	次干道	8
乡道911	次干道	8
乡道908	次干道	8
乡道907	次干道	8
乡道916	次干道	8
乡道917	次干道	8
大埠大路	次干道	8
——	支路	5
——	支路	3

	主干道	次干道	支路	总计
道路长度（km）	24.33	48.74	61.53	134.6
道路网密度（km/km²）	0.34	0.68	0.86	1.87

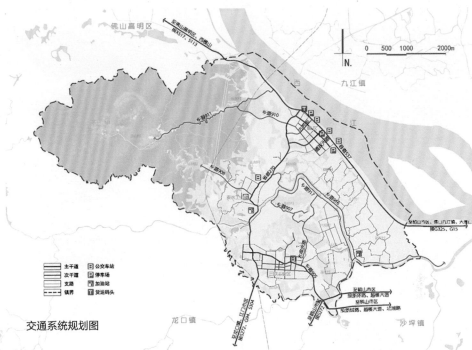

交通系统规划图

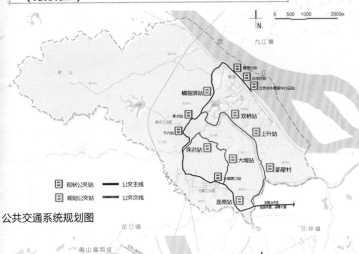

公共交通系统规划图

交通系统规划——公共交通规划
新增两条公交次线线路作为主线补充，每个行政村布置一个站点，考虑到使用人次相对较少，班次相对主线应当适当减少

水乡道路横断面

水乡道路横断面

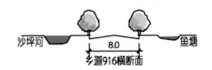
乡道916横断面

交通系统规划——慢行系统规划
根据上位规划，落实潮人径（沙云村——大雁山段），并新增两个登山入口，增加镇区到茶山景区的步行联系，并沿线布局步道补给点，供行人休憩、观景使用，丰富行人登山体验。

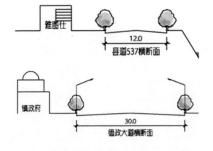
县道537横断面

德政大道横断面

慢行系统规划图

规划后道路断面图

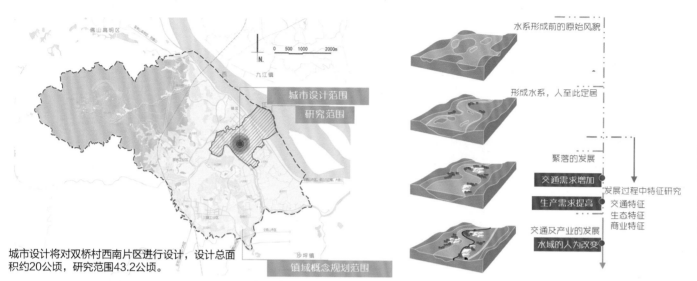

城市设计将对双桥村西南片区进行设计，设计总面积约20公顷，研究范围43.2公顷。

规划范围选取：结合解决水系贯通、水质问题以及生态湿地选址的要求，选取具有传统水乡代表性的双桥村区域作为研究范围，进行水乡风土人情以及脉络研究。

水乡发展演变分析：自古建立在沼泽地上的古劳，交通主要依靠水路，短途步行依靠塘基和石板桥。

而随着经济发展，效率不如公路的水路开始衰落。水乡内各村修建起了联系外界的硬质化道路。

水道开始被生产、建设等行为被不同程度地侵占。

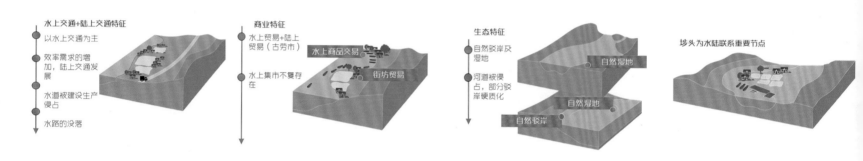

水乡在不断发展的过程中，逐渐形成了水上交通与陆上交通相结合的独特交通模式；水上贸易与陆上贸易相结合的独特商业特征；自然驳岸受到不断侵占；坝头成为水陆联系的重要节点。但目前，水乡出现了严重的空心化现象。

指标类型	现状
规划用地范围面积	114.89公顷
规划研究范围面积	501.58公顷
建筑面积	198902.10平方米
容积率	0.17
绿地率	43%
平均层数	3
建筑密度	6%

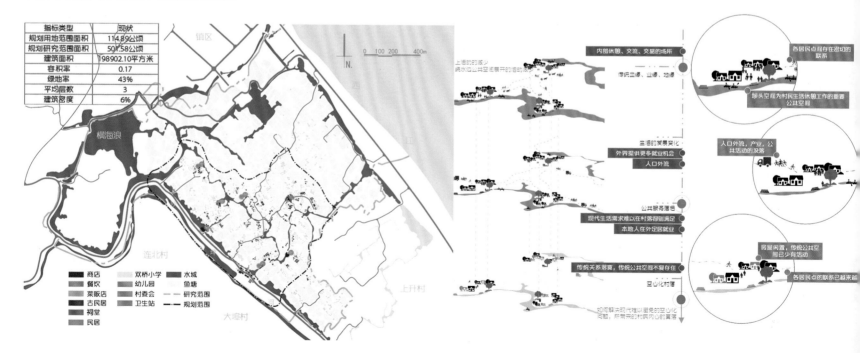

口结构及分布

口结构失衡

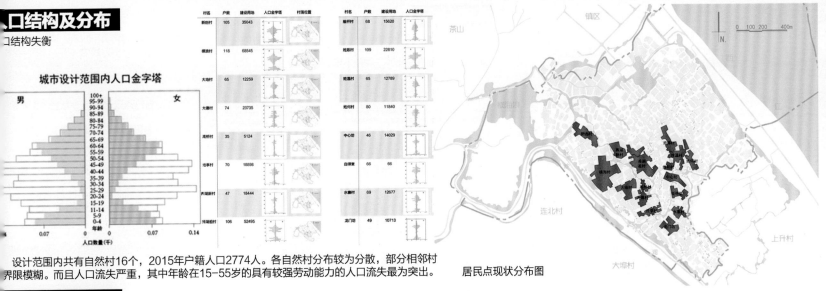

城市设计范围内人口金字塔

村名	户数	建设用地	人口金字塔	村落位置
新围村	105	35043		
横海村	118	68545		
大地村	65	12259		
大塘村	74	23735		
高桥村	35	5124		
连孝村	70	18898		
井湖新村	47	18444		
井湖旧村	106	52495		

村名	户数	建设用地	人口金字塔
维杆村	68	15620	
姓路村	109	22810	
姓潘村	65	12789	
姓何村	80	11840	
中心坊	46	14029	
白得里	66	66	
水鬓村	69	12677	
龙门坊	49	10713	

居民点现状分布图

设计范围内共有自然村16个，2015年户籍人口2774人。各自然村分布较为分散，部分相邻村界限模糊。而且人口流失严重，其中年龄在15-55岁的具有较强劳动能力的人口流失最为突出。

通分析

乡环境下村落之间陆路交通不便

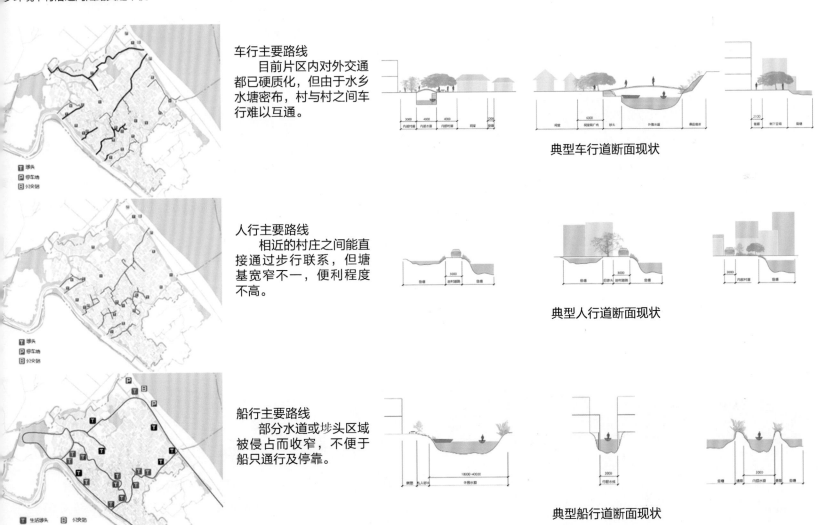

车行主要路线
目前片区内对外交通都已硬质化，但由于水乡水塘密布，村与村之间车行难以互通。

典型车行道断面现状

人行主要路线
相近的村庄之间能直接通过步行联系，但塘基宽窄不一，便利程度不高。

典型人行道断面现状

船行主要路线
部分水道或埗头区域被侵占而收窄，不便于船只通行及停靠。

典型船行道断面现状

产业分析

产业活动各自为政，协作程度低，缺乏业缘联系

区域内产业主要以渔业养殖为主要产业，且以简单承包出租为主要养殖模式，产业链单一，无论养殖或集体出租，收入都较低。

养殖业经营模式：
养殖——出售外地/自家食用；
承包——出售外地；
承包——养殖——出售外地；
承包——雇佣——养殖——出售外地

管理主体	土地流转	土地用途	进行生产的主体	产品去向	村民所得利润
家庭	个体拥有	养殖	私人	食用	
				市场贩售	全部
私人	投标承包	养殖	雇佣农户	直供食贸企业	400元/亩
企业	投标承包	养殖	雇佣农户	直供食贸企业	400元/亩
	长期租赁	旅游开发	—		每人每年1500元

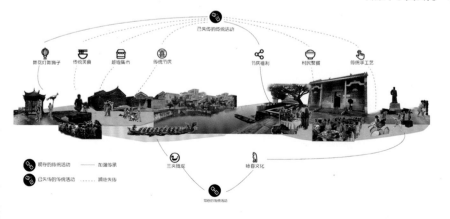

活动分析

传统活动，传统风俗习惯多，活动参与人群由儿童、青壮年至老年人皆有涉猎，活动跨度贯穿一整年。传统手工艺丰富，其中竹筛制作尤其突出。人口流失、场所没落，传统活动仅有影响力较为强的："三甲腾龙"以及"咏春文化节"保存下来。

各热点以老人活动为主，高峰期为早上6-10点，下午3-5点。青壮年人群数量较少，且活动较少，留在本村的主要为外出上班或耕种打渔。

游客集中于黄公祠一带，高峰期为午饭时间。除了个别旅游点，游客极少。

儿童活动高峰时间与老人相仿，部分儿童早晚活动仅为上下课。

晚上7点过后，各点活动人群数量骤减。

故早晚的活动高峰都以老人活动为主。

各村人烟稀少，村与村之间活动人群又难以发生联系，片区总体缺少活力

各热点以老人活动为主，青壮年人群数量较少，且活动较少，留在本村的主要为外出上班或耕种打渔。游客集中于黄公祠一带，高峰期为午饭时间。

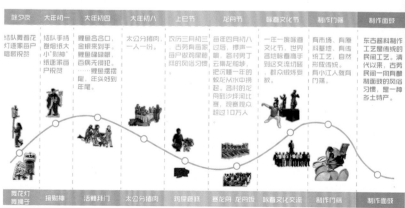

村民传统活动丰富，但现状由于人口流失，场所缺乏，传统活动没落，活动场所独立，活动强度

观分析

观整体不成系统，各景观之间缺乏连贯性

水域面积广，但活水面积小，仅占水域面积31%。水质差，有水闸人工机械换水。受乡村发展建设（桥梁建设、渔业养殖等）影响，河道出现尽端水，且有部分地区河道收窄，无法足需求。另一方面，由于缺乏社会成本意识，导致净水设施建设滞后。

埗头分析

传统埗头功能复合，公共空间与埗头结合布置是水乡显著特征

古劳水乡埗头众多，范围内就存在有51个埗头。埗头是古劳水乡的特色元素，但现有埗头仅有30%可用，而且在这之中只有33%具有停泊功能，其他可用埗头则只是作为临时停靠的码头。

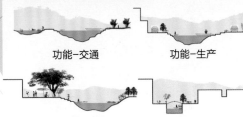

功能-交通　　功能-生产

功能-游憩　　功能-生活

环境分析

村落各自为政，缺乏统一管理监督以及设施建设不到位等因导致了水质污染愈发严重

问题总结

空心化下松散的空间、产业、人际交往等亟需新的纽带进行联系

地缘　空间布局分散，互相之间通达性差

血缘　同村人口外流，血缘影响下的人际关系变弱

业缘　产业缺乏协作

生产　产业形式单一，效率低，产业效益低

生态　缺乏统一协同的管理监督，水体污染难以治理

生活　容易造成公共产品重复建设

交通　片区内景观资源不成系统，连贯性差

文化　传统文化活动式微，文脉继承存在困难

现状组织结构　松散　各自为政

目标提出

组织结构优化　协同、监督

价值导向	策略目标
多方协作	协同有效、互惠合作的生产作业
治理修复	人水和谐的共享生态
空间激活	集约利用的公共空间
水网格局	水陆互补的内部交通系统
优先开发	适应当代的传统文化继承

概念来源

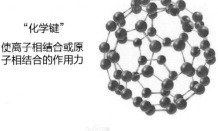

"化学键"

使离子相结合或原子相结合的作用力

概念提出

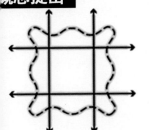　增强交通联系

湿地净化

湿地净化

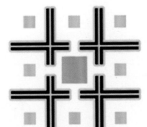　传统空间激活

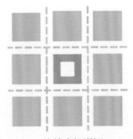　生产协作

1. 交通的"键"——水系贯通——通过贯通后的水系这个"键"增强各个社区的空间联系。
2. 生活的"键"——公共服务配套——通过相对集约布置公共服务配套，提升居民生活质量，增强各个社区之间居民活动上的联系。
3. 生态的"键"——湿地净化——通过生态湿地和贯通水系促进水中物质交换，达到净水的目的。
4. 文化的"键"——传统空间激活——通过激活水乡中重要的日常生活公共空间，为水乡的日常行为重新提供空间载体。
5. 生产的"键"——生产协作——通过一定的开发模式组织村落间进行生产协作，形成新形势下新的生产协作关系。

策略提出

水路互补的交通体系

内部交通以慢行体系为主，以西北——东南向为主的水路解决景观资源之间连贯性差的问题，主要作为游憩线路。

水乡环境下地块主要依靠现状车行道以东北——西南向对外进行联系。

步行交通作为车行与水上交通的补充，点（站点、埠头）到线（水上路线、陆上路线）距离保持在三百米内。

活动组织

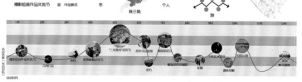

公共空间激活

根据现状资源分布、功能布局以及设计的生态网络，确定各节点以及其主导功能。

空间改造意向

鱼塘空间布局

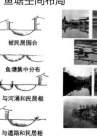

被民居围合

鱼塘集中分布

与河涌和民居相

与道路和民居相

滨水建筑空间布局

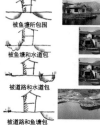

被鱼塘所包围

被鱼塘和水道包

被道路和水道包

被道路和鱼塘包

水系空间布局

两侧为道路与民居

两侧是鱼塘和民居

两侧是鱼塘

两侧为道路和鱼塘

两侧是民居

道路空间布局

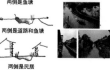

两侧为水道

两侧为民居和鱼塘

两侧为民居

两侧为河涌和民居

两侧为鱼塘

发展模式

农民的原子化——强化了人们对个人利益的追求，导致合作能力低下

分散的资源各自为政的组织结构效率低下

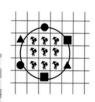

赋予新的组织结构令所有资源整合在一起，提高运转效率。

共享的生态网络构建

1

自然驳岸应成为滨水区域的主要空间类型，自然生态是其最重要的景观特征

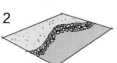

2

碎石护岸处理具有很强的可塑性，碎石间缝隙利于动植物和微生物的生存

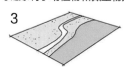

3

岸线曲率平缓

4

岸线曲率波动较大，减缓水体流速，促进水体与湿地物质交换

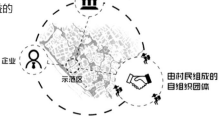

1. 以生态为主要开发资源，促成村民共同治理监督。

2. 整合各村的景观资源，统筹开发。

3. 政府招商引资，企业提供技术支持。政企合作组织、推广活动。

4. 通过选取示范点进行先行改造，引导村民自组织进行改造开发。

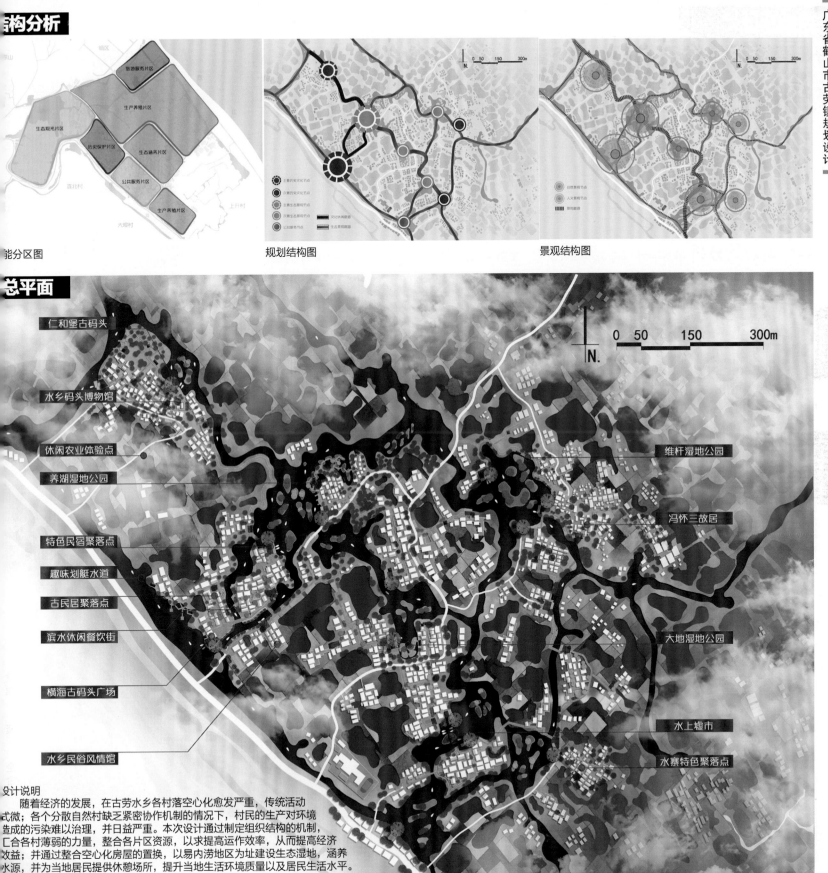

构分析

能分区图   规划结构图   景观结构图

总平面

仁和堡古码头

水乡码头博物馆

休闲农业体验点

养湖湿地公园

特色民宿聚落点

趣味划艇水道

古民居聚落点

滨水休闲餐饮街

横海古码头广场

水乡民俗风情馆

维杆湿地公园

冯怀三故居

大地湿地公园

水上墟市

水寨特色聚落点

设计说明

　　随着经济的发展，在古劳水乡各村落空心化愈发严重，传统活动式微；各个分散自然村缺乏紧密协作机制的情况下，村民的生产对环境造成的污染难以治理，并日益严重。本次设计通过制定组织结构的机制，汇合各村薄弱的力量，整合各片区资源，以求提高运作效率，从而提高经济效益；并通过整合空心化房屋的置换，以易内涝地区为址建设生态湿地，涵养水源，并为当地居民提供休憩场所，提升当地生活环境质量以及居民生活水平。

游线设计

游客和市场因素分析

游客出行目的中，观光游览占比最大。自然景观、休闲观光最具吸引力。古劳水乡当地景观资源以自然风光为主，人文历史资源也比较丰富。

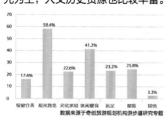

数据来源于奇创旅游规划机构游步道研究专题

景点及活动安排

游线服务设施体系设计

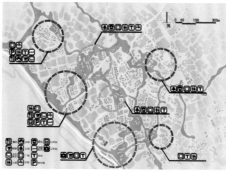

游线视线分析

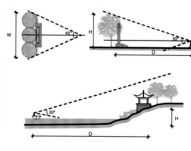

通过合理设置游线与所欣赏景观或建筑物间的距离给游客不同的体验（通常直视角为26°～30°，水平视角45°为最佳观景视角）

游线节奏设计分析

根据每步行/船行5分钟需设置一个兴奋/趣味点的布局原则，合梳理原有景观点，补充吸引力。

游线节点设计

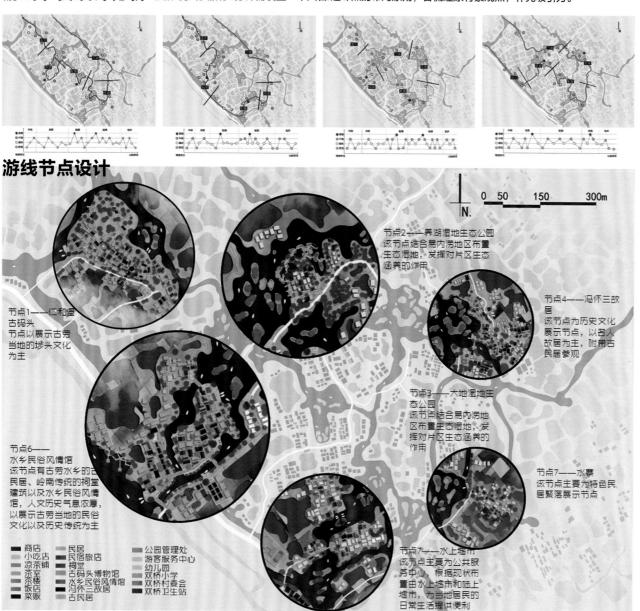

节点1——仁和里古码头
节点以展示古劳当地的埠头文化为主

节点2——养湖湿地生态公园
该节点结合易内涝地区布置生态湿地，发挥对片区生态涵养的作用

节点4——冯怀三故居
该节点为历史文化展示节点，以名人故居为主，附带古民居参观

节点3——六地湿地生态公园
该节点结合易内涝地区布置生态湿地，发挥对片区生态涵养的作用

节点6——
水乡民俗风情馆
该节点有古劳水乡的古民居、岭南传统的祠堂建筑以及水乡民俗风情馆，人文历史气息浓厚，以展示古劳当地的民俗文化以及历史传统为主

节点7——水寨
该节点主要为特色民居聚落展示节点

节点7——水上墟市
该节点主要为公共服务中心，根据现状布置由水上墟市和陆上墟市，为当地居民的日常生活提供便利

- 商店
- 小吃店
- 凉茶铺
- 茶楼
- 饭店
- 菜贩
- 民居
- 民宿旅店
- 祠堂
- 古码头博物馆
- 水乡民俗风情馆
- 冯怀三故居
- 古民居
- 公园管理处
- 游客服务中心
- 幼儿园
- 双桥小学
- 双桥村委会
- 双桥卫生站

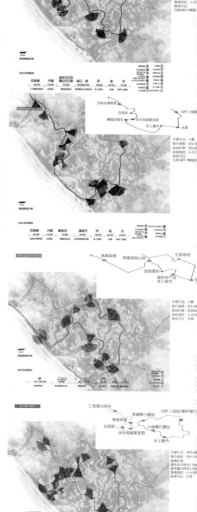

生态游览游线

32

民宿改造

现状民居数量及分布

双桥村内现有住宿设施极少，仅有民宿2家且平时极少住客。

离双桥村10分钟车程的古劳镇区的住宿设施量不多，且卫生环境较差，对住客的吸引力大。

到双桥村的游客要得到较好环境的住宿，需

改造依据

提取场地闲置房屋位置

减去建筑量差建筑

减去处于涝地区建筑

选取特色民居重点设计民宿

5 考虑建筑高度

6 分析观赏景点最佳视线

7 分析观赏绿化最佳视线

8 得出民宿最佳选址和重点设计民宿

民居发展推动力分析

 **空心村 01** 村里人外出就业导致村里闲置的房子较多，剩余价值随着共享经济而升值。

 **城市人群回归 02** 城市人群"回归"，追寻一种乡野生活方式。他们渴望的是与乡村生活产生共鸣，而不单单是离开城市。民宿承接了城市人群的返乡住宿需求，成为对话乡村的载体。

 **乡愁 03** 感受"活"着的乡村，依归为一种对在地文化的深度体验民居所携带的文化基因是乡愁的依托，其建筑设计及服务理念都在传递一种文化表达。

旅游形式转变 04 相比式大众旅游的精致化小众旅游转变，大众旅游的一种精品化的旅游模式，其需求正在以旅游发展方式、经营方式和服务方式均面临转型观创新。

四个背景因素推动双桥村发展民居住宿

泛·民宿——从产品功能上，以住宿体验为核心，功能复合才是更好的发展思路

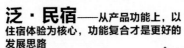

民宿+书店　民宿+技艺
民宿+餐饮　民宿+表演
民宿+花园　民宿+运动

1 民宿集群以住宿为主，且用少量休闲商业配套
2 集中配置休闲商业服务站
3 多个休闲活动场所（生态观光农业、手工艺制作等）

■ 民宿　■ 休闲活动场所　■ 特色商业

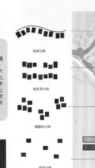 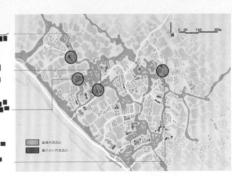

书店　住宿
运动　娱乐
餐饮　手艺

民宿改造要点

民宿选址与景观位置相耦合——民宿选址应充分考虑改造成本、到景点的距离和观景视线等因素，力求做到打开门口就是景观。

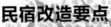

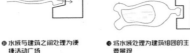
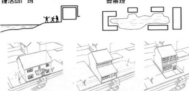

■ 普通民居选址
■ 重点设计民居选址

分布形式——建筑分布形式有四种

排列式分布
阵列式分布
堆聚式分布
分散式分布

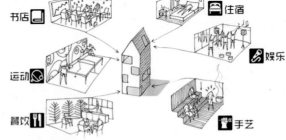

■ 普通民居选址
■ 重点设计民居选址

改造策略

把排列整齐的建筑重新

同时方正规整

部分一层建筑可以适当

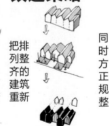

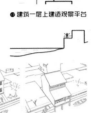

民宿与水的改造手法

民宿与水的对话空间

古劳水乡的普通民居建筑形式较为单一，但其与水的关系却层出不穷。而民居临水的空间亦成为村民现在重要的活动空间和社交空间。

① 将水域排水后填土
② 保持水域与建筑原状
③ 将水域处理为新的形状，融入建筑形体中
④ 使建筑远离水域，创造错落有致的临水街道空间
⑤ 建筑临水方向透明开放设计，增强观景感受
⑥ 降低建筑高度以接近水
⑦ 利用岸边，形成入口活动空间
⑧ 水域与建筑之间处理为便捷活动广场
⑨ 将鱼塘水面四周处理为活动场所
⑩ 将水域处理为建筑组团的主要景观
① 建筑向水面延伸成活动平台
② 建筑延伸到水面上方
③ 水上建筑与岸上街接容位置处理为活动平台
④ 水城中岛状建筑，利用石板桥与岸边连接
⑤ 建筑群向水面搭建滨水步行平台连接各建筑
⑥ 建筑一层上建造观景平台

① 民居直接临水　② 民居一面临水　③ 民居前架空临水　④ 民居前半岛临水　⑤ 民居临街临水　⑥ 民居临广场临水　⑦ 民居房前临水

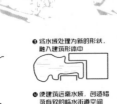

埠头改造

古劳符号里，村落中，人们生活里，埠头都是非常重要的组成元素。

由于水运交通的削弱，埠头功能的淡化，埠头的使用价值越来越低，埠头逐渐没落。

埠头现状

案例分析

嘉兴市荷池村
嘉兴市盐官古镇
杭州市皋城村
嘉兴市桃园村

埠头设计
　平面布局
　　现有埠头位置*0.5
　　规划后水运交通流线*0.2
　　规划后的景观节点*0.2
　　与居民组团的距离*0.1
　功能定位
　　规划后的活动安排*0.3
　　规划后的景观效果*0.2
　　规划后的服务管理*0.2
　　规划后的交通需求*0.2
　　规划后的居民需求*0.1

设计准则

对于国内拥有特色埠头的古村落进行分析，发现埠头的设计需要考虑以下几点：
交通功能；
生态；
景观；
活动；

交通准则：保障水运交通可达的前提下，注重与其他交通方式的转换。

功能准则：满足活动需求前提下，方便使用以及日常管理。

景观准则：选址最佳观景位置的同时与景观协调一致，提升景观效果。

建设准则：尊重现状，较低的成本建设，较高的建设收益。

埠头驳岸设计原则

硬质驳岸类型　　生态湿地滩地类型　　自然驳岸类型

梯式驳岸类型　　亲水平台　　埠头

改造选址

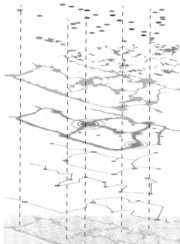

原有埠头
尊重现状埠头布局，最大程度保留埠头原有埠头。

居民点
考虑居民点的布局，方便居民使用

水运河道
河道决定了埠头是否可达，是布局埠头的前提。

景观系统
埠头要结合良好的景观，本身也作为景观的一部分。

水运路线
考虑各类人群，不同活动对于埠头的需求，综合考虑选择改造埠头的位置。

空间布局

交通性**埠头**：主要提供给船只临时停靠，部分埠头提供停泊较多船只的功能。

生活休闲性**埠头**：为周围居民提供公共空间，满足居民日常活动对场地的需求

游览性**埠头**：具有较为良好的景观，主要为游客提供旅游观光。

娱乐服务性**埠头**：附加了餐饮，景区服务等服务功能的埠头。

选取一个以娱乐服务为主的埠头，对其现状进行交通分析，最佳视景点分析以及人群流向分析。

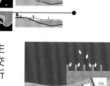

设计埠头占地面积800㎡，连合广场占地面积2000㎡。新建建筑270㎡。设置提供码头管理和游客娱乐休闲的管理服务室150㎡，供日常游览、居民休息的休息室120㎡。

节点示范

功能类型

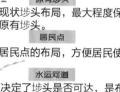

伸出式
F；T；S；V；

驳岸式
F；T；S；V；

挑台式
F；T；S；V；

浮船式
F；T；S；V；

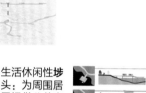
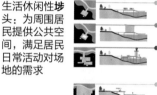

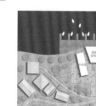

水上墟市设计

历史沿革

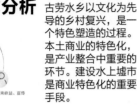

贸易+陆上墟市（百余年）

商业发展衰落

水上墟市不复存在

现状街坊贸易

陆上墟市（主要对内）

经营现代需求

水上墟市（主要对外）

动力分析

商业需求分析

特色打造　提供服务

提升管理　带来收入

提升旅游品质　带来收益、宣传

古劳水乡以文化为先导的乡村复兴，是一个特色塑造的过程。本土商业的特色化，是产业整合中重要的环节。建设水上墟市是商业特色化的重要手段。

案例分析

中国乌镇　水上货郎
泰国　印尼

产业联动性，文化承载性，获得收益，区域纽带

定位分析

适宜新环境的水上墟市，产业整合将目前已有一定基础的旅游业作为居民收入的重要来源。同时作为当地居民与外来游客共同的商业活动场所，人群聚集频繁，同时也是水陆换行的重要交通节点、区域公共管理与公共服务中心，水乡复兴的重要示范区。

4. 以外来游客体验及需求制定发展时序

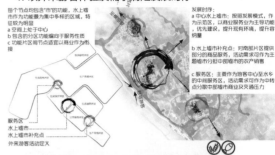

发展时序：
a 中心水上墟市：按照发展模式，作为示范区，以商业服务业为主导功能，优先建设，提升现有氛围，提升容纳量

b 水上墟市补充点：对南部片区提供部分的商品服务，活动需求可作为主题墟市分担中部墟市的农产销售

c 服务区：主要作为游客中心及水乡的中间服务点，活动需求可作为中转点分散中部墟市商业及交通压力

服务区
水上墟市
水上墟市补充点
外来游客活动定义

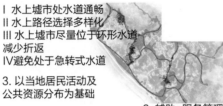

选址推导

1. 遵循水体及生态环境保护原则
选址避免水上墟市的建造对区域环境的破坏
减少水上墟市运营对环境的破坏

2. 遵循安全性原则
a 自然安全隐患少
b 水上交通突发事件不易发生
c 水体相关的突发事件能及时处理

I 水上墟市处水道通畅
II 水上路径选择多样化
III 水上墟市尽量位于环形水道，减少折返
IV 避免处于急转式水道

3. 以当地居民活动及公共资源分布为基础

功能布局

主体-经营性
符合商业多样性和均匀性，自市场形成丰富业态（共赢），足多元化消费需求

b 经营主体空间上的合理分布，达到资源的合理利用（包括水上商业及陆上商业）

c 不同商业类型主体的合理配比，达到内部功能分区

2. 辅助-服务管理性
a 服务管理场所辐射范围更大，布局相对分散
b 服务管理场所布局位置能够快速顺畅的运行

水面开阔，船间间距大，港湾式岸线多，水陆交通转换的节点；在岸线布置水景，增强观景体验

两岸适宜商船停靠，水面也是水上商品交易的主要河段

空间形态组织

陆上空间

串联式
开发民宿

并联式
美食购物街

混合式
复合功能商业街

2. 水陆结合空间

水面-桥头-河岸-建筑
步行空间

水面-亲水平台-建筑
水陆商品交易的节点

水面-绿植-步道-建筑
休闲型商业

水面-步道-建筑
水陆商品交易最频繁地段

3. 水上空间

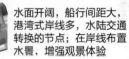

文化承载

水上墟市的传统建筑风貌　　2. 水上墟市的传统活动　　3. 水上墟市特色商品和体验活动

体验：古劳人的生活，古劳人的智慧
乡土商品：那些渐渐淡出我们生活的老物件

效果展示

4. 古劳特色元素提取配景塑造

设计题目：
广东省鹤山市古劳镇规划设计

指导教师：骆尔提 漆平

作　者：詹欣泽 罗力宇 劳佩珊 魏彤彤

学　校：广州大学

发展背景

区位发展条件

古劳处于香港、广州等中心城市、国际化城市经济能量和辐射半径范围。区域紧密的基础设施合作，特别是港珠澳大桥、广珠城际轨道交通的建设的建设，将提升古劳镇与周边城市时空关系。

古劳镇在珠三角的区位

古劳位于处于最北部的滨江地区，拥有江门大部分滨江岸线资源，有助于拓展江门旅游休闲资源品质类型。雅图仕公司为代表的企业有力带动了特色产业发展，使古劳镇成为江门特色产业基地之一。

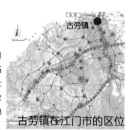
古劳镇在江门市的区位

古劳与高明共同依托西江黄金水道，共同面对沿江资源整合、区域性生态廊道建设，生态环境建设和道路交通设施亟待加强协调。古劳和龙口工业产业布局将呈现连片集聚发展的态势。沙坪公共服务设施相对完善，对古劳镇有明显辐射带动作用。

古劳镇在鹤山市的区位

相关规划

《江门市新型城镇化十三五规划》

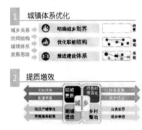

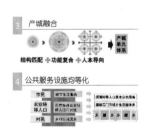

《鹤山市总体规划》分析了古劳优越区位条件和特色的山水资源条件，提出以古劳湿地公园为中心，打造北部古劳滨江新城，将古劳纳入鹤山中心城区发展并在北部板块形成古劳湿地公园为核心的绿核。

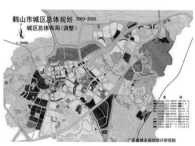
鹤山市城区总体规划 2003-2020
城区总体布局（调整）
广东省城乡规划设计研究院

《鹤山市沿江山水景观带概念性规划》明确提出古劳发展方向为岭南第一水乡，着力打造生态湿地、动物栖息地，保护岭南特色民居，弘扬永春文化。以生态优先为原则，盘活空间用地。

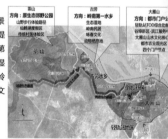

社会经济

辖下有13个村（居）委会，包括1个镇区居民社区东宁社区，以及12个行政村，分别为新星、上升、双桥、大埠、古劳、丽水、麦水、下六、连城、连南、连北和茶山。此外，还有151个自然村。

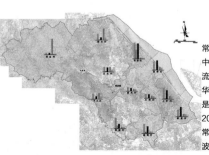

至2015年年底，镇域常住总人口47849人。其中，户籍人口29515人，流动人口22171人，旅外华侨、港澳台同胞3万人，是全国重点侨乡之一。2012年-2015年，古劳镇常住人口总数仅有小幅度波动。

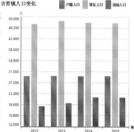
古劳镇人口变化

第一产业：农业历年产值较为稳定，在镇整体经济产值中份额较低。近年来着手推广畜禽禁养，鱼塘低改，学习水产养殖等技术，推进现代农业发展。

第二产业：作为工业型小城镇，规模工业产值在镇整体经济产值中占主要份额。全镇现有工业企业200多家，规模企业21家。

第三产业：古劳镇的第三产业尚处于初步启动的状态，现状已建设了水乡游客服务中心、水乡民俗风情览馆等旅游服务设施。但镇域各类旅游资源仍有待发掘和整合，各种旅游配套设施有待完善。

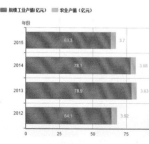

旅游资源

古劳镇所在区域具有丰富的风景旅游资源和历史人文资源，构成了古劳镇丰富然景观和人文景观，尤其水乡湿地景观更具典型特色。随着经济快速发展和休间的增多，周边城市居民有越来越多的休闲旅游、生态旅游要求，古劳作为滨的城镇，水乡湿地和茶山风景区的旅游资源优势必然得到凸显。但目前旅游资缺少足够的挖掘和整理，水乡特色、传统文化的旅游潜力没有发挥。

古老水乡　　龙舟文化　　茶山风景区

古榕树　　古民居和古祠堂　　石板桥

自然条件

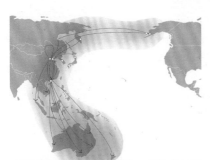

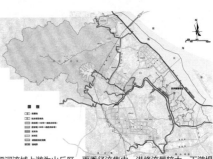

地处西江冲积平原与丘陵山地结位，属亚热带海洋性季风气候。

古劳镇位于全球候鸟8条迁徙路线之一，东亚-澳大利亚路线，500万涉禽和滨鸟在此线路上迁徙。

古劳北临西江，西江河岸线9千米，占鹤山市西江河岸的82%。沙坪河是西江下游右岸的一级支流，其干、支流流经古劳镇域。

沙坪河流域上游为山丘区，雨季径流集中，洪峰流量较大。下游堤围区，地势低洼，内涝积水严重。洪涝是本流域的主要灾害。

镇区用地现状图

图例
居住用地
中小学校用地
农村居民点用地
工业用地（建成区）
工业用地（在建区）
行政办公用地
商业金融用地
文化娱乐用地
医疗卫生用地
市政公用工程用地
河流
鱼塘
耕地
园林地
未利用地
其它用地
加油站
村界
道路
110KV电力站
500KV电力线
110KV电力线
10KV电力线
城镇规划区范围
镇域界

镇域用地现状图

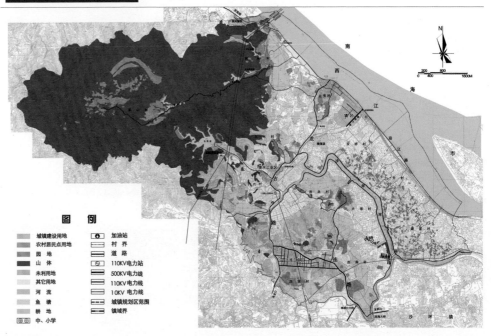

图例
城镇建设用地　　加油站
农村居民点用地　　村界
园地　　道路
山体　　110KV电力站
未利用地　　500KV电力线
其它用地　　110KV电力线
河流　　10KV电力线
鱼塘　　城镇规划区范围
耕地　　镇域界
中、小学

主要现状问题

区域竞争带来的挑战

古劳镇城乡发展面临与中心城市改善时空关系的机遇，但毗邻城镇同样也面临改善与中心城市时空关系的机遇，而且，由于高明区、鹤山市区等由于规模效应和已有的基础，更具发展优势。古劳如不能抓住历史机遇，调整产业和城镇发展战略，改善镇域基础设施条件，将面临错失机遇，被边缘化的危险。

区域竞争带来的挑战

城镇居住用地：
1）土地浪费，人均居住用地指标过高。旧区呈现高建筑密度、低建筑层数、低容积率、低人口密度态势。
2）居住用地零散。镇区和三连工业区现状居住用地分散布置。
3）居住环境整体较差。城镇现有居住用地内，大量缺乏绿地，设施严重不配套。
4）住宅用地分布插花现象较严重，居住、商贸、工业混杂，影响居民生活质量。

农村居民点：
1）农村旧居民点由于人口外流，而且仍然保留离土不离乡的传统，造成旧村住宅空置率较高。
2）由于人口的增长，农村新建住宅的需求较高，村庄边界呈无序扩张趋势。
3）新增住宅为了争取最优的居住条件，往往选址在条件较好的河涌、鱼塘边上，侵占了原生的景观风貌。

区域竞争带来的挑战

生态高度敏感端

生态低度敏感端

耕地

城镇发展和新农村建设越来越面临耕地保护和生态的双重压力，亟待进一步协调生态、耕地和城乡建设关系。湿地生态与城镇工业和农村传统养殖的共存导致湿地生态系统的脆弱，现状水体已产生一定程度的污染

规划理念 · 共生单元

　　这种编织布局的城市模型形成有规律的节奏空间格局，它由一系城镇区块、生态区块和混合的区块构成。
城镇区块：采用功能混合的集约化布局，保证城镇运转的高效率。
生态区块：减少城镇的热岛效应，吸收碳排放，提供氧气，同时通过湿地系统净化混合区块产生的生活和生产污水，达到水体自净的效果。
混合区块：既允许城镇感受的继续，也允许生态景观的延续，留有生态通廊与生态区块沟通，并为城市提供生鲜蔬菜，减少运输成本，同时鼓励建筑绿化，屋顶种植。

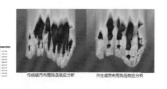

传统城市布局热岛效应分析　　共生城市布局热岛效应分析

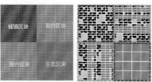

城镇区块　　混合区块

混合区块　　生态区块

自然

＋

人工

＝

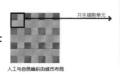
人工与自然编织的城市布局

共生细胞单元

设计思路

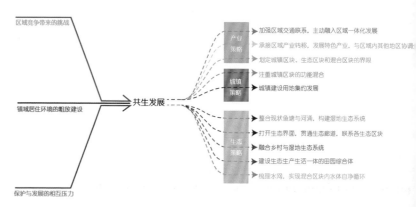

划策略

：形成以北部东西向的西江沿江路和南北向325复线、龙古路两条道路为支撑的对外交通廊道。
：在镇域西部茶山附近由北至南规划控制和预留铁路用地，加强与广州、珠海等地区的联系。
：依托西江主航道，沿西江南岸规划布置三个码

□ 承接区域产业转移，与区域内其他地区协调分工

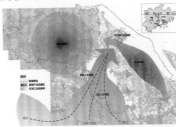

"中心镇工业组团-麦丽工业组团-三连工业组团"三大组团联动鹤山、龙口、泛珠三角区的产业发展，并承接起珠三角产业转移功能，依托对外交通优势，加强与广佛等地区联系。并发展具有古劳特色的旅游产业，加大水乡生态湿地、等旅游资源的辐射范围。

□ 划定城镇区块、生态区块和混合区块的界限

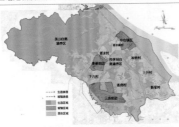

城镇区块：对城镇建设用地划定空间增长边界，转为内涵式、技术提升型经济增长模式。生态区块：坚持生态优先原则，严格划定生态区域保持原有用地，涵养为主。混合区块：在原村庄用地基础上延续城镇生活品质，与生态区块沟通生态廊道，形成有品质而又保有乡村自然气息的混合区块。

□ 注重城镇区块的功能混合

现状城市功能区块较为单一，。规划后麦丽组团、三连组团都将承担一定的城市居住功能，发展成新的生活组团，规划与居住功能相匹配混合其他的城市功能促进组团发展。

镇建设用地集约发展

规划后将城镇各组团内无序延伸的用地进行集中，以提升公共服务设施配置的经济性并提升组活力。
组团形成一定规模后，将原交通性干道的功能至组团外侧，并改造为生活性干道。

□ 整合现状鱼塘与河涌，构建湿地生态系统

整合鱼塘与河涌的关系，将局部部分鱼塘退回河涌或改造成湿地，构建湿地神态系统。

□ 打开生态界面，贯通生态廊道，联系各生态区块

以绿地为主的生态廊道　以河道为主的生态廊道　以湿地为主的生态廊道

打开原封闭隔离的西江及沙坪河滨河界面，以生态廊道沟通混合区块，组织镇域内生态涵养区及景观节点，在区域范围内形成完整的景观系统。

合乡村与湿地生态系统，建设生活生产生态一体的田园综合

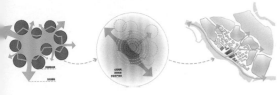

生态区块通过生态通廊渗透入各个田园
每一个田园综合体单元由现状农村居民点相对集中形成。
每个单元内，依次为公共服务中心，居住空间，现代农业产业空间。

□ 梳理水网，实现混合区块内水体自净循环

梳理现状水网，将原来部分因私人圈占而断头的水系重新疏通。结合镇域范围内的排水，设计以"居民生活废水排放-鱼塘过滤-河道过滤-浇灌"形成区域水体自净循环利用。

镇域土地利用规划图

针对现状面对的主要问题，提出共生理念将镇域划分成城镇区块、生态区块、混合区块，通过生态编织个区块，并提出十条规划策略来应对面临的问题，从而生成对镇域的概念规划土地利用图。

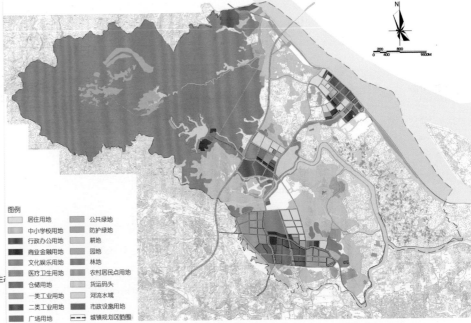

图例
居住用地　公共绿地
中小学校用地　防护绿地
行政办公用地　耕地
商业金融用地　园地
文化娱乐用地　林地
医疗卫生用地　农村居民点用地
仓储用地　货运码头
一类工业用地　河流水体
二类工业用地　市政设施用地
广场用地　城镇规划区范围

以水为魂·因水而活

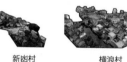

场地选址及村落概况

设计场地选址于古劳围水乡湿地，在本次镇域总体概念规划结构中属于混合区块，在城市设计中应注重通过生态廊道与周围生态区块进行对接、生态廊道对混合区块内各组团的渗透、以及生态景观与人文景观的协调统一。

场地内包含自然村16条，分别为新凼村、横浪村、养湖新村、养湖祖村、大地村、高桥村、大德村、姓李村、龙门坊、水寨村、自得堂、中心坊、维杆村、姓温村、姓陈村、姓何村。16条围墩沿河涌散落排布，以河涌、鱼塘或道路形成自然的边界。每个围墩由同一姓氏组成，古时多数与相同姓氏联姻。村内鱼塘田地由生产大队统一管理，每个生产大队约50~60人。

| 新凼村 | 横浪村 | 高桥村 | 姓李村 |

| 大地村 | 大德村 | 维杆村 | 姓陈村 |

| 养湖新村 | 养湖祖村 | 中心坊 | 自得堂 |

| 姓温村 | 姓何村 | 水寨村 | 龙门坊 |

现状村落分析

围墩边界

建筑风貌

图例
现代建筑
古建筑

建筑结构

图例
砖混结构建筑
框架结构建筑

围墩特征提取

建筑空心

图例
使用中的建筑
空心建筑
公共建筑

围墩热力

景观节点

图例
公共建筑　广场
码头　古榕树
水乡民族博物馆　桃花小径
村文化楼　古宗祠

古劳水系形态的演变·从古劳筑围说起

·宋元时期：
古劳一带为滩涂沼泽，周边地区的筑围导致古劳水位渐高，对人民的生存造成较大威胁。

·明清时期：
冯八秀倡导沿江筑土堤，固定河床以防洪保收。荒滩既可改为耕地又可改为鱼塘。鱼苗养殖的发展带动蚕桑的繁荣。

·中华人民共和国成立：
修筑混凝土堤围，更好的保护了古劳人民的生命和财产安全。

古劳水系形态的演变·生产推动，适应生产

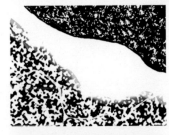

自然形态——滩涂沼泽

人工改造——堤围岸线

深度利用——河涌鱼塘

古劳水系形态的演变·生产推动，适应生产

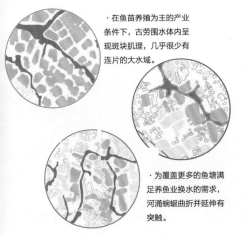

·在鱼苗养殖为主的产业条件下，古劳围水体内呈现斑块肌理，几乎很少有连片的大水域。

·为覆盖更多的鱼塘满足养鱼业换水的需求，河涌蜿蜒曲折并延伸有突触。

河边的民居

塘边的民居

紧邻河涌的鱼塘

正在晒塘的鱼塘

划船前往自家鱼塘的本地居民

由水延伸出的生产作业场景

设计契机·古劳镇产业转型进行时

·改革开放后工业的发展带来了良好的效益。
图为雅图仕印刷厂与东古酱油厂

·商旅游业正在起步
图为开始从事旅游服务的本地居民

·道光年间"几于无地不桑，无人不蚕"
图为桑基鱼塘。

·传统鱼塘养殖相比之下效益较低

在调研采访中发现，村民从鱼塘承包出去的分红中每年只能得到1000~1500元，占所需开支5%。因此大部分村民从渔业生产所得到的收益实际上并不多，这也直接促使了村内的青年劳动力外流。参考横山坞旅游发展策略，双桥可组织各个生产大队以入股的方式流转出自己的部分鱼塘参与到河涌与湿地生态系统的构建中，各生产大队以流转的鱼塘面积每年从旅游业的经济所得中进行分红，从第三产业中获利。

场地分析·水系的生态功能

涵养河边地下水

生活及生产污水净化
（沉淀、分解、植物摄取、
稀释、分离污浊物质）

对于河道地下水的渗透
提供生物栖息的场所

场地分析·水系作为社区纽带

建筑与河涌、鱼塘与河涌、公共空间与河涌……不同得空间类型在场地中都与河涌都有着千丝万缕的联系，因其形成了水乡独有的交流方式和人际关系。居民在河涌上会与两岸的人打招呼、闲聊，且小孩子也会在河涌上划船娱乐，实际上河涌成为了水乡信

设计契机·水乡生态问题凸显

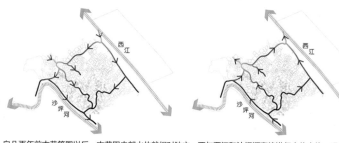

自几百年前古劳筑围以后，古劳围内部水体就相对独立，不与西江和沙坪河直接进行水体交换，现状古劳围内部河涌依靠上游排灌站与西江进行换水。进水出水都在同一位置。场地内部主要河涌流经16个自然村，村民的生活污水和养殖生产污水通过鱼塘进入到河涌，因此河涌事实上承担了场地内部排污的功能。

设计契机·水乡社区的活力下降

人口外流、社区老龄化和空心化

村庄建设侵占河道空间

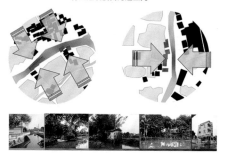

堤围在保护古劳围的同时，却也让古劳围内部水体流动性变差，自净能力变低。这在过去适应了当时的生产生活的方式和污染强度，但在高强度养殖、建设用地扩张和旅游开发的今天，却显得十分脆弱。

设计目标

通过对水的设计让古劳适应产业的转型

通过水系的设计改善水乡生态的自我更新能力

通过水系的设计赋予水乡社区新的活力

0 10 20 50 100 200 500M

设计理念

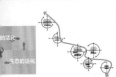

公共性

活化的根本在于"人"以及"人与人之间的"交往互动。是一切文化传承、社会构建、经济发展的基础。构成造产生的便是地具有公共性的外部或内部空间。

标志性

活化的一切活着重在于增加场地内人对其产生认同感与都市度。场地的标志度。营造具有地区特色文化或空间的探寻以及融合现代需求。

产业带动性

建成并维持活化处之的能源来自于完善的经济产业支撑，包含传统产业的转型产业两个方面，以产业发展带动社区经济，为活化提供持久经济支持和集聚人气。

设计策略与设计过程·水系活化

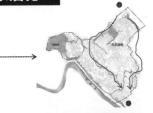

增强水乡生态的自我更新能力

让古劳适应产业的转型

水为触媒

赋予水乡社区新的活力

设计策略与设计过程·水系活化

楔形鱼塘

楔形生态湿地

现状水系

改造水系

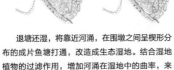

退塘还湿，将靠近河涌，在围墩之间呈楔形分布的成片鱼塘打通，改造成生态湿地。结合湿地植物的过滤作用，增加河涌在湿地中的曲率，来提高河涌的净化能力。

提升水体的流动性，在下游增设排灌站，使水网达到贯通。

场地现状进水出水公用上游同一排灌站造成场地内水系流动性弱

在沙坪河下游增设排灌站使场地内水网形成贯通来提升水流动性

增强水体自净能力
通过对场地内鱼塘的生态改造，来改善鱼塘与河涌的生态关系。

退塘还湿　　退塘还河　　净化鱼塘　　植物复育

依托水体发展产业
改善产业结构，促进当地的经济发展。

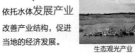

生态观光产业　　旅游体验产业　　观光体验渔业　　生态科研教育

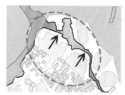

现状对于距离河涌较远的河涌采用"换塘-过塘"模式进行水体更新，存在着部分鱼塘过塘线路长、水质相互污染的问题。

退塘还河，将远离河涌的位于围墩内部、呈线状分布的鱼塘打通，形成围墩内河道与场地内主要河道连通，这样，既可减少且利用起生产性鱼塘的同时，缩短过塘污染。

采用松树桩

应用在"鱼塘-鱼塘"、"鱼塘-生态湿地"衔接的边界为土围的地方。利用松树桩间的缝隙进行水质交换，同时又能分隔鱼塘里的水游生物。

采用暗渠
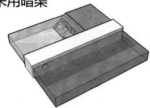

应用在"鱼塘-鱼塘"、"鱼塘-生态湿地"衔接的边界为硬质化道路的地方。通过暗渠进行水体交换。

打通后可行船
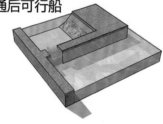

应用在成片鱼塘打通形成生态湿地的场地北部。考虑到生态湿地内部的行船路线，将鱼塘间一段土围全部打通。

打通后复育
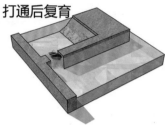

应用在成片鱼塘打通形成生态湿地的场地北部。将鱼塘间一段土围打通一半，种植湿地植物，促进水体交换的同时又净化水质。

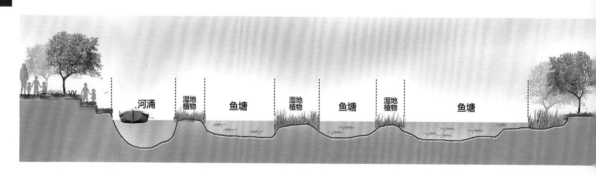

利用湿地植物和土壤中的微生物有从土壤和相邻水源中过滤过渡养分和部分污染的能力，采用植物复育的方法来净化水体。

通过在"鱼塘-湿地"、"河涌-湿地"衔接边界处种植具有空间梯度的湿地植物，从而净化水体，并且为候鸟提供栖息空间。

通过在"鱼塘-鱼塘"之间、"鱼塘-河涌"之间打通渠道并种植湿地植物的方式，来促进鱼塘间的水质流通与净化。降低保留养殖功能的鱼塘的水质污染，促进生态渔业发展。

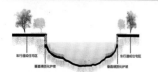

设计策略与过程·建筑与亲水平台改造

置换部分空心建筑功能，引入商业，提供公共服务，激活社区氛围；打开部分院落围墙，于临水面形成开敞活动空间，协同生产、方便交流

 类型一　类型二　类型三　类型四

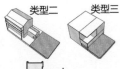

设计策略与过程·鱼塘改造

改造为景观塘和生态塘的鱼塘，若建筑条件有利于发展商业和公共项目，且岸边有一定的开放空间的，可利用水塘形成建筑群的庭院空间。

鱼塘靠近河涌且环水塘若建筑条件有利于发展商业和公共项目的，可考虑将鱼塘与河涌打通形成河湾，提升水上交通的通达性，并环塘布置亲水平台将各建筑连接起来，提升整体活力。

保留养殖的鱼塘采用桑基鱼塘、果基鱼塘等生态养殖的方式，减少养殖污染，同时结合改造的民宿发展种植、采摘等农业体验活动。

鱼塘两端连接两侧河涌形成内部水道，并形成连续的埠头界面，提升水上交通通达性，从而提升沿岸活力。

设计策略与过程·埠头改造

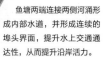

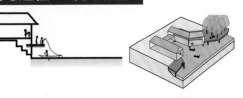

原尺度较大埠头，搭建构筑物提供半室内半室外空间，并且配合亲水平台以形成埠头活动节点。

退塘还湿而新建的埠头，完善湿地建设，且利用自然放坡和人工台阶形成岸边多层次的活动。

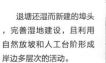

退塘还湿的楔形绿地及湿地公园，结合慢性步道和滨水平台，利用原埠头改造成为河与湿地的对接

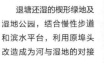

原带有较大公共空间的埠头，优化空间地面质量，以景观设计优化场地，配合宗祠或文化活动中心，形成社区活动集聚点。

总平面生成

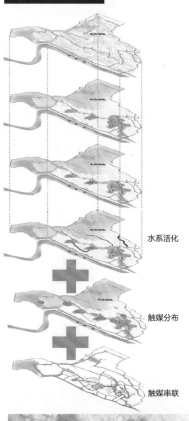

水系活化

＋

触媒分布

＋

触媒串联

设计策略与过程·触媒的分布与串联

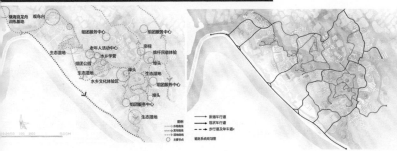

节点深化设计

白鹭随舟·新凼村

在过去，由于生产需要导致河道过窄，只能满足一只船双江通过。

因此利用退塘还河和退塘还湿的手法，对过窄的河道进行拓宽，形成丰富的水和社区交接界面。

周边成片的湿地为场地提供了水乡特色景观，以鱼塘退塘还湿所形成的候鸟湿地公园形成了古劳特色景观。

因此在面向湿地良好景观的三水交汇的地方建设戏台和广场，形成特色活动节点。

对原本埠头过窄的区域进行水岸梳理，建造通透的构筑作为旅游服务，以满足更多船只停泊和游客活动需要。

再以沿河步道联系活动节点，对步道上及周边进行景观设计。

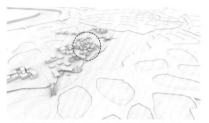

并利用场地内历史风貌保存较佳的建筑进行改造，在展现古劳传统建筑特色的同时，丰富建筑构造以承载更多的功能。

在过去，由于生产需要导致河道过窄，只能满足一船双江通过。

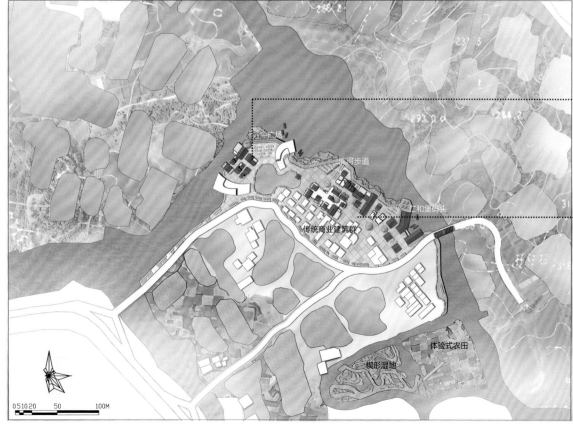

新凼村鸟瞰图

节点深化设计

水乡学营·横浪村

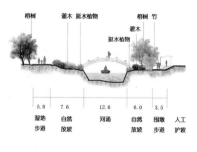

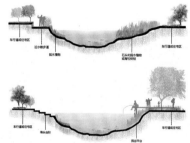

社区老人中心：
　　古老围中空巢老人较多，设置社区老人中心进行社区养老，提升社区幸福感和活力。

竹棚：
　　学营在闲置时可结合广场开放给村民使用。

活力广场：
　　富有活力的长者可以在广场上设立摊位，向学营的游客贩卖特色商品，既能获得经济收益，又能重新投入社会。

养蚕屋：
　　实地展示桑基鱼塘的后期养蚕环境和流程。

竹棚水乡讲堂：
　　古劳水乡生态农业科普之旅的起点站。结合示范塘展示桑基鱼塘原理。

榕树暸望屋：
　　高处暸望水乡风貌，让游人学生在进入水乡湿地前对整体风貌有所了解。

新凼村鸟瞰图

节点深化设计

高桥村鸟瞰图

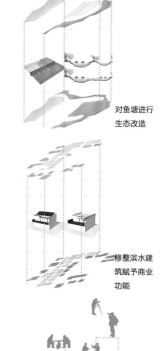

对鱼塘进行
生态改造

修整滨水建
筑赋予商业
功能

场地内活动
策划

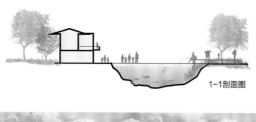

1-1剖面图

2-2剖面图

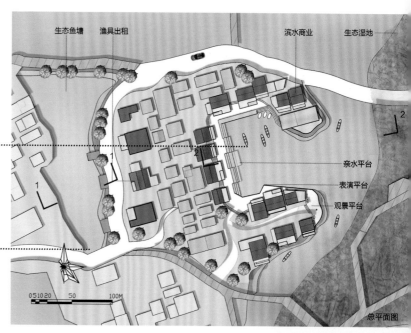

生态鱼塘　渔具出租　　　　　滨水商业　　生态湿地

亲水平台

表演平台

观景平台

0 5 10 20　　50　　　　100M

总平面图

50

埠上炊烟·维杆村

维杆村鸟瞰图

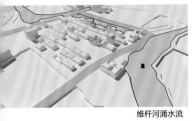
维杆河涌水流

周边产业及景观

广场及入口空间

人性步道

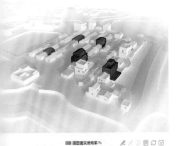

冯氏宗祠
室外休息区域
游客码头
中心广场
小卖部
小埠头
咖啡厅
维杆古埠头

总平面图

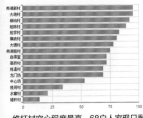

维杆村空心程度最高，68户人家现只剩5户，这为戈片开发提供了可能性。结合广场、埠头、宗祠、空心建筑，营造复合空间，设置亲水平台，形成生产、旅游组结合的生活场景。

广东省江门市鹤山市古劳镇规划设计

指导老师： 漆平、骆尔提

作　者： 周逸峰、黄庭月、唐晓辉、陈筱悦

学　校： 广州大学

区位分析

古劳在珠三角的位置

古劳镇处于珠江三角洲腹地的南海、高明、鹤山三市的中间位置，属珠三角中心城市边缘，在穗、港、深国际化城市辐射半径范围内。

古劳在江门市的位置

j江门最北部的西江河畔，与佛山市南海区隔江相望，是江门特色产业基地之一，印刷业重镇。

古劳在鹤山市的位置

拥有鹤山市西江河岸线的82%。在鹤山市内属东部商贸板块北部。毗邻鹤山城区。

聚落起源

古劳镇地处西江河畔，滔滔的西江从上游流到这里，河面变得宽阔，大量的泥沙沉积下来，成为沙洲，形成一个个的冲积滩。从明代开始，人们先后在西江边上大规模修筑堤围，防范洪水，先后筑有大郡围、长乐围、前江围、独江围等。在堤内冲积滩的地方，人们开挖出一口口鱼塘，鱼塘间形成一个一个的小土墩。鱼塘以养鱼为主，小土墩上则种桑种蔗，有的还建有民居。习惯上，西江边上的大堤称作"围"，堤围内鱼塘之间的小土墩称作"围墩"，意即屋宇集中地，少则一两户，多则十几户人家。明洪武二十七年，古劳人冯八秀奉旨兴建古劳围，从此，古劳便从滩涂泽国逐渐变成美丽的岭南水乡。

规划背景

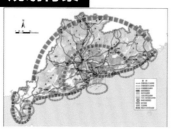

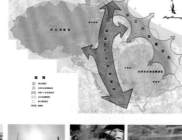

》空间景观格局——总体布局，形成三大区段

古劳拥有鹤山西江岸线的82%，而西江是广东省生态安全格局的廊道系统的重要组成部分之一。

在茶山的目标定位为原生态郊野公园，发展重点聚焦生态功能，体验式郊野旅游项目。古劳水乡的目标定位为以咏春文化、生态湿地为特色的岭南第一水乡；发展重点为湿地生态保育、咏春文化品牌打造、水乡民居活化利用。

打造古劳滨江新城，纳入鹤山中心城区发展，并在北部板块形成古劳湿地公园为核心的绿核。发挥自然生态环境优势，结合古劳湿地公园、茶山风景区等布置旅游培训和旅游度假区项目。

在镇域空间结构上强调东西联动；强化茶山风景区与水乡湿地景观的相互渗透。

人文资源分析

内部交通分析

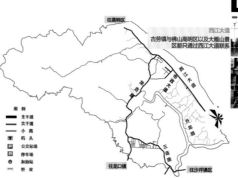

工业为主的结构

2015年产业结构图

※规模化企业 ※其他企业

※农业 ※工业 ※三产

工业的规模化达到85%成为古劳的支柱产业。

工业产值停滞不前

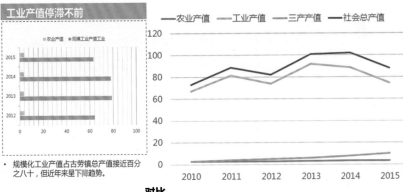

■农业产值 ■规模工业产值工业

- 规模化工业产值占古劳镇总产值接近百分之八十，但近年来呈下降趋势。

产业类型

一产：鱼塘养殖、作物养殖等养殖业，
二产：印刷、制鞋、精细化工、五金、电子等，
并且有了化妆品、食品加工等产业基础。
三产：发展较为滞后和分散。

工业产值停滞不前

古劳镇的工业的规模化达到85%，工业成为古劳的支柱产业。古劳镇中规模化工业产值占古劳镇总产值接近百分之八十，但近年来呈下降趋势。

—— 农业产值 —— 工业产值 —— 三产产值 —— 社会总产值

对比

相较相邻的镇区，古劳镇内以第一第二产业为主，没有较为突出的知名产业。第三产业所占比例很小。

遇到问题

古劳内产业类型零散单一，难以联动发展，发展壮大。且未来的发展与周边城镇产业发展类型趋同，而在许多产业上难以超越其他相邻镇的固有的优势产业。

北邻佛山市高明区——国家绿色产品
两镇现状：依托西江黄金水道，两镇共同面对沿江资源整合，共同面对区域性生态廊道建设

西邻龙口镇——传统农业
两镇现状：两镇工业产业依托龙古路布局，部分用地连接，未来工业产业将呈现连片集聚发展的态势
G325国道复线将成为连接两镇的重要交通廊道

南邻沙坪城区——工业与第三产业并进
两镇现状：沙坪完善的公服设施对古劳镇有辐射带动作用古劳扁头一带已经纳入沙坪发展
古劳为沙坪镇发展的空间延展地和功能补充
三连工业区毗邻沙坪镇的镇域南部

主次干道一览表

分类	道路名称	道路长度（千米）	道路路面宽度（米）
主干道	龙古路	7.8	7
	市政大道	0.75	30
	工业路	0.5	24
	三连大道	4.4	30
	西江大道	8.9	7
次干道	茶山进山路	7.8	5—7
	鹤山湖进山路	2.3	7
	三连工业区支路	6.8	12—30
	其它	20.66	7—12

古劳镇的路网较疏，
分布较为密集的是在水乡、镇区以及三连工业区片区。在镇区的南北端和东西端分别只有一条X537县道连接。
主干道主要服务于工业运输、旅游业发展、居民日常出行。次干道主要服务于居民日常生活以及旅游业发展。
支路主要为自然村落内的道路，供居民日常出行使用，也有部分作为绿道使用。

西江大堤北段　　西江大堤镇区段

罗江围东侧路　　堤下阶梯路　　西江堤下路

对外交通分析

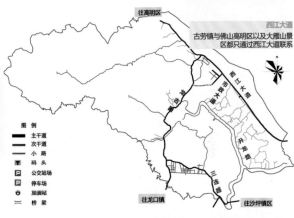

西江大道
古劳镇与佛山高明区以及大雁山景区都只通过西江大道联系

往高明区

往龙口镇　　往沙坪镇区

图例
—— 主干道
—— 次干道
—— 小路
码头
公交站场
停车场
加油站
桥梁

工业用地现状分析

石塘头工业区
依托西江主航道，作为临港工业区和仓储物流业基地，积极发展临港工业和现代物流业。

升华仕广区
重点发展出版物印刷业，打造印刷产品基地，积极推进发展创意产业。

麦水工业区
发展精细化工和食品加工业为主，打造食品基地和化工基地。

三连工业区
发展精细化工、制鞋、五金、电子等行业为主。

工业用地

农业村 工业村

古劳村
麦水村
连城村
连南村

丘陵山地

冲积平原

岗地和围田区

丘陵山地 岗地和围田区 冲积平原

工业村

古劳镇有12个行政村。其中古劳村、麦水村、连城村、连南村4个以工业为其主导产业。每个行政村有超过30%的用地为工业发展用地，有超过80%的社会产值为工业产值。镇域的主要城镇发展用地集中在这几个镇。

农业村

茶山村、丽水村、下六村、双桥村、上升村、新星村、大埠村、连北村8个村以农业为主导产业，其余行政村以农业为主导产业。主要发展的有养殖业和种植业工业区自1990年古劳成立三联工业区以来，近30年来，工业用地发展成为190.21公顷占全镇面积28.43%有四大工业区。

工程地质分析

古劳镇东部地区属冲击层，土层大致为淤积粘土、淤泥、淤泥质粘土，软土层深度10—20米，建筑时需对地基进行特殊处理；中部岗地多由花岗岩风化层组成，土层为粘土、亚粘土，土耐力可达10～20吨／平方米，建筑地基条件较好；西部地区风化层较薄，基岩以寒武系、泥盆系的砂页岩为主。

水系统分析

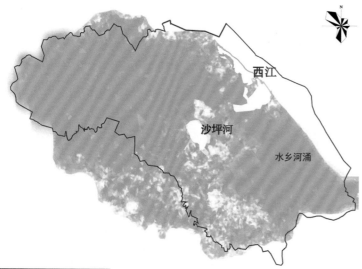

西江

沙坪河

水乡河涌

古劳北临西江，西江河岸线9km，占鹤山市西江河岸（11km）的82%。
中华人民共和国成立以来，为了防治洪涝，特别是抵挡西江洪水倒灌，
多次开展了整个沙坪河流域综合规划和整治。
目前已经完成了西江百年一遇防洪大堤和沙坪河二十年一遇防洪堤建设，
已建堤围32条，长度89.52km；
在沙坪河口岸建有中型排水渠站1座，将沙坪河涝水排出西江，
装机容量2160kw，设计排水流量49.5 m³/s；
在沙坪河口建有防洪水闸1座，宽66m，抵挡西江洪水倒流入沙坪河。

主要支流

沙坪河是西江下游右岸的一级支流，其干、支流流经古劳镇域，并从东部的谷埠汇入西江，
流域面积328km²，主河道长39km，平均坡度3.06%，多年平均流量9.25 m³/s，主河道
天然落差804m。
1.沙坪镇以下终年通航100吨以下货船
2.升平水的双桥圩以下可通航20吨以下的木船
3.桃源水的玉桥以下也可通航5吨左右的小农艇。
主流发源于皂幕山，流经金岗、龙口、沙坪、沙坪水闸，汇入西江。

生态格局分析

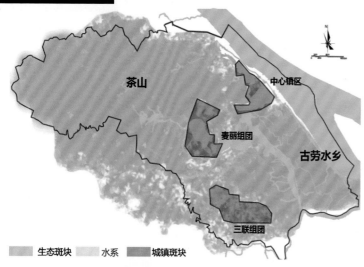

茶山

中心镇区

麦丽组团

古劳水乡

三联组团

生态斑块　水系　城镇斑块

生态斑块

1.古劳镇所处地区为西江冲积平原与丘陵山地的结合部位，
拥有密集的水网以及大面积的山脉、河谷和三角洲冲积平原。
2.镇域内地形自西向东倾斜，大体可分为三个区域。
镇域东北部濒临西江和沙坪河，属冲积平原，地势低洼，
海拔高度多在10米以下，区内塘基密布。
镇域中部为岗地和围田区，其中围田区地势较低，
海拔在10米以下，岗地海拔高度在70米以下，
该区以种植业为主，并有较多适宜开发建设的土地资源；
镇域西部和西北部为丘陵山地，海拔高度多在300米以下，
最高峰为茶山的高凹顶，海拔540.6米，地形坡度较大，
多为林地覆盖。
3.全镇现有大面积基本农田，城镇现状建成面积较小。

城镇斑块

现状建成的城镇区域主要是中心镇区、麦丽组团和三联组团
这三个城镇斑块，呈散步状分布。其余区域多为渔业资源、林业资源
和土壤资源丰富的生态斑块，约占古劳镇面积的75%。这些斑块构成
古劳现状山水田共生的生态格局。

水系统现状问题总结

→ 河流　→ 流动性较差河涌　〜 流动性较强河涌　— 堤围

内涝问题

镇域中部的农林地区受沙坪河堤围分割，只能通过人工排水的方式调入沙坪河。
由于水系缺乏连通性，人工排水未能有效解决雨水的外排问题，导致若干内涝点
的出现。

水体缺乏流动

水乡内部则受到沙坪河堤围和人工渠的分割，成为了一个单独的区域。
古劳水乡内，水系缺必要的流动，水体缺乏有机质更新，加上人工养殖的影响，
导致水乡东侧区域水质污染严重。

规划、生产、生活与生态格局叠加分析

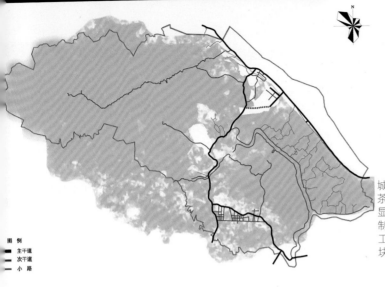

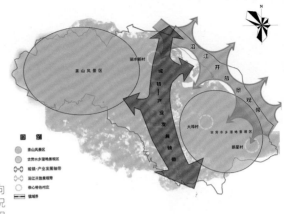

城市道路受到生态格局限制，难以向茶山斑块和水乡湿地斑块发展，情况显著的麦丽组团由于受到生态格局限制，未能建成道路网。镇区部分仅在工业区部分建成少量道路，受水乡斑块限制，难以向南发展。

城镇产业发展轴中提出的未来发展方向
注重东西联动，发展结构尊重原有生态格局

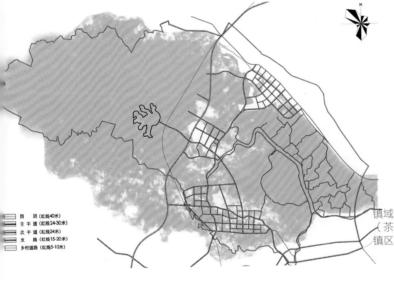

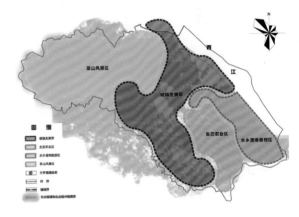

镇域道路系统发展受限于原有生态格局；（茶山生态斑块以及水乡湿地生态斑块）镇区、麦水村内的道路开发难度大。

镇域功能分区合理，遵重原有生态格局；在城镇发展带与生态斑块间建立生态廊道以及生态缓冲隔离带

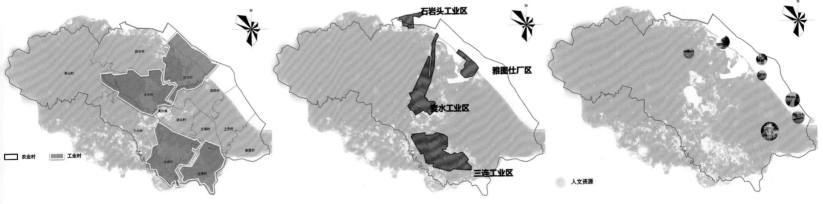

镇域内工业区都未设在生态斑块内；在古劳的山水格局限制下，未来在能用于工业拓展发展的空间不多；工业作为古劳镇的支柱产业，然而现在发展停滞；
未来需要对产业进行升级转型。古劳内四个工业镇皆位于生态斑块之外，城镇建设用地内，所处地理位置的工程地质多为岗地与围田区，地质条件好，开发难度小，成本也较低。

镇域规划策略

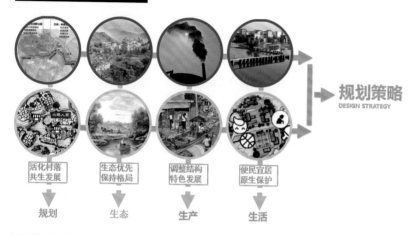

活化村落
共生发展 → 规划

生态优先
保持格局 → 生态

调整结构
特色发展 → 生产

便民宜居
原生保护 → 生活

规划策略
DESIGN STRATEGY

策略解读

生态策略：
生态斑块
斑块是生态格局的基本组成单元，是指不同于周围背景的、相对均质的非线性区域。
生态斑块分为茶山斑块、水乡湿地斑块和农田斑块。
生态廊道
指有相当宽度的带状空间具有联系生态斑块、交流营养物质、调控水体、为动物提供迁徙通道等作用。生态廊道分为自然生态廊道和人工生态廊道，古劳镇内的自然生态廊道包括有地表径流、湖泊；人工生态廊道包括有人工水渠、道路。

概念规划：
转移中心镇区
1.麦丽组团地形限制发展工业
2.不再新增城镇斑块的规划愿景
3.麦丽组团处于新城镇发展轴的门户位置
基于以上三点在将麦丽组团转型成为新的古劳中心镇区

生态策略

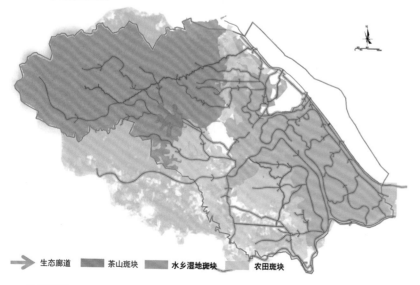

→ 生态廊道　　茶山斑块　　水乡湿地斑块　　农田斑块

生态策略：
构建［生态斑块-生态廊道］生态结构模式
以生态廊道沟通各生态斑块，保持镇域"山水田共生"的生态结构

概念规划

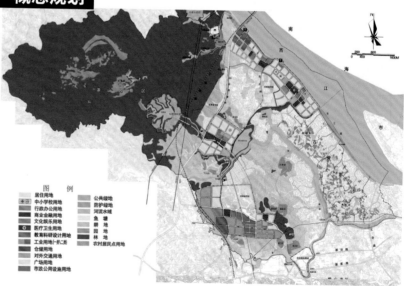

图 例
居住用地　　　　　公共绿地
中小学校用地　　　防护绿地
行政办公用地　　　河流水域
商业金融用地　　　鱼塘
文化娱乐用地　　　耕地
医疗卫生用地　　　园地
教育科研设计用地　林地
工业用地(一类二类)　农村居民点用地
仓储用地
对外交通用地
广场用地
市政公用设施用地

概念规划：
保持镇域"山水田共生"的生态结构
以生态廊道沟通各生态斑块，保持镇域"山水田共生"的生态结构

水乡传统生产、生活、生态关系

生活污水　　餐饮污水　　工业污水

河涌

鱼塘(污水池)

生活　　生产　　生态

过去的水乡生产-生活-生态处于较为平衡的状态，生活与生产产生的污染物排入鱼塘中，而鱼塘中各种动植物构成一个小的生态系统，能将污染物分解掉。被鱼塘中各类动植物所组成的小生态系统所分解，达到"三生关系"的平衡。

研究范围概况

<table>
<tr><td>━━━</td><td>现状水流方向</td></tr>
<tr><td>▓▓▓</td><td>陆地</td></tr>
<tr><td>▭▭▭</td><td>鱼塘</td></tr>
</table>

最被誉为珠江三角洲最后的原始水乡，其内旅游资源较为丰富。"围墩"意即堤围下的一个个"墩"，西江的泥沙沉积下来，成为的沙洲与冲积滩据史载，至今已有600多年历史水乡人过去生产采用桑基鱼塘的形式，近年采用鱼塘个户承包制养鱼。古劳水乡属于湿地生态系统。现内部由于水体缺乏流动，加上鱼塘的影响，水质污染，尤其是基地的东南部污染较为严重。

水乡合作机制的追思

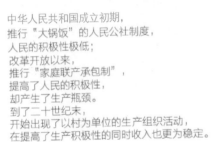

中华人民共和国成立初期，
推行"大锅饭"的人民公社制度，
人民的积极性极低；
改革开放以来，
推行"家庭联产承包制"，
提高了人民的积极性，
却产生了生产瓶颈。
到了二十世纪末，
开始出现了以村为单位的生产组织活动，
在提高了生产积极性的同时收入也更为稳定。

围墩分析

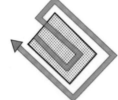

现状围墩与水的组成形态大致可以分为以下几种：

城市设计范围概念解读和设计策略

湿地公园

维持生态环境 ——→ 生态性

公共开放活动场所 ——→ 社会性

生态水乡

自然性 ←—— 自然资源丰富

文化性 ←—— 主题文化浓缩

自然特质

自然性
自然 资源 特色 鲜明

生态性
湿地保育

古劳水乡湿地公园

社会性
公共开放 活动场所

社会特质

文化性
文化传承

碧水桃源——水乡人的栖息地

拥有丰富自然资源的水乡对我们来说是一个美丽的桃花源般的地方，而它同时也是水乡人世代居住的地方，有着水乡特有的宝贵文化。

碧水:古劳水乡水域面积辽阔，水是水乡最重要的部分，是水乡人赖以生存的环境，水乡的水质清丽，水乡人便能更好的生活。但现在随着水乡的不断发展，生活污水增多，水质问题是水乡现在面临的难题。

桃源:水乡中最可贵的是世代水乡人在生活中积累水乡文化，保护与传承水乡文化，是下一代的水乡人的使命。但现在古劳水乡慢慢也出现空心化，水乡人基因退化等情况，水乡文化将成为无根之萍。

策略一：

重塑水脉，恢复水乡原有的美丽的水环境。打开鱼塘边界，增加水网分布密度，提高水域之间的水系连接度。打通部分鱼塘，构建水乡大水道，提高水流速度。

策略二：

重构水乡生活网络，营造未来水乡人生活的环境，向社会传递水乡文化，水乡人传承水乡文化。
保护原有的水乡生活氛围，增加水上活动，人与水的关系更为密切。完善水乡基础配套设施，使水乡生活更便利。打开部分村落的边界，使能够进入了解水乡文化。

围墩优化策略

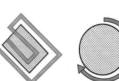

围墩适宜性评价

优化方式

在维持围墩整体块状类型的基础上，用微小的水道将围墩组织成分散状，以得到更多丰富平面形态。

强调陆上活动，外部以水环绕围墩，围墩内部的鱼塘可以几个几个组合成形态更丰富，更大的鱼塘。

延续一河两岸的带状格局。

保持分散式/团状组团两两相连的格局。

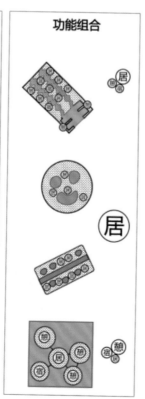

功能组合

居

居

水乡斑块功能结构

双桥组团

游憩

湿地保育

居住

居住

上升组团

新星组团

水乡民俗博物馆

大面积湿地

古村落 古村落

休闲

新社组团

三夹腾龙竞渡空间附近

湿地保育
游览休憩
生活居住
休闲体验

水脉重塑

水系统规划

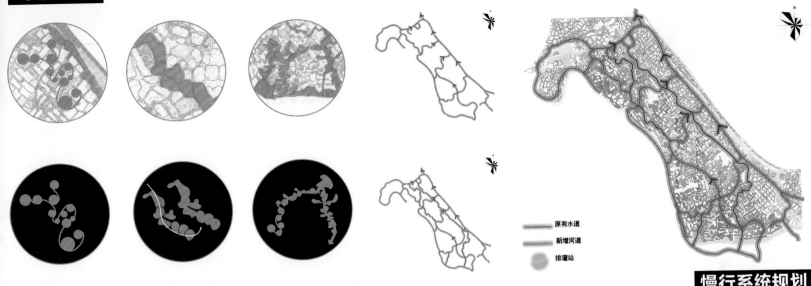

原有水道
新增河道
排灌站

水脉重塑:
疏通河道,打开鱼塘,净化水质以流速快的水道带动整个区域水体流动,以及鱼塘间水体慢速流动沉淀,保持水乡湿地水体质量。疏通河道打通部分鱼塘,形成新的水道,提高水体流速,使水质得到净化。打开鱼塘打开鱼塘,让鱼塘之间的水可以流动,水体在这过程中水质得到净化。增设三夹河排灌站,使水体能从两个方向排出,加快了南部水体的流动。

慢行系统规划

编织生活网络:
完善道路网,构建慢行系统,规划慢行道路。水乡内现主要出行工具为步行、摩托车、摇橹船等。为方便村民日常出行以及未来旅游业的发展,规划增加较多西北东南方向的道路,将现状断头路连接成网,形成道路网。根据现有的旅游资源和规划的水系统,将步行道与水道相结合,设计了慢行系统。该慢行系统经过现有的水乡大部分的自然景点和人文景观.以通达的慢行网络,串联水乡旅游,构建水乡漫步游览系统。

慢行系统

编织生活网络

慢行游览系统规划

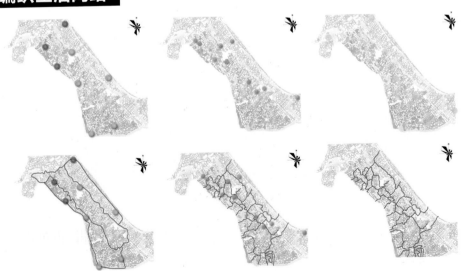

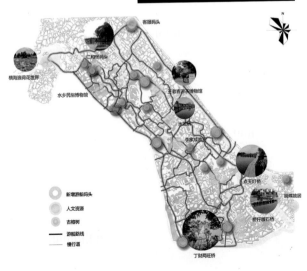

新增游船码头
人文资源
古榕树
游船路线
慢行道

整体城市设计

选址分析

设计基地位于新社组团。

根据前面对围墩和水的形态的分析，这个片区适合承担休闲旅游业为主，居住其次的功能。

同时这个片区靠近三夹桥，以及水乡龙舟赛的比赛河道，适合作为水乡一个对外的门户片区。

概念提出

生态前提 **生活**根本 **文化**灵魂

水乡独有的生态格局和水乡人长此以来的生活方式形成了现有的水乡文化。

本次设计中，生态乃大前提，设计中遵循生态优先原则；生活是其根本，设计中着重改善人的生活环境；而水乡文化则为水乡的灵魂，我们设计的目的就在于保护并传承水乡的文化。水乡文化的传承除了水乡人的内部继承，更需要被社会所了解。因此发展旅游业是作为传播水乡文化的一个重要的途径。

生态格局 ➕ 生活方式

＝

水乡文化

影响　传播　改变

旅游

设计策略—街区划分

水乡闹市

快速了解水乡文化的"闹市"街区。主要增加水上集市主题，龙舟主题等。

水乡人家

有浓厚的水乡生活氛围的慢生活街区。体现水乡居水生活的特色文化。主要需要完善生活所需的基础设施、公共服务设施。

休闲水乡

富有田园风光，发展渔庄、钓鱼活动等休闲度假类型。体验渔、鱼、娱相结合的水乡生活。

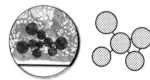

分散式组团

具有更多水域面积和水乡元素，可承载更多元化的功能。

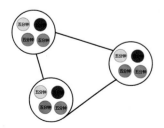

五分钟生活圈

分散式团装组团的尺度符合5分钟生活圈，十分适宜发展旅游和居住。

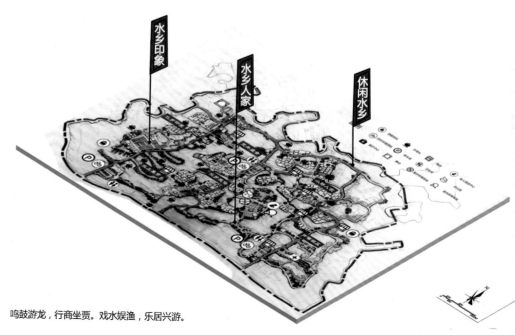

鸣鼓游龙，行商坐贾。戏水娱渔，乐居兴游。

计策略—服务设施布点

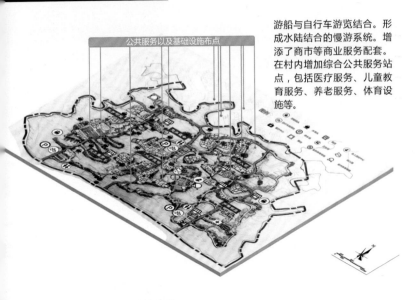

公共服务以及基础设施布点

游船与自行车游览结合。形成水陆结合的慢游系统。增添了商市等商业服务配套。在村内增加综合公共服务站点，包括医疗服务、儿童教育服务、养老服务、体育设施等。

设计策略—慢街区规划

交通模式

车行+自行车+步行结合

增设桥、慢行道，形成车行转自行车与步行结合的出行方式。

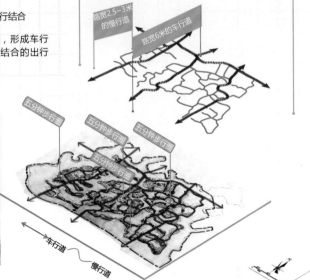

慢行车行交错相连

路宽2.5~3米的慢行道

路宽6米的车行道

五分钟步行圈

五分钟步行圈

五分钟步行圈

五分钟步行圈

车行道　慢行道

计策略—优化自组织机制

投入　基础工作　工作重心　发展方向

村之间，村民自由成村民合作社

合作社成员志愿为合作社提供发展需要的启动资金、旧宅或人力。

硬件维护

合作社利用启动资金开始对部分有价值的建筑进行修缮或改造利用。

软件维护

合作社的加入准则中，要求成员需要习得一些基本的水乡人的传统技能，如划船等。并要求其下一代也在适合的年龄习得。

合作社从自然环境的保护、建筑改造、民俗活动的支持与推广三方面开展活动。

环境

集中种植一些观赏类的树种，营造一些特色的自然景观区。

设施

将一些水棚屋和青砖民居改造成具有地域特色的民宿。　临水区域的建筑适当增设一些船屋。

民俗

利用现有的龙舟赛等活动，举办一些对外的相关活动，延长龙舟赛的带来的效应。　利用原有水道，策划出几条具备一定水乡特色的趣味性路线。

憩

适当开展一些休闲类的活动。

鱼

结合水乡拥有的渔业资源，开展钓鱼-烧烤-露营等生态旅游活动。

船

利用原有水道，开展一系列的船主题运动。

滨水区整体设计

枕水人家　渔舟唱晚　曲水流觞　龙舟趁景

我们将基地中分散的围墩用路桥相连，几个围墩连成一个街区。

我们根据围墩类型将街区赋予水乡文化主题。

主要有水乡印象、水上集市、龙舟盛会、水乡民俗、小桥人家、芦苇田庄等几个主题，

概括来讲，其实是水乡文化中的几大文化：水市文化、龙舟文化、居水文化和渔文化。

水居主题

水居文化是水乡中最重要的文化，水乡生活也是水乡中最重要的组成部分。生活是水乡中最根本的部分。小庭园，步头泊轻舟。晨起捕虾蚬，午后晒渔网。古榕荫下，童谣笑语飘场。石板桥旁，游人骚客络绎。这是一个可优游恬嬉的水乡，生活场景

水市主题——鼓乐喧天，人声鼎沸

销金小伞揭高标，江藕青梅满担挑。依旧承平风景在，街头吹彻卖饧箫。

渔趣主题

云枝轻摆飒飒声，划船无桨全靠浪。清水肥鱼桌上留，且笑且说待荷开。

龙舟趁景主题——龙舟舟，出街游，封封利是责船头

初一起，初二忌，初三、初四扒出屎，初五、初六扎过基，初七初八入泥底。届时，村前门楼披红挂绿，沿河两岸彩旗飞扬。锣鼓声到处可闻。人们穿上新衣到沿岸观看龙船表演各种技艺。龙舟趁景只表演技巧，不排名次，轮流在各乡举行。端午前后，岭南各地都将择定一日进行龙船表演，称龙船景"。

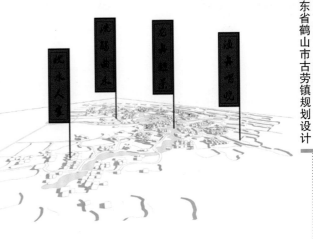

龙舟
周逸峰

水居
黄庭月

渔趣
陈筱悦

水市
唐晓辉

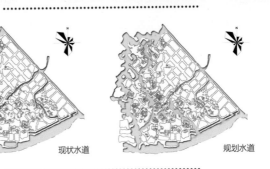

水居

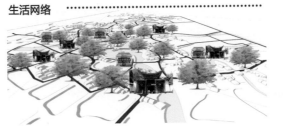

水居
黄庭月

状总平面

岸线类型

规划总平面

生活水道

现状水道　　规划水道

生活水道

打通部分闲置鱼塘，连接原有的水道，重塑水乡的生活水脉，恢复古劳清丽水质。

道路系统

现状道路　　规划道路

道路系统

基地内现只有一条较为完整的车行道路通过各居民点，难以满足未来兼顾居住与旅游功能的需求。织补完善道路系统，通过车行道路、小桥、街巷、以及水上的埗头来形成道路网，连接各围墩以及生活节点。

生活网络

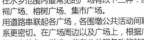
宗祠广场

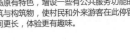
榕树广场

集市广场

生活网络

基地内现有的广场缺乏活力。由于广场上没有功能性的建筑，日常只有榕树下的空间较多人使用，宗祠广场仅在宗族活动时有较多人使用，集市广场则已经退化，村内已鲜少有进行商业活动。总体来说，广场本是水乡生活中最具生活氛围的场所。

广场作为水乡人们日常休憩交往的最常用的空间，在此上演着水乡的生活场景。
在水乡范围内最常见的广场有以下三种：宗祠广场、榕树广场、集市广场。
用道路串联起各广场，各围墩公共活动间联系更密切。在广场周边以及广场上，根据广场原有特色，增设一些有公共服务功能的建筑与构筑物，使村民和外来游客在此停留时间更长，体验更有趣味。

公共服务设施与广场空间结合

将游客中心与村内 公共服务设施整合于一点，可增加更多的设施。
村民的两种公共交往空间——公服建筑与广场——融于一体。
既满足居民日常生活需求，也可服务于外来的游客，使水乡生活空间更具活力。

图书室　商店
运动　工作室
医疗　咖啡厅
老人活动　停车场
儿童活动　公厕

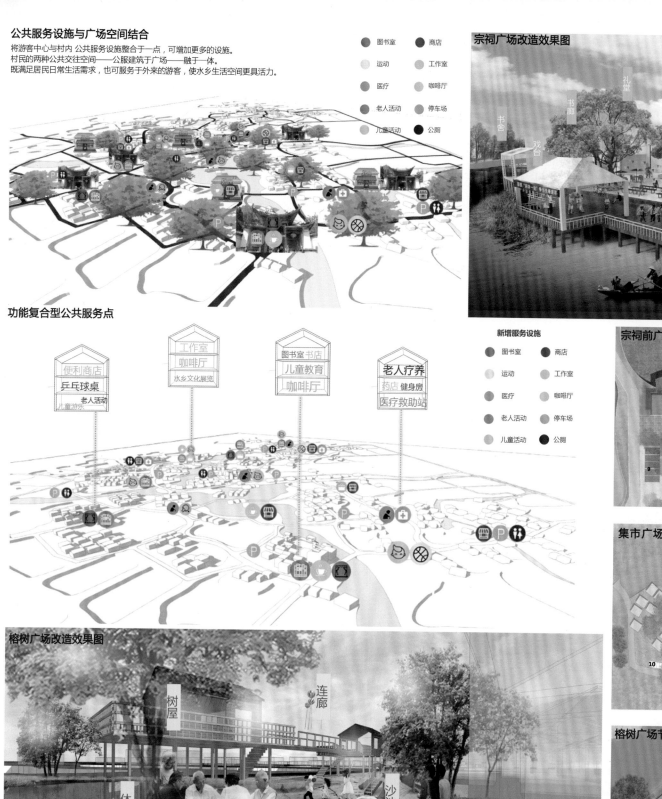

功能复合型公共服务点

便利商店	工作室	图书室 书店	老人疗养
乒乓球桌	咖啡厅	儿童教育	药店 健身房
老人活动	水乡文化展览	咖啡厅	医疗救助站
儿童游乐			

新增服务设施

图书室　商店
运动　工作室
医疗　咖啡厅
老人活动　停车场
儿童活动　公厕

榕树广场改造效果图

连廊

树屋

休憩交往

沙池

宗祠广场改造效果图

书舍　礼堂　书廊　观礼屋　水岸平台　书院

戏台

人人讲卫生

宗祠前广场节点改造平面图

N

1 宗祠前广场
2 戏台
3 室外亲水平台
4 书院（含书店、饮品店等功能）
5 书舍
6 书廊
7 礼堂
8 观景观戏平台
9 停车位
10 原有宗祠

集市广场节点改造平面

N

1 休闲广场
2 集市广场
3 活力草坪
4 运动之家
5 农家小舍
6 景观小径
7 商店
8 公共码头
9 可移动式摊售
10 停车位
11 原有水埠头
12 农田

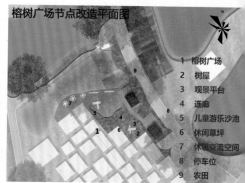

榕树广场节点改造平面图

N

1 榕树广场
2 树屋
3 观景平台
4 连廊
5 儿童游乐沙池
6 休闲草坪
7 休憩交流空间
8 停车位
9 农田

渔趣

渔
陈筱悦
趣

趣内容

利用原有水道，开展一系列的船主题运动。

渔—舟

用丰富的水道和塘的资源，开展趣味多样的船相关主题活动。

结合水乡拥有的渔业资源，开展钓鱼-烧烤-露营等生态旅游活动。

渔—渔

合升级现有和荒弃的公共空间，满足丰富多样的渔验需要。

适当开展一些休闲类的活动。

渔—游

滨其它休闲活动，与渔的活动相互促进，加深水乡闲体验氛围。

共空间修整

岸

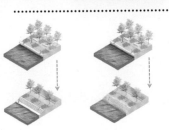

渔趣活动相关示意

总平面图

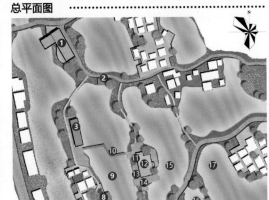

① 综合服务体（渔具租赁、餐饮、商店、卫生间、停车场）
② 公共卫生间
③ 风雨停廊
④ 浮光渔影
⑤ 闲语杂谈
⑥ 小岸留萤
⑦ 树下乘风
⑧ 归宿食香
⑨ 小舟寻浪
⑩ 轻桥横水
⑪ 高台远景
⑫ 小台望远（渔鼓广场）
⑬ 水漫绿云
⑭ 清水临台
⑮ 混水摸鱼
⑯ 荷花密境
⑰ 荷影迷踪
⑱ 孤影怀远

岸线类型

渔趣—居民点改造

旋马水埠和游龙曲廊一角透视

浮光渔影 — 新增沿岸廊道，引入观赏鱼种.
闲语杂谈 — 修整公共空间，增添高质量绿植，增添座椅板凳。
小岸留萤 — 沿岸种植亲水植物，合理搭配打造生态驳岸。
树下乘风 — 改造树下空间，增添桌椅板凳，提高绿化质量。
归宿食香 — 村民自主经营农家乐，创造当地特色产品。
小舟寻浪 — 深水鱼塘，乘船游览、垂钓、撒网捕鱼，感受渔家风情。

渔趣—渔鼓广场

渔鼓广场--西南上空鸟瞰

轻桥横水 — 增加横跨桥，丰富视野，增设钓鱼点
高台远景 — 重要节点视觉焦点，远眺风景
小台望远 — 集会广场，重大节日活动举办点
水漫绿云 — 自然驳岸，舒适惬意园林美景
清水临台 — 人工驳岸，使用便利，趣味活动。
混水摸鱼 — 浅水鱼塘，可入水捞鱼
新建公服

65

水市

唐晓辉

传统民居改造

融入水乡元素改造民居，赋予其集市或其他空间节点要求的功能。

水乡 × 民居

民俗 × 经济

水乡民居

舞台功能　集市功能　集市功能

原散乱式建筑肌理　沿岸线临水布置　景观与建筑结合布置

滨水活动空间

强化活动与滨水空间的结合，活化岸线公共性。

江河 × 埠头

民俗 × 经济

民居

表演　商业　码头

观景　活动　停留

现状分析及对策

基地优势

根据围墩类型学的分析：
·基地围墩形态呈分散式组团；
·岸线长，湾面积大；

基地拥有"水上集市"的天然条件。

发现问题

1.现状建筑质量不佳，平面无法满足水上集市的功能。
2.缺乏滨水活动，缺少亲水空间，亲水性弱。
3.岸线公共性差，空间体系缺乏组织。

解决对策

1.提炼本土水乡元素，改造民居部分赋予新的集市功能。
2.营造滨水空间，丰富滨水活动，激活水岸活力。
3.梳理岸线，围绕滨水活动空间组织水上集市游览流线。

水市总平面图

1 听涛码头
2 碧波观景
3 水乡码头
4 一衣带水
5 烟雨楼
6 游船码头
7 倒影楼
8 储水楼

岸线类型

水上集市游览路线

强调游览路线与滨水空间节点的结合，形成有趣的空间序列。

街巷空间　　水榭舞台　　埠头空间

埠头空间

水上集市图

湿地景观 引入芦苇等湿地植物设计湿地岸线，营造生态景观。

改造民居 民居在融合水乡特色的原则下进行改造。兼顾实用性和观赏性。成为景观要素。

水榭舞台 岸线突出、三面临水的地方设置亭子，成为表演功能的舞台和休憩空间。

水上集市 岸线平行，河道尺度适合的地块置入改造后具有集市功能与水结合紧密的建筑，形成水上集市。

人工湿地系统植物的选择（兼景观功能）

睡莲　　香蒲　　芦苇

趁景

龙舟

周逸峰

总平面图

总平面主要表达的是在现状的基础上，整合了部分的鱼塘，形成了更大面积的水域。针对驳岸，设置了木质的游龙曲廊，针对沿岸建筑，改造成龙景台并设置了旋马水埠和节庆广场等公共空间。

1 游龙曲廊
2 龙景台
3 旋马水埠
4 节庆广场

岸线类型

舟斗标与龙舟趁景

的龙舟竞渡除了龙舟斗标外还有龙舟趁景。龙舟趁景只是表演技巧，不排名次，轮流在各乡举行。端午前后，而各地都将择定一日进行龙船表演，成为"龙船景"。

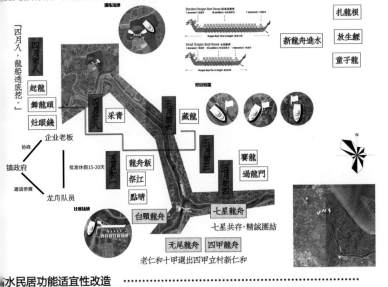

扎龙根
新龍舟進水
放生鲤
童子龍

【四月八，龍船透底挖。】

四月初八
起龍
舞龍頭
灶眼錢

四月十八
採青
藏龍

五月初八
龍舟飯
祭江
點睛

企业老板
协商
镇政府
邀请参赛
龙舟队员

批准休息15-20天

五月初一

五月初三
賽龍
過龍門

五月初四
七星龍舟
七星共存·精誠團結

白頸龍舟
無尾龍舟
四甲龍舟

老仁和十甲選出四甲立村新仁和

龙舟舟，出街游
旋马水埠和游龙曲廊一角透视

水民居功能适宜性改造

此针对龙舟趁景活动，对临水民居进行了一些适宜性改造。

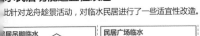

民居吊脚临水 | 民居广场临水 | 民居隔街临水 | 民居突出临水

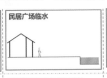
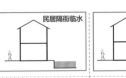
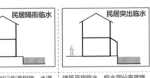

筑突出部分以吊脚楼的形式出，亲水性强，具有浓郁的河道筑氛围。 | 建筑退让出空间形成活动广场 | 建筑与水之间以街道相接，水道和街道都可以作为交通 | 建筑直接临水，临水部分高度降低，尺度比较适宜，形成的河道空间变化优美

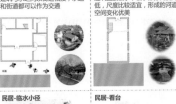

阿妈叫我睇龙舟
龙景台和游龙曲廊一角透视

民居-码头 | 民居-集会广场 | 民居-临水小径 | 民居-看台

临水形式

新建公服

网箱型生态驳岸

哈尔滨工业大学
Harbin Institute of Technology

王晓雨　　　　　　李灏萌　　魏建雪　　李雅娇

李灏萌

　　六校联合毕设给我的大学学习生涯画上了一个完美的句号，在这次联合设计中不仅让我在设计方面得到了很大的进步，更让我收获了来自四面八方同学的友谊，这会成为我生命中最难忘的一段经历，在这个过程中让我享受到快乐。不仅如此，我们的成果作品还得到了专家以及各校老师专业点评，对我未来的学习和工作给予很大的帮助。因此，我要继续努力专研学习，去完成自己的梦想！

李雅娇

　　偶尔迷茫，偶尔彷徨但一直前进的环境设计学生。被动，慢热，爱安静的水瓶座。不知道明天会怎样，但知道努力做好现在的自己总是没错的。人生的曼妙就在于不可知会的际遇，感谢六校联合设计让我们不同专业以及认识这么多志同道合的朋友。最后祝愿大家去往之皆为热土，将遇之人皆为挚友。

王晓雨

　　学习设计不仅仅是学习方法的过程，还让我们学会了怎么生活，让我们知道不要光用眼睛去看，还要用心去感受。至于未来该怎么走，目标是一回事，该怎么做是另一回事。一直都觉得能做自己想做的事是一件很难的事，兴趣是自己的，生存不是生活，不能被看到的未来才更有趣不是吗？

魏建雪

　　我一直认为我们是"仅次于上帝的人"。因为我们所做的，可以创造世界。世界都是我们的画布，只不过每个人填的颜色或多或少，或轻或重而已。所以我对于创造世界这件事上，一直都充满热情与活力。

指导教师：马辉 刘杰
小组成员：魏建雪 李灏萌 李雅娇 王晓雨

现状问题及策略

现状道路交通图

主要道路
次要道路

问题： 交通混乱
断头路较多
部分道路没有防护安全性低
道路狭窄质量差

对策： 将路边的自建简易房拆除
将步道与机动车道连接结合
拓宽路面加入防护栏
破损建筑拆除将交通引入建筑

鱼塘肌理分析图

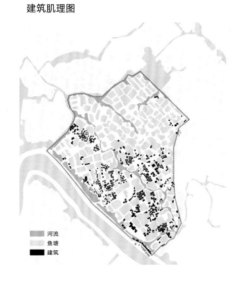

鱼塘河流
建筑

问题： 鱼塘肌理具有风貌但是过于聚集
部分鱼塘水质差
沿塘一带景观质量差

对策： 保护与改善鱼塘水质
延续原有特色鱼塘风貌
建设滨水景观带
塘间融入滨水空间
改善塘间景观

现状埠头使用情况

正在使用的埠头
已经荒废的埠头

问题： 水路不通
埠头荒废

对策： 扩建已有码头
在沿河一带增设码头
利用水路连接各个居民聚居点
将荒废的埠头进行修缮围护
重新投入使用，唤起古村记忆
将埠头改造成增设共享公共空间

建筑肌理图

河流
鱼塘
建筑

问题： 聚居点肿瘤式发展
居住建筑密集导致公共空间不足

对策： 拆除居民自建的简易房屋
根据建筑风貌、年代、质量以及
空心化"拆除部分房屋
对聚居点内空地进行重新梳理
将空地进行不同模式改造
利用房屋的坡屋顶加建公共空间

公共服务空间图

公共服务空间

问题： 公服空间仅为码头、球场、公厕
各类公共服务空间过少
服务半径过大

对策： 增加公共服务空间类型
增加公共服务空间数量
融入现代化公共服务空间
将居民自建私人简易房屋的功能整
体运用到村落中

标识系统分析图

标识系统

问题： 村落内标识较少仅在重要区域
安全性差
游客进入容易迷失

对策： 机动车道增加指示牌
在节点处增加道路标识牌
游客步道增加导引
部分重点区域增加信息标识
整体改善标识系统

状调查

地居民

【年龄构成】
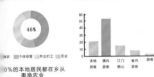
68%
岁以上人群占总数68%

【居民就业情况】
46%
6%的本地居民都在乡从事渔农业

【居住满意度】
52%
2%的居民对自己的居住条件不满意

外地游客

【出行方式】
步行　游船　大巴组团　自行车

【游客来源分析】
本地游客　镇内游客　江门游客　省内游客　省外游客

【旅游时长分析】
<2h　2-5h　5-8h　8-10h　>10h

问题总结

【文化层面】

老镇与城市文化脱节　传统滨水文化被忽视

传统生活的认同感弱　文化资源未有效利用

【生产层面】
业态杂乱缺乏梳理　饮食杂乱缺乏聚集

商业北移，村落没落　产业开发强度不足

【生态层面】

缺乏环境保护的认知　建筑风貌质量对比大

生活网络与水网断裂　缺乏合理景观节点

【生活层面】
道路侵占现象严重　道路设施质量差

缺乏宜人的公共空间　缺乏基础服务设施

目标定位

文化环境【文化层面】　见缝插针/植入 → 功能融合

耕地鱼塘【生产层面】　垂直/生态渔农 → 生产融合

滨水廊道【生态层面】　绿道/功能一体 → 生态廊道

错落民居【生活层面】　自组织/街巷改造 → 新旧融合

划理念

城镇　BE ENGAGED　工商　外来人口
村落　BE ENGAGED　渔农　当地人口　TALKING CUSTOMS
水　旅游　旅游者　ENJOY EXPERIENCE / TALKING CUSTOMS

通过上图，对古劳镇的整体组成部分、基础产业模式、不的人口进行分析，发现当地的本土文化（村落、渔农业和地人口）是连接各个部分的重点，所以我以此为切入点深整个设计。

鹤山市上位规划

《鹤山市城乡总体规划2007-2020》

北都商贸板块

延伸古劳镇产业文化，以生态优先为原则，将古劳水乡地区建设成为鹤山市的"生态粮仓"，将古老水乡打造成为真正的鱼米之乡，逐渐形成以水乡特色为背景的现代化生态产业基地。

《鹤山市沿江山水景观带概念性总体规划》

项目4：入口服务区优化提升
项目2：沙坪河游船航线
项目3：水乡民居
项目1：生态湿地公园
项目5：东入口服务区
游船码头

依托现有的水乡肌理环境，完善设施建设、发展旅游服务、扩展游船航线、改造居住街巷，建设生态宜居滨水老镇。

《鹤山市城乡总体规划2006-2020》
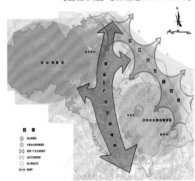

建设沿江生态廊道建设，协调区域生态环境和景观形态，形成以岭南水乡为特色和背景，生态优良的水乡老镇。改善仙鹤湖和水乡周边不协调因素，结合旅游服务需要，完善促进休闲度假基地建设职能。

老镇更新模式思考

老镇

聚居点内建筑布局封闭，内部功能单一，落后的条件无法满足居住需求。

"绅士化"改造
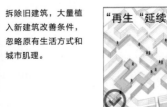
拆除旧建筑，大量植入新建筑改善条件，忽略原有生活方式和城市肌理。

思考-归属感

人的基本情感需求在宽阔的改造方案中遗失，而在狭窄、不长的街巷中找到。

延续
守住老镇的居民
保护古镇历史人文遗迹
延续老镇传统与肌理
传统文化与现代融合

"再生"延续

延续村落原有的建筑与工艺，增加交通空间促进旅游参观，既保留的原有肌理又改善生活质量。

再生
整治村内的问题
为居民提供完善的设施
发展旅游观光
增加公共空间促进交流
使村庄焕发生机与活力

确定主题

代表案例	改造方式	改造结果
成都宽窄巷子	大规模旧改，建设性破坏	居民大部分迁离 社会结构瓦解
广州骑楼街	修建地铁，全部拆除	居民部分迁离 社会结构遭到一定程度破坏

由上图可以看出，大部分规划改造的老镇会破坏原有的肌理跟文化。所以我们期望在原先的基础上，提升居民的生活质量。

大拆大建 → 改造 → 旅游目的 ← 再生 ← 延续文化、肌理 + 融合现代空间

所以我们打破了大多数街巷改造的模式，摈弃大拆大建的这种破坏原有风貌的改造模式，将原有的肌理与文化延续下去，同时结合一些现代空间满足居民生活需求。

规划策略

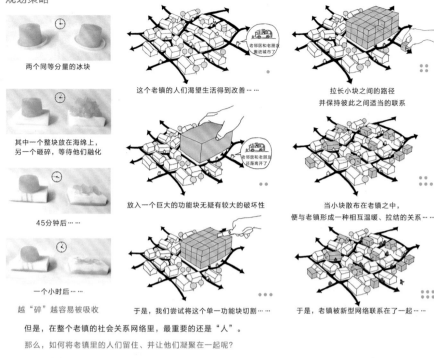

两个同等分量的冰块

其中一个整块放在海绵上，另一个砸碎，等待他们融化

45分钟后……

一个小时后……

越"碎"越容易被吸收

这个老镇的人们渴望生活得到改善……

拉长小块之间的路径并保持彼此之间适当的联系

放入一个巨大的功能块无疑有较大的破坏性

当小块散布在老镇之中，便与老镇形成一种相互温暖、拉结的关系……

于是，我们尝试将这个单一功能块切割……

于是，老镇被新型网络联系在了一起……

但是，在整个老镇的社会关系网络里，最重要的还是"人"。

那么，如何将老镇里的人们留住、并让他们凝聚在一起呢？

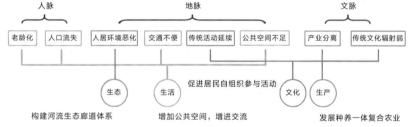

人脉　　　　　　地脉　　　　　　文脉

老龄化　人口流失　人居环境恶化　交通不便　传统活动延续　公共空间不足　产业分离　传统文化辐射弱

生态　　生活　　　促进居民自组织参与活动　　　文化　生产

构建河流生态廊道体系　　增加公共空间，增进交流　　　发展种养一体复合农业

于是，我们试图稳固老镇内的人-地-文关系，碎片化植入修复空间，除了修补留住在老镇内的原住民，同时促进各人群间的融合。

生态廊道

对于原有驳岸实行生态最小的干扰，在驳岸稳固、保证防洪功能的前提下，水际处理的越简单越好。

两岸绿地景观建设也是河道建设成功的基础。加设休闲、娱乐的亲水功能，满足市民休闲娱乐的要求。

不采用传统的工程措施（硬质护坡、高筑河堤等），保证河道本来的自然风光与亲切感。

满足功能与生态多样性，既具备城市河道自然生态系统恢复的功能，又包含视觉审美上的河道景观功能。

生态修复

STEP 1：在最初阶段选择速生耐贫瘠的草种对已被破坏的土地进行修复

STEP 2：五年之后种植较为低矮的灌木提升土地肥力

STEP 3：最终选当地适宜树种进行生态绿化

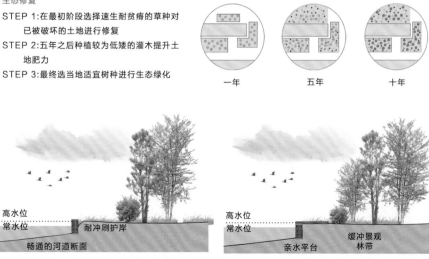

一年　　　　五年　　　　十年

高水位　常水位　耐冲刷护岸　畅通的河道断面

高水位　常水位　亲水平台　缓冲景观林带

景观规划结构图

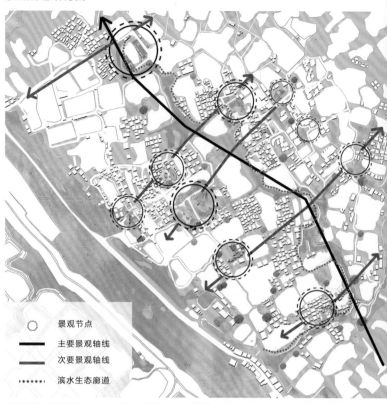

○ 景观节点

—— 主要景观轴线

—— 次要景观轴线

·······滨水生态廊道

景观节点：居民活动广场、民俗文化体验区、鱼菜共生产业园、生态涵养区、水乡风貌步行街
商业文化街区、生态种植园区、生态渔业区

区域规划结构图

传统文化保留区

商业文化区

新旧融合区

水乡风貌控制区

—— 景观廊道
　　商业文化区
　　水乡风貌控制区
　　新旧建筑融合区
　　传统文化保留区

将整体场地划分成了四个重点区域：传统文化保留区、商业文化区、水乡风貌控制区、新旧融合区

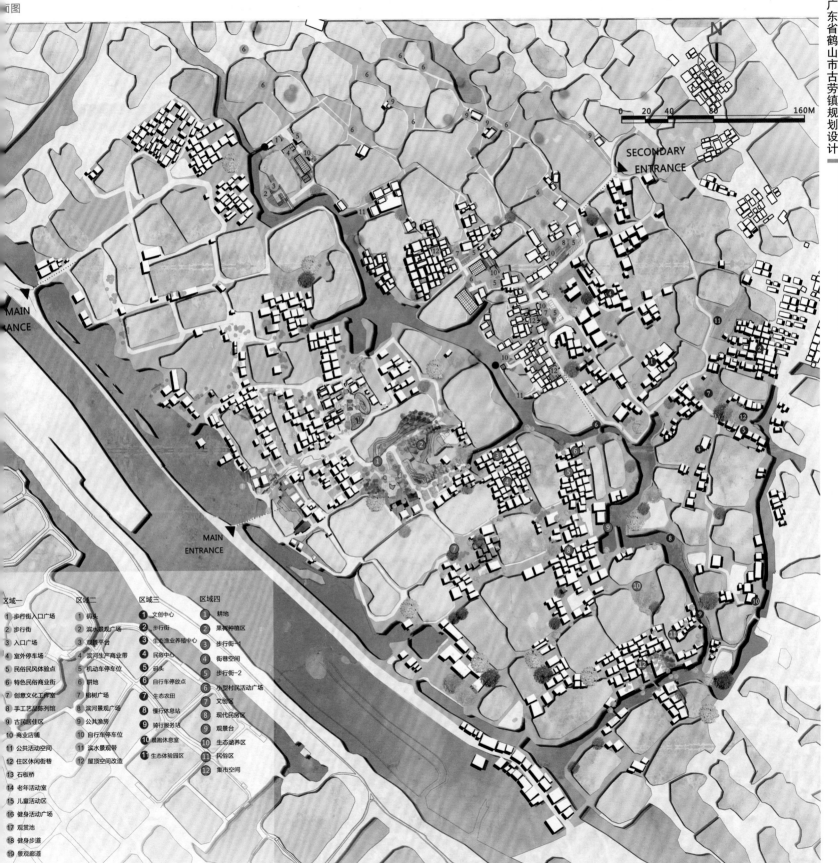

SECONDARY
ENTRANCE

MAIN
ENTRANCE

MAIN
ENTRANCE

N

0 20 40 80   160M

区域一
1 步行街入口广场
2 步行街
3 入口广场
4 室外停车场
5 民俗民风体验点
6 特色民俗商业街
7 创意文化工作室
8 手工艺品陈列馆
9 古民居住区
10 商业店铺
11 公共活动空间
12 住区休闲街巷
13 石板桥
14 老年活动室
15 儿童活动区
16 健身活动广场
17 观赏池
18 健身步道
19 景观廊道

区域二
1 码头
2 滨水景观广场
3 观景平台
4 滨河生产商业带
5 机动车停车位
6 耕地
7 榕树广场
8 滨河景观广场
9 公共渔房
10 自行车停车位
11 滨水景观带
12 屋顶空间改造

区域三
1 文创中心
2 步行街
3 生态渔业养殖中心
4 民宿中心
5 码头
6 自行车停放点
7 生态农田
8 慢行休息站
9 骑行服务站
10 晨跑休息室
11 生态体验园区

区域四
1 耕地
2 果树种植区
3 步行街-1
4 街巷空间
5 步行街-2
6 小型村民活动广场
7 文创区
8 现代民房区
9 观景台
10 生态涵养区
11 民俗区
12 集市空间

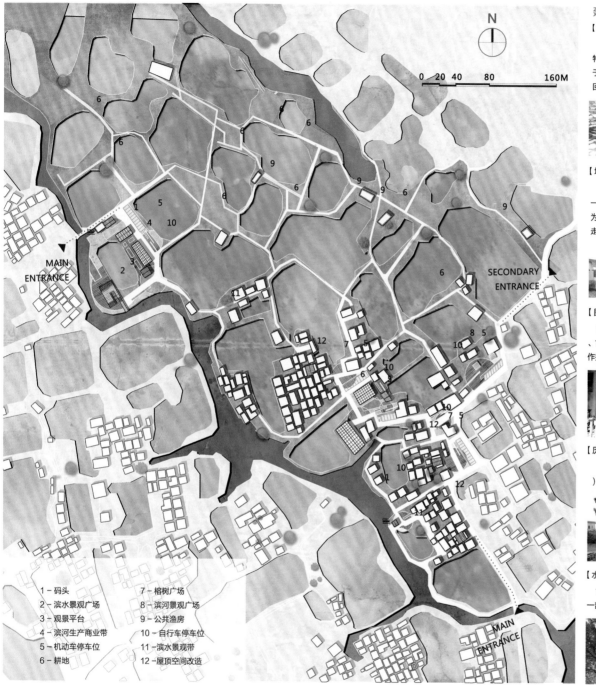

MAIN ENTRANCE

SECONDARY ENTRANCE

MAIN ENTRANCE

N

0 20 40 80 160M

1 — 码头
2 — 滨水景观广场
3 — 观景平台
4 — 滨河生产商业带
5 — 机动车停车位
6 — 耕地
7 — 榕树广场
8 — 滨河景观广场
9 — 公共渔房
10 — 自行车停车位
11 — 滨水景观带
12 — 屋顶空间改造

延续文脉

【山水文脉——桑基鱼塘】

随着时间的变化，桑基鱼塘逐渐缩减，但是桑基鱼田反映的是一种岭南独特的经济模式，存在一定的代表性，而且老镇现状始终存有原始桑基鱼田于是，利用原有肌理来承载中心区的鱼菜共生产业，勾起当地居民对过去的回忆，同时传承文化，还可以在一定基础上，提升当地居民收入。

【地域文脉——建筑街巷】

古劳镇民居多数为现代农村建筑，传统风格民居保留很少。建筑风貌墙一般为白色石灰砂浆砌的青灰色砖墙面，在局部地区有砌红砖的墙体，表为暗红色调。但也有一些红砖屋、水楼水寨保留。同时，街巷肌理保持垂走向，小处应用了小曲折的特点，肌理整齐富有代表性。

【民俗文脉——传统文化】

古劳镇是岭南风情之乡，拥有多项非物质文化遗产：三夹腾龙、鹤山舞、古劳酱料、鹤山咏春拳、客家黄酒、王老吉凉茶、水乡鱼皮角、鹤山狮作技艺、古劳面鼓。

【历史文脉——故居公祠】

古劳镇有很多名人故居，其中最著名的是梁赞故居、李石朋故居（八大）、蝴蝶故居。也有很多留下的宗祠建筑，黄公祠、李氏宗祠等。

【水乡文脉——埠头古榕】

古劳镇有很多的榕树广场，古榕有上百年历史。还有很多留存的古埗头，一部分埠头目前还在使用着。

方案生成

Step1. 拆除部分简易建筑

Step2. 整合分散的开敞空间

Step3. 规划结构设计

Step4. 延续原有的耕地鱼塘民居肌理

Step5. 用地性质规划设计

Step6. 景观节点规划设计

Step7. 公共建筑改造与新建

Step8. 滨水景观带串联节点

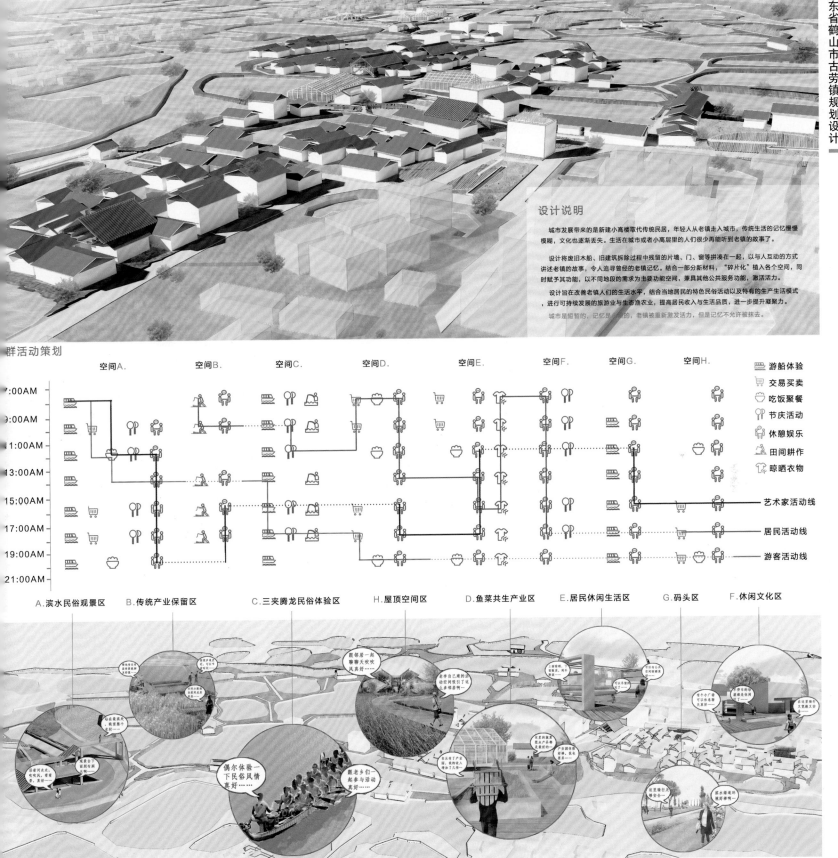

设计说明

城市发展带来的是新建小高楼取代传统民居，年轻人从老镇走入城市，传统生活的记忆慢慢模糊，文化也逐渐丢失。生活在城市或者小高层里的人们很少再能听到老镇的故事了。

设计将废旧木船、旧建筑拆除过程中残留的片墙、门、窗等拼凑在一起，以与人互动的方式讲述老镇的故事，令人追寻曾经的老镇记忆。结合一部分新材料，"碎片化"植入各个空间，同时赋予其功能，以不同地段的需求为主要功能空间，兼具其他公共服务功能，激活活力。

设计旨在改善老镇人们的生活水平，结合当地居民的特色民俗活动以及特有的生产生活模式，进行可持续发展的旅游业与生态渔农业，提高居民收入与生活品质，进一步提升凝聚力。

城市是短暂的，记忆是长久的，老镇被重新激发活力，但是记忆不允许被抹去。

群活动策划

空间A.　空间B.　空间C.　空间D.　空间E.　空间F.　空间G.　空间H.

7:00AM
9:00AM
11:00AM
13:00AM
15:00AM
17:00AM
19:00AM
21:00AM

游船体验
交易买卖
吃饭聚餐
节庆活动
休憩娱乐
田间耕作
晾晒衣物

艺术家活动线
居民活动线
游客活动线

A.滨水民俗观景区　　B.传统产业保留区　　C.三夹腾龙民俗体验区　　H.屋顶空间区　　D.鱼菜共生产业区　　E.居民休闲生活区　　G.码头区　　F.休闲文化区

鱼菜共生产业园概念提出

【城市化进程】

聚落大规模扩张，侵占耕地

古劳镇城市化率

16%	47%	70%
1978年	2010年	2025年

【城市化与耕地保护】

1995-2000年耕地从19.51%减少到19.24%。

2000-2005年耕地从19.24%减少到18.86%。

2005-2010年耕地从18.86%减少到18.31%。

2010-2015年耕地从18.31%减少到17.81%。

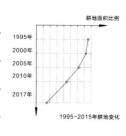

耕地面积比例

1995-2015年耕地变化

【守住耕地】

那么如何在守住原有耕地的前提下，让老镇内的居民满足生活需求与愿景呢？

于是，我提出：在不牺牲耕地的前提下，建立新的共享区域综合各类功能，给当地居民提供生活需求与生产需求。

所以我以建立鱼菜共生基地生产为手段，扩大垂直化种植面积，旨在达到老镇、产业、人、环境和谐共生的新模式。

改变原有的一味扩张模式，守住耕地。

原有模式：城市化侵占老镇耕地，耕地减少。

新有模式：耕地变成垂直农业生产，耕地保留与增加。

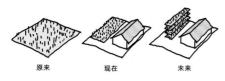

原来　　　　现在　　　　未来

【鱼菜共生】

在传统的水产养殖中，随着鱼的排泄物积累，水体的氨氮增加，毒性逐步增大。人们需要不断劳作来保障经济效益。

传统渔农业 → 养鱼种菜 → 经济效益

而鱼菜共生是一种新型的复合耕作体系，是可持续循环型零排放的低碳生产模式，更是有效解决农业生态危机的最有效方法，从而减少人们的劳作时间，达到更好的经济效益。

水产养殖 + 水耕栽培 → 鱼菜共生 → 养鱼不换水 种菜不施肥 → 经济效益

古劳镇传统的桑基鱼塘人工生态系统利用了自然的生存关系和物质循环，而鱼菜共生系统则依靠现代水耕栽培技术，摆脱了植物对土地依赖，将水耕栽培系统和水产养殖系统整合为一体。

蚕沙
鱼 → 粪肥 → 桑 → 桑叶 → 蚕

【鱼菜共生产业园】

鱼菜共生技术原理简单，实际操作性强，可适合于规模化的农业生产，也可用于小规模的家庭农场或者城市的嗜好农业，具有广泛的运用前景。

观光农田 / 鱼菜共生 → 承包到户 → 农民合作社 → 集体分红 → 家庭农场

鱼菜共生产业区

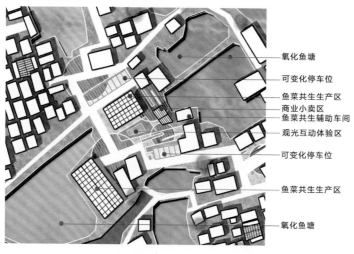

氧化鱼塘
可变化停车位
鱼菜共生生产区
商业小卖区
鱼菜共生辅助车间
观光互动体验区
可变化停车位
鱼菜共生生产区
氧化鱼塘

所以本方案着重打造一个鱼菜共生产业园区，让当地居民在实践中进行产业转型，从而提升其经济收入，逐渐发展成为整个老镇中的产业基地。

产业园区包括进行鱼菜共生生产的温室、展示园内生产的品种鱼类和蔬菜的观光区、提供多功能服务的商业区、让居民与游客进行休憩的休闲区。

鱼菜共生观光　　　　　　　　　　鱼菜共生温室
　　　　　　　鱼菜共生混合型产业园
小型商业综合　　　　　　　　　　休闲娱乐互动

小型商业综合屋

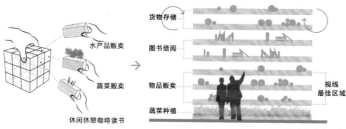

货物存储
水产品贩卖
图书借阅
蔬菜贩卖
物品贩卖
休闲休憩咖啡读书
蔬菜种植
视线最佳区域

可自由升降展柜

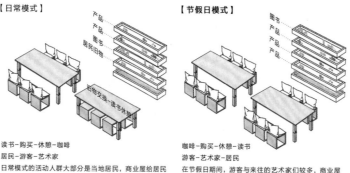

【日常模式】

读书-购买-休憩-咖啡
居民-游客-艺术家
日常模式的活动人群大部分是当地居民，商业屋给居民提供了休闲活动的场所，同时还可以让人们借阅图书、进行旧物储存与置换。

【节假日模式】

咖啡-购买-休憩-读书
游客-艺术家-居民
在节假日期间，游客与来往的艺术家们较多，商业屋给人们提供了休憩的空间，提供咖啡小卖，同时还可以让人们购买当地通过鱼菜共生技术生产出的绿色产品。

鱼菜共生生产区

空间通透且开放　被动式强化传热技　自然通风　雨水回收系统　太阳能

季节性耕地 → 温室 → 鱼菜共生

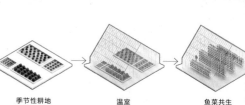

充民俗文化活动广场

停车位
码头售票处
码头眺望台
浮船坞
游船上船处
鱼菜共生观光区
鱼菜共生温室
小型商业屋
氧化池
滨水民俗展区
观景互动台

场地内原始的码头驳岸没有护岸措施，老镇易受水威胁。

且原有码头景观区不具备休闲娱乐的功能，仅用于货物装卸和转运功能，也不具备城市河道自然生态恢复的功能。

怎么在保证原始景观风貌不被破坏的基础上，还融入新的滨水空间满足更多需求呢？

采用多孔的硬质护岸措施，可沉积泥沙，也利于生物栖息，延续地下水与江河水的互补。

保证不破坏原有土地的景观风貌，在滨水空间的上面架设观景台用来实现休闲娱乐的功能，观看民俗文化活动，同时还可以当做避难平台。

地面采用透水性较好的松木铺装，有利于河道自然生态系统的恢复。

水域　驳岸　原始景观风貌

【改造前】

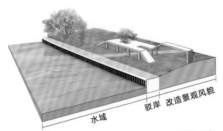

水域　驳岸　改造景观风貌

【改造后】

三夹腾龙互动体验空间

- "古劳三夹腾龙"竞渡活动面临濒危
- 与原有的三夹腾龙竞渡空间相距甚远，辐射范围不及
- 处于双桥村重要位置，现有已建的仁和堡码头，通往双桥水寨
- 处于双桥村的物流集散处，周围交通便利
- 沿线河道较为平直平缓，利于开展赛龙舟体验活动
- 周围民居街巷较多，辐射范围范围较广，让更多人感受民俗风情
- 可以利用沿线河道将周围居住区串联，村落间交通更为便利
- 河道两旁绿化较多，有效减少噪音，有利于打造生态廊道
- 为开展水上旅游路线做基础

滨水舞狮空间

- 鹤山舞狮记忆属于当地传统民俗文化，需要继续传承发扬
- 处于双桥村内重要的人群聚集处，面向人群广，更有利于推广
- 是双桥村内水域分布最为广泛的地段，不会吵闹当地居民
- 位于物流集散处旁，紧邻主要干道，交通发达
- 周围水域景色展现古劳的特色围墩风貌以及水乡情怀
- 可以让当地居民与游客体验当地民俗风情
- 平时可作为休闲休憩区域提供给居民和游客活动
- 是重要的避难广场

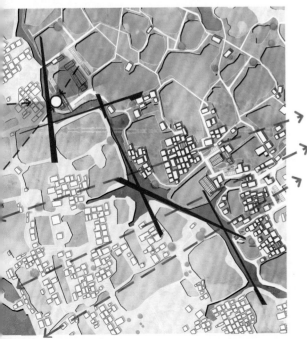

平面图

1 步行街入口广场
2 步行街
3 入口广场
4 室外停车场
5 民俗民风体验点
6 特色民俗商业街
7 创意文化工作室
8 手工艺品陈列馆
9 古民居住区
10 新式住宅
11 商业店铺
12 公共活动空间
13 住区休闲街巷
14 种植园区
15 保留建筑
16 石板桥
17 景观果园
18 老年活动室
19 儿童活动区
20 健身活动广场
21 观赏池
22 观鱼台
23 健身步道
24 乡村步道
25 景观廊道
26 百果林

设计说明

在传统的建筑格局下，将传统庭院式民居的居住功能逐步置换为餐饮、休闲、购物等具有游憩₮的商业功能，形成具有独特场景精神的商业体验。同时，休闲商业功能的布置不违反传统的空间布局营造方式，商业与传统建筑之间相互尊重，互相制约，形成愉悦和新奇的环境。

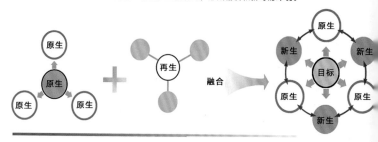

聚活力

A. 加强文化活力点　　增加街巷空间节点
　　　　　　　　　　　延续传统街巷风貌

创联系

B. 创建独特商业街巷　传统民居商业化更新
　　　　　　　　　　　共同进行交流和互动

微手术

C. 形成文化互动网络　历史街区进行微调
　　　　　　　　　　　改造小空间大智慧

开放空间分析

○ 广场开放空间　● 节点开放空间　◆ 视线通廊

环卫设施分析

● 公共卫生间　■ 垃圾桶　● 垃圾转运站

建筑系统分析

□ 保留建筑　□ 改建建筑　■ 新建建筑

场地区域划分

居住区　商业区　休闲区
文化街区　生态园区　鱼塘养殖

节点设计分析

居住区节点　● 轴线交通节点　● 景观节点

道路系统分析

车行路线　行人路线　游览路线

文化历史游线：
保护古劳水乡原址的古貌古风建筑，对其进行保护再利用，充分尊重历史遗迹，并将打造成为本地的一个旅游历史凝聚点，成为地块活力源泉，吸引人流。

文化体验游线：
设计几个文化展馆分别为龙舟纪念馆，手工工作坊，咏春拳生态养生馆，结合一些民间艺术，手工艺等。弘扬本地文化，创造节日文化气氛，情景再现等。

水乡生态游线：
沿着水塘的围墩步道建造特色的水乡文化体验馆，人们可以感受水乡特色与美食文化，同时将原有耕地改造成种植园区，打造成集艺术与体验为一体的文化聚集地。

业街区设计

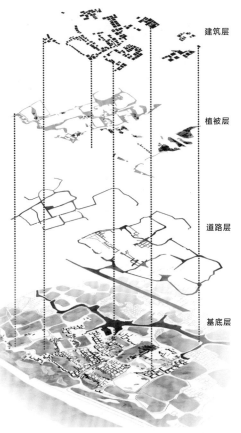

商业街入口   7 养殖鱼塘
保留建筑   8 榕树广场
统民居   9 百货商店
业店铺   10 村镇医疗
书店报刊   11 休闲茶楼
心广场   12 民宿旅馆

分层结构图

建筑层

植被层

道路层

基底层

策略1
激发街巷活力
针对水乡原有的传统街巷肌理,打开原先封闭的空间。

策略2
延续水乡记忆
以水塘作为历史记忆的承载体,唤起居民对昨天的深情回忆。

策略3
构建参与平台
基于华侨对古劳水乡的深厚情感,注入文化体验,积极参与水乡文化的传播事业。

传统手工体验作坊

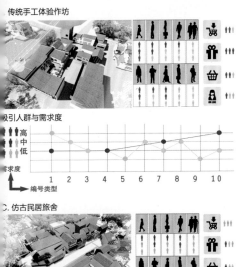

吸引人群与需求度

高中低

需求度

1 2 3 4 5 6 7 8 9 10

编号类型

B. 传统历史博物馆

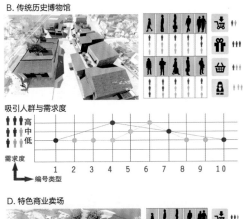

吸引人群与需求度

高中低

需求度

1 2 3 4 5 6 7 8 9 10

编号类型

C. 仿古民居旅舍

吸引人群与需求度

高中低

需求度

1 2 3 4 5 6 7 8 9 10

编号类型

D. 特色商业卖场

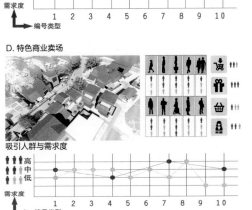

吸引人群与需求度

高中低

需求度

1 2 3 4 5 6 7 8 9 10

编号类型

空间改造更新设计

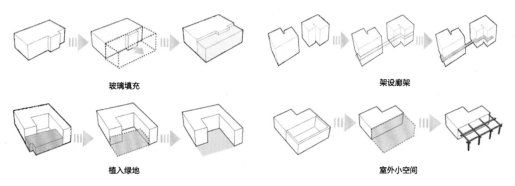

玻璃填充

架设廊架

植入绿地

室外小空间

新改造民居

材料置换分析

毛石　生土　木　钢　玻璃

原有旧建筑乡土材料

内部新增结构材料

空间改造将使用乡土材料的旧民居与钢、玻璃新结构、新现代技术结合。

剖面图　平面图

组团一

组团二

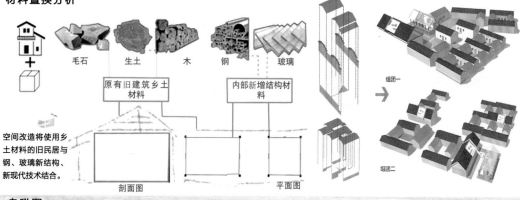

宗祠寺庙

鸟瞰图

80

老镇的延续与再生 水乡风貌控制区

平面

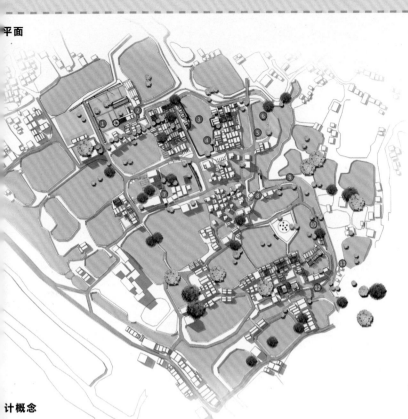

N

设计说明

一、设计理念

本着"以人为本"的设计理念，合理地布局地块内种植区、居住区、文创区、生态渔业区，并进行景观改造，来完善村落的功能与空间关系，改善村落形象。

通过景观设计，改善人与自然的关系；通过功能区域的重新划分，整合功能分区，提升场地的合理性，增强场地文化认同感，唤起记忆。

二、设计目的

区域整合，延续肌理，功能提升，交通改善，景观改造。

三、设计手法

1、传统建筑整旧如旧，将破旧建筑济进行拆除，扩大公共空间。保存较好的建筑进行修缮，保持原有外立面，形成建筑景观风貌展示区。

2、内部将各功能分区重新划分。引进商业、艺术和相应公共服务场所和设施，增强社区活力。同时增加建筑之间的连接通道——廊架。增强各部分的联系使整体和谐。空地位置结合场地足需求设置停车场。

3、景观部分围绕现有古榕树营造榕树广场，结合鱼塘、河流构造滨水空间。

经济技术指标

建筑面积	25482.9	㎡
总面积	231300	㎡
建筑密度	11	%
绿化率	65	%

① 耕地　　　　　⑦ 文创区
② 果树种植区　　⑧ 现代民房区
③ 步行街-1　　　⑨ 观景台
④ 街巷空间　　　⑩ 生态涵养区
⑤ 步行街-2　　　⑪ 民俗区
⑥ 小型村民活动广场　⑫ 集市空间

平面图

与建筑结合

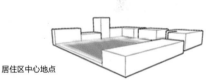

居住区中心地点

计概念

赋予二层空间功能，满足更多需求。

滨水场所体现了一个新时代的特色，连接建筑与周边环境。

村落文化记忆得以保留，塑造村落文化形象。

村落肌理的保护延续和再生，强调文化与历史的更新是结合时代的。

唤醒历史文脉　　　　　　　　建筑与展示相结合

激活公共空间　　　"场"　　　过去与未来相结合

普及文化知识　　　　　　　　生活与文化相结合

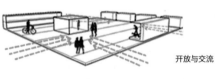

开放与交流

吸引人群聚集

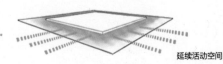

延续活动空间

场地功能组织

功能分区

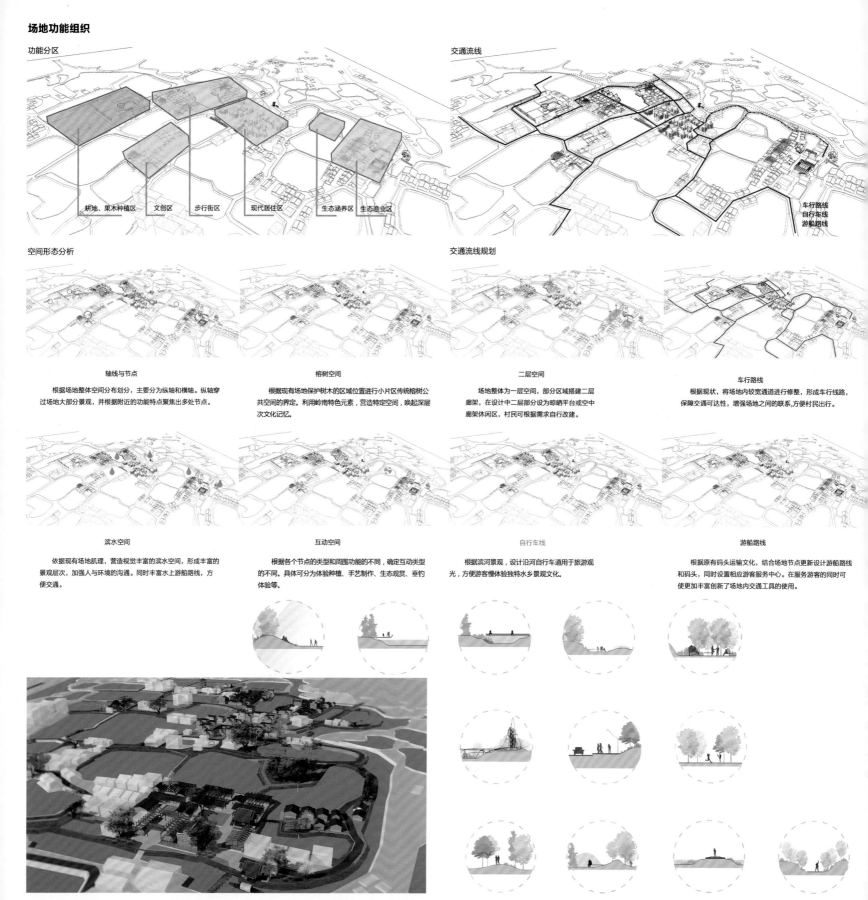

耕地、果木种植区　文创区　步行街区　现代居住区　生态涵养区　生态渔业区

交通流线

车行路线
自行车线
游船路线

空间形态分析

轴线与节点

根据场地整体空间分布划分，主要分为纵轴和横轴。纵轴穿过场地大部分景观，并根据附近的功能特点聚焦出多处节点。

榕树空间

根据现有场地保护树木的区域位置进行小片区传统榕榕公共空间的界定。利用岭南特色元素，营造特定空间，唤起深层次文化记忆。

二层空间

场地整体为一层空间，部分区域搭建二层廊架，在设计中二层部分设为晾晒平台或空中廊架休闲，村民可根据需求自行改建。

车行路线

根据现状，将场地内较宽通道进行修整，形成车行线路，保障交通可达性，增强场地之间的联系，方便村民出行。

交通流线规划

滨水空间

依据现有场地肌理，营造视觉丰富的滨水空间，形成丰富的景观层次，加强人与环境的沟通。同时丰富水上游船路线，方便交通。

互动空间

根据各个节点的类型和周围功能的不同，确定互动类型的不同。具体可分为体验种植、手艺制作、生态观赏、垂钓体验等。

自行车线

根据滨河景观，设计沿河自行车道用于旅游观光，方便游客慢体验独特水乡景观文化。

游船路线

根据原有码头运输文化，结合场地节点更新设计游船路线和码头，同时设置相应游客服务中心。在服务游客的同时可使更加丰富创新了场地内交通工具的使用。

点设计

3、种植园区

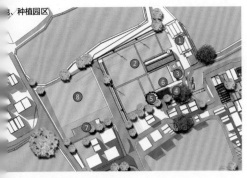

节点设计说明

该区域原定位为耕地及种植区。在设计中，结合实际，延续其整体功能并加以改造。种植区除进行日常蔬菜、果树种植，还开辟小型地块供城区居民认领种植。

场地修整建筑，种植区内将原有建筑改造为小型农舍、鸡鸭养殖基地和民宿，并建观景平台；耕地区将原有若干农具房拆建为公共用房。

农民的菜地、果园、家禽家畜可以供游客欣赏、采摘，食用和购买。农民提供租赁形式的农地，让市民参与耕作，种植花草、蔬菜、果树或经营家庭农艺，让市民体验农业生产的整个过程，享受其间的乐趣。而农民在城市人玩耍观光农村的同时增加了收入，也提高了农村与城市之间的交流互动。

产生休闲观光农业，达成农业的生产、生活与生态的三位一体的功能，利用农业生产经营、农村自然环境、乡土人文风俗、农村设施设备、农民农闲时节等资源条件，发挥乡村景观农业生产、生态维护、休闲游玩的作用。帮助城市居民感受体验农村、农业、农民。使农民从而受益，促进农村繁荣发展。进而形成以特色农业为基础、以农业旅游为主导的产业链。

① 农舍 ② 蔬菜、果木种植园区 ③ 鱼塘 ④ 民宿
⑤ 观光塔 ⑥ 认领种植区 ⑦ 农具房 ⑧ 耕地

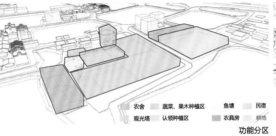

农舍　蔬菜、果木种植区　鱼塘　民宿
观光塔　认领种植区　农具房　耕地

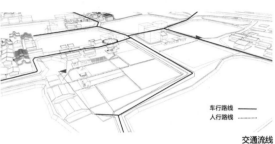

车行路线 ——
人行路线 ········

区域定位　　　　　　　　　　　　功能分区　　　　　　　　　　　　交通流线

民居步行街区

① 宗祠建筑区 ② 停车位 ③ 绿荫廊架区 ④ 传统建筑肌理区 ⑤ 滨水步行区
⑥ 二层廊架晾晒区 ⑦ 小型活动广场 ⑧ 榕树广场 ⑨ 过街楼

区域定位

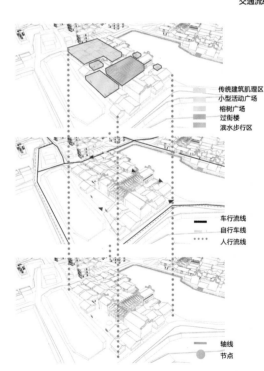

宗祠建筑区
停车位
绿荫廊架区
传统建筑肌理区
二层廊架晾晒区
滨水步行区

车行流线 ——
自行车线 ─ ─
人行流线 ········

传统建筑肌理区
小型活动广场
榕树广场
过街楼
滨水步行区

车行流线 ——
自行车线 ─ ─
人行流线 ········

轴线 ——
节点 ●

轴线 ——
节点 ●

步行街公共空间营造策略

传统民居密集，缺乏开放空间，多有建筑损坏并掺杂居民后期私自搭建建筑，风格不统一，古镇风貌被破坏。

将具有历史意义和损坏不严重的建筑保留下来，将后期搭建和损坏严重的建筑拆除，清除出来的空间作为开放空间加以规划，同时加入重新设计的传统建筑。

加入新的绿色开放空间

重新设计后的古镇群落，丰富的开放空间。

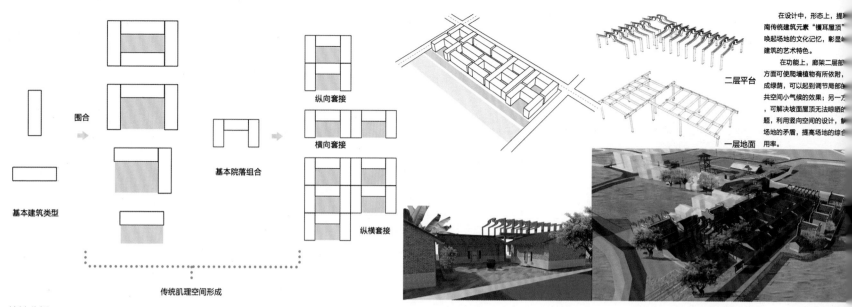

基本建筑类型

围合

基本院落组合

纵向套接

横向套接

纵横套接

传统肌理空间形成

在设计中，形态上，提取岭南传统建筑元素"镬耳屋顶"，唤起场地的文化记忆，彰显出建筑的艺术特色。

在功能上，廊架二层部分方面可使爬墙植物有所依附，形成绿荫，可以起到调节局部公共空间小气候的效果；另一方面，可解决坡面屋顶无法晾晒的问题，利用竖向空间的设计，解决场地的矛盾，提高场地的综合利用率。

二层平台

一层地面

植被分析

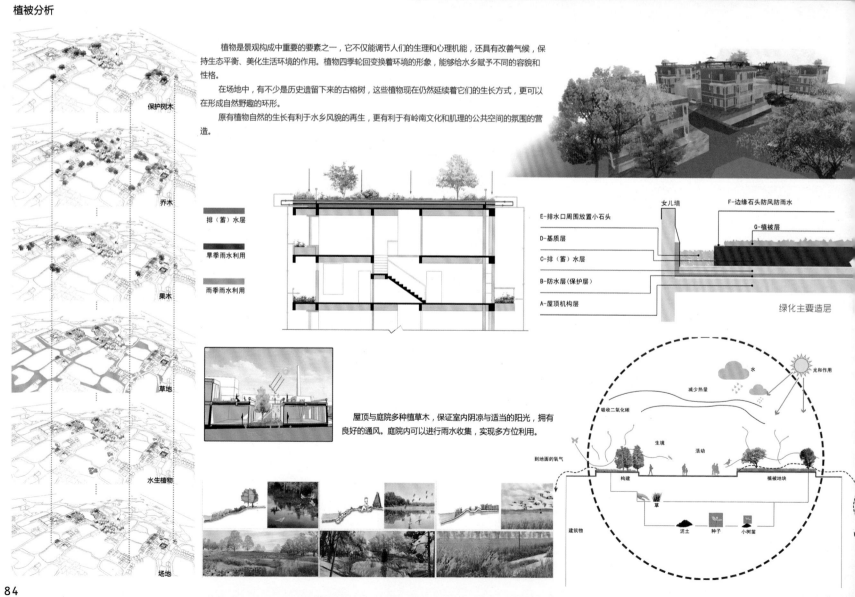

植物是景观构成中重要的要素之一，它不仅能调节人们的生理和心理机能，还具有改善气候，保持生态平衡、美化生活环境的作用。植物四季轮回变换着环境的形象，能够给水乡赋予不同的容貌和性格。

在场地中，有不少是历史遗留下来的古榕树，这些植物现在仍然延续着它们的生长方式，更可以在形成自然野趣的环形。

原有植物自然的生长有利于水乡风貌的再生，更有利于有岭南文化和肌理的公共空间的氛围的营造。

保护树木

乔木

果木

草地

水生植物

场地

排（蓄）水层

旱季雨水利用

雨季雨水利用

E-排水口周围放置小石头
D-基质层
C-排（蓄）水层
B-防水层（保护层）
A-屋顶机构层

女儿墙

F-边缘石头防风防雨水
G-植被层

绿化主要造层

屋顶与庭院多种植草木，保证室内阴凉与适当的阳光，拥有良好的通风。庭院内可以进行雨水收集，实现多方位利用。

减少热量
吸收二氧化碳
到地面的氧气

水
光和作用
生境
活动
草
建筑物
构建
植被地块

泥土　种子　小树苗

老镇的延续与再生 新旧建筑融合区

计背景

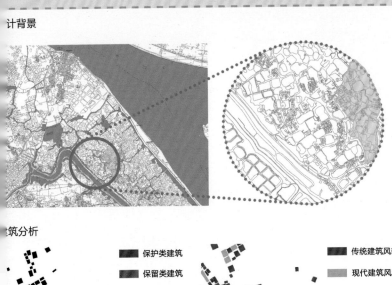

建筑现状

筑分析

■ 保护类建筑
■ 保留类建筑
□ 改善类建筑

■ 传统建筑风貌
■ 现代建筑风貌

■ >100年历史
■ 100-50年历史
■ <50年历史

■ 建筑质量好
■ 建筑质量一般
■

新旧建筑融合改造

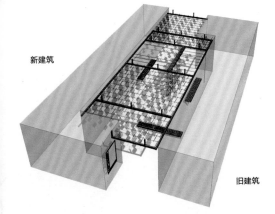

新建筑

旧建筑

运用渔网的形式，反映当地"渔"文化传统。材料上则选择新材料，体现了新与旧的穿插，新建筑依托旧建筑，旧建筑衬托新建筑，使二者完美的融合一起。

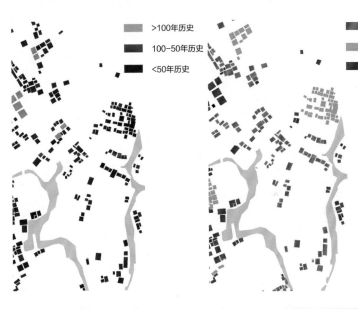

鸟瞰图

设计说明：

本区域建筑风格糅杂，既包括原有古劳水乡传统民居建筑，又包括现代民居建筑风格，针对不同的建筑风格进行修缮维护，同时结合两种建筑风格创造建筑风格的融合。并且结合居住区和滨水景观空间，达到激活水乡空间，促进人与自然亲近的目的。

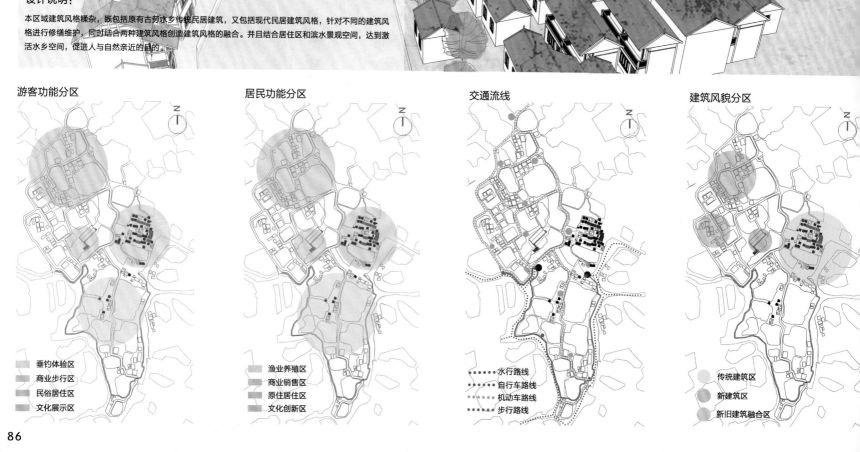

游客功能分区

垂钓体验区
商业步行区
民俗居住区
文化展示区

居民功能分区

渔业养殖区
商业销售区
原住居住区
文化创新区

交通流线

⋯⋯ 水行路线
⋯⋯ 自行车路线
⋯⋯ 机动车路线
⋯⋯ 步行路线

建筑风貌分区

传统建筑区
新建筑区
新旧建筑融合区

慢行系统设计

自行车道景观作为乡村风貌的浓缩与提炼，是游客体验和感受乡村风貌的重要信息来源。利用骑行自行车游览的灵活、便捷、速度适中、接触信息量大等特点，改变走马观花的传统游览方式，建立以贴近滨水河流空间、体验村民生活方式、感受传统人文气息等为特色的体验式休闲旅游通道，连点为线，拓展旅游空间，深化旅游内涵，使游客快速、全面、细致、深入地进入古劳水乡区域的旅游活动和文化氛围中。因而自行车道的景观设置需配合旅游功能的转变，注重观赏性、多样性、服务性、体验性。

1.文创中心
2.步行街
3.生态渔业养殖中心
4.民宿中心
5.码头
6.自行车停放点
7.生态农田
8.慢行休息站
9.骑行服务站
10.晨跑休息室
11.生态体验园区
12.码头广场

码头广场设计

码头小型广场景观是享受古劳水乡景观的最佳去处，从清澈的广场边河流到青葱庭园中的林荫草地，移步换景，美不胜收。广场多是树，赏心悦目的是绿，心旷神怡的是静，心领神会的是悠然自得。游客来到这儿，尽可放松心情，放慢脚步，去河滨散散步，或去树荫下乘凉，尽情享受璀璨阳光；或悠闲自得地携妻带儿在林荫道上推车徐行，或在广场上观看街头表演、骑自行车穿越树林；或找个静谧的下午，搭乘码头广场的游船，航行在古劳水乡之间，一边游览蜿蜒而过的河两岸的明媚风光，欣赏园林景致，或是观赏沿河居民的朴素生活场景。

滨水植被设计

挺水植物　　浮水植物　　沉水植物

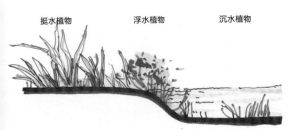

1.缓坡驳岸　　应用：水面较大时
优点：形成不同水深植物带，吸引不同动物

2.植物型护坡　　应用：水面较潜时
做法：利用不同植物特征，结合阶梯种植

3.辅助措施护坡　　应用：岸坡度较陡时水较深
做法：采用水杉或柳桩压岸，再结合岸种植植物

昆明理工大学

Kunming University of Science and Technology

马娱　李宏清　白雪梅　王子怡　朱勇达　李泽玮

马　娱 / 生活不止眼前的图纸，还有远方和美食。酷热的广州，如春的昆明，安逸的成都，我们从早茶吃到手抓饭，从手抓饭吃到火锅。当然也少不了那些天我们熬过的夜，吃过的泡面，还有老师的指导和关心，小伙伴们的陪伴与坚持。感谢所有六校的同学和老师的帮助，感恩这一次的相遇，期待下一次的相聚。

李宏清 / 不一样的组合，别样的毕设。六校联合的题目让我们大家相聚一堂，一起学习，一起玩乐，有苦更有乐。古劳岭南水乡的美景，画图室中忙碌的背影，汇报场上精彩的小品表演、声色并茂的视频欣赏、独具心裁的装置展示，聚餐桌上的欢声笑语……都是我独特的、珍惜的记忆。感恩遇见，感谢老师们的指导与关心，感谢小伙伴们一路上的陪伴与帮助，感谢这一段独特而有趣的经历。

白雪梅 / 我总希望自己像个初生的孩童，用最纯真的心态去爱恋这个世界以及自己手中的工作，又希望自己像个深刻的智者，通过设计、通过图纸、通过世间万象去体味真谛，或许我们最美好的活着的方式，就是保持纯真的情感和智慧的目光。

王子怡 / 三个月的时间，最终圆满地完成了大学的最后一个设计，这次的设计要求自己勿忘初心，过程中有苦涩又欢乐，我们从中不断进步，学到了很多东西，感谢一直教导和关心我们的老师，也感谢热情的伙伴们。任其岁月流逝，其心其夕，愿所有小伙伴在设计这条道路上能走得更远，不忘初心，方得始终。

朱勇达 / 我认为设计，要更多地去了解和发现最为本质的东西，针对场地本身的问题和人最急切的需求去着手。设计本身应该多去思考在解决问题的时候如何提供更多的可能性去链接人和场地，让场地更能发挥本身的价值，同时能够去串接整个设计的思维才能让设计更有活力，最后设计不是画图，祝福继续奋斗在设计一线的设计师们。

李泽玮 / 道阻且艰，行则将至！
六校联合毕业设计，对我来说是一段很深刻的记忆。它让我再次明白了坚持，保持热爱才能做出好的设计。过程中无数次因为战线长，毕业前夕的躁动不能好好地沉下心来，多亏大家互相鼓励，积极配合，一起将作业一点点完成，所以也深深体会到了团队合作的重要性。本科最后一个设计，大家一起讨论方案，一起通宵画图，一起点外卖加班，中途收获了很多欢乐，和浓浓的"革命"情谊。虽然辛苦，但很值得。我会带着这份热忱与执着继续走好之后的每一步。

因水而生·生态『曼』城
广东省鹤山市古劳镇规划设计

指导教师：陈桔
作　　者：朱勇达 李泽玮 王子怡 白雪梅 李宏清 马娱
学　　校：昆明理工大学

方案从生态，交通，生产，生活四个方面入手，将慢城概念引入其中。将古劳镇的生态基底修复作为前提，交通，生产，生活基于生态分别从镇域规划和城市设计的层面进行研究。意在将古劳重塑成为"蔓"生态，"漫"水乡，"慢"生活方式的生态曼城。

基础分析
区位分析

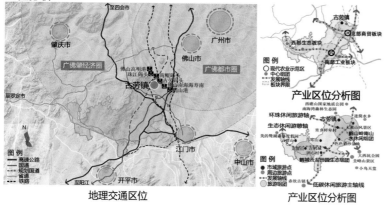

地理交通区位　　　　　　　　　　产业区位分析图

地理区位上，为鹤山与江门间的门户城市、广佛的后花园古；交通区位上拥有便捷的外部交通联系方式；经济区位上，位于广佛肇经济圈范围内，课余周边大城市共享资源优势；产业区位上，在挖掘自身基础资源的同时可借势发展，成为广州至开平旅游线路上的一个节点，分食客源市场。

背景条件分析

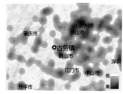

三大西式快餐分布图　　广州市职场人员24小时作息分布　　珠三角经济区工人工作压力调查

珠三角城市地区生活节奏较快，快餐业的发展迅速、工作强度大，高于全国平均水平，出行速度快且频率高，生存压力大，人们在生活中极易疲倦。

基础分析总结
慢城案例分析

案例——高淳桠溪国际慢城

● 在生态保护的前提下，利用道路串联景点；
● 依托高效农业，结合旅游服务，打造绿色经济；
● 挖掘民俗文化资源，进行旅游开发。

发展模式：

生态农业＋传统文化＋旅游服务

案例——广东梅州雁洋镇

● 以生态保护为基础，借助历史人文资源，发展慢食文化；
● 加大对客家娘酒、擂茶、竹编等本土手工技艺的保护性开发，实现本地特有产品的增产增收。

发展模式：

手工业＋传统文化＋旅游服务

客源市场分析

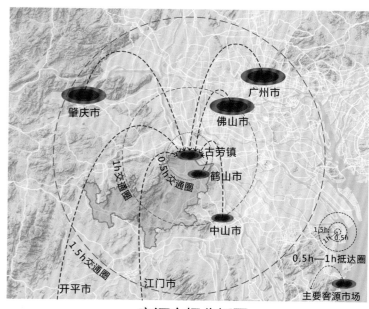

客源市场分析图

古劳营造慢城生活发展旅游主要吸引来自珠三角各大城市的人群，以交通为基础，广州、肇庆、江门等周边城市是主要的客源市场。

目标人群分析

人群	当地居民	外来居民	白领	普通游客	艺术家	老年人
人群特征	街巷间邻里交流亲密	完善的公共设施良好的生活环境	体验缓慢的生活节奏	参与体验当地文化	艺术交流与创造环境	交流与健康锻炼
对生态慢生活需求	舒适的邻里交流	与当地居民友好相处	传统文化生活休闲	传统历史文化展示	互动交流生活与创造相结合	交流空间及疗养空间相结合

主要目标人群

珠三角各大城市经济发展快，白领阶层工作压力大、出现大量"城市病人"。

老龄化是中国人口结构趋势，广州、江门已经入老龄化社会。

主要目标人群　老年人口　需求　慢城设计　吸引　产生　市场需求　城市病人

问题及解决措施

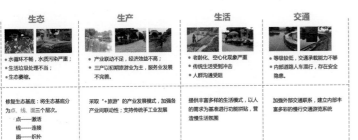

生态	生产	生活	交通
• 水循环不畅、水质污染严重； • 生态垃圾处理不当； • 生态萎缩。	• 产业联动化，经济效益不高； • 三产以初期旅游业为主，服务业发展不完善。	• 老龄化、空心化现象严重； • 传统生活受到冲击； • 人群沟通受阻。	• 等级较低，交通承载能力不够； • 内部道路人车混行，存在安全隐患。
修复生态基底；将生态基分为点、线、面三个层次。 点——激活 线——连接 面——织补	采取"+旅游"的产业发展模式，加强各产业间联动性；支持传统手工业发展	提供丰富多样的生活模式，以人的需求为基准进行功能拼贴，营造慢生活氛围	加强外部交通联系，建立内部丰富多彩的慢行交通游览系统

目标定位

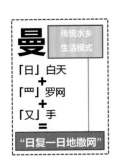

总目标

以生态修复为基底、以传统手工艺为依托、以传统文化生活营造为目标的慢城设计。

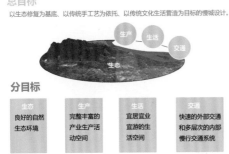

生产 生活 交通
生态

分目标

生态	生产	生活	交通
良好的自然生态环境	完整丰富的产业生产活动空间	宜居宜业宜游的生活空间	快速的外部交通和多层次的内部慢行交通系统

镇域概念规划

现状用地图

功能结构分析图

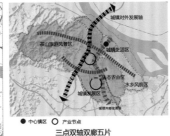

● 中心镇区 ○ 产业节点

三点双轴双廊五片

规划用地图

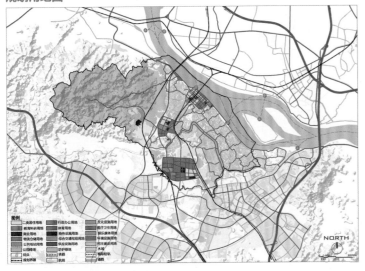

资源分析

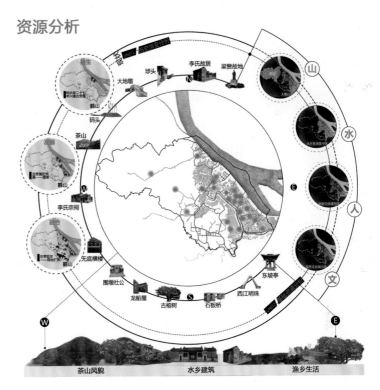

茶山风貌　　水乡建筑　　渔乡生活

空间格局上，古劳渐渐打破自身独立发展的局面，与周边城市链接融合；独特的人文历史与自然山水，构成古劳以梁赞咏春文化、桑基鱼塘文化、龙舟文化为主的旅游文化资源，为慢城生活营造奠定了自然资源基础。

分析总结

内部条件分析

交通：快速便捷的连接方式
　　　高速公路、国道、省道、航运
资源：独特的人文历史与自然山水
　　　梁赞咏春文化、桑基鱼塘文化、龙舟文化

+

外部条件分析

客源市场：人群、市场稳定
生活方式：外部快节奏生活与古劳慢的传统生活形成对比

=

总结

古劳具备发展慢城的条件。

技术框架

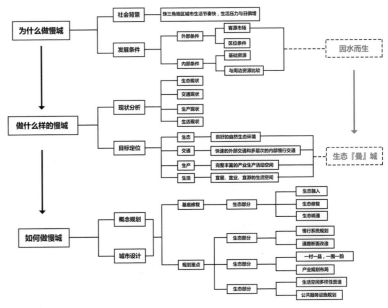

镇域规划概念
生态

生态类别分析图

鱼塘分类图

水流向分析图

问题及其策略

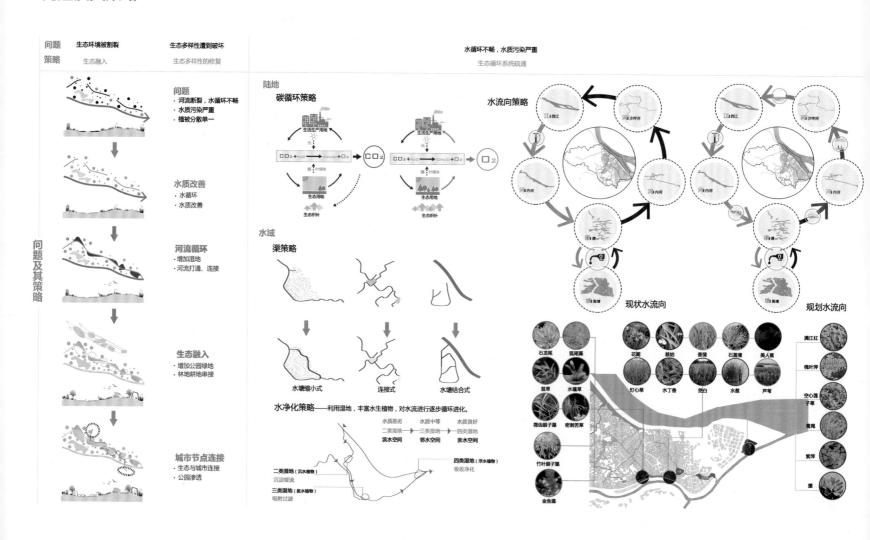

92

规划成果

生态 ——修复生态基底：将生态基底分为点、线、面三个层次。点——激活；线——连接；面——织补

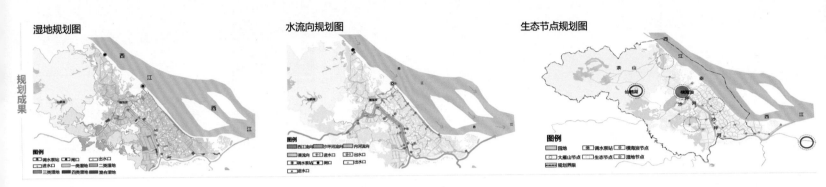

湿地规划图　　水流向规划图　　生态节点规划图

交通 ——加强外部交通联系，建立内部丰富多彩的慢行交通游览系统

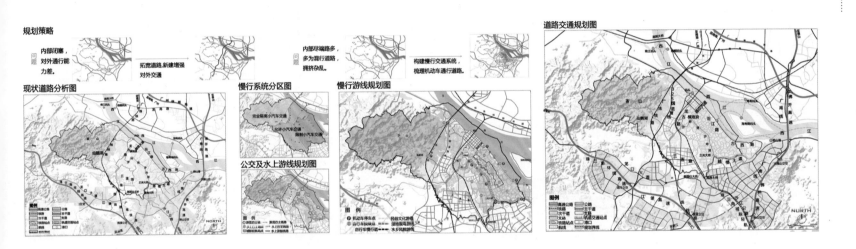

规划策略

内部闭塞，对外通行能力差。　拓宽道路,新建增强对外交通　内部尽端路多,多为混行道路,拥挤杂乱。　构建慢行交通系统,梳理机动车通行道路。

现状道路分析图　　慢行系统分区图　　慢行游线规划图　　道路交通规划图

公交及水上游线规划图

生活 ——提供丰富多样的生活模式，以人的需求为基准进行功能拼贴，营造慢生活氛围

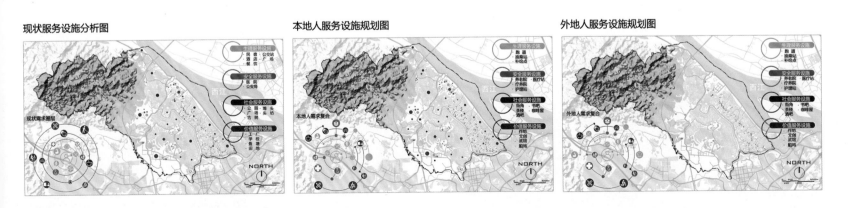

现状服务设施分析图　　本地人服务设施规划图　　外地人服务设施规划图

生产 ——采取"+旅游"的产业发展模式，加强各产业间联动性；支持传统手工业发展

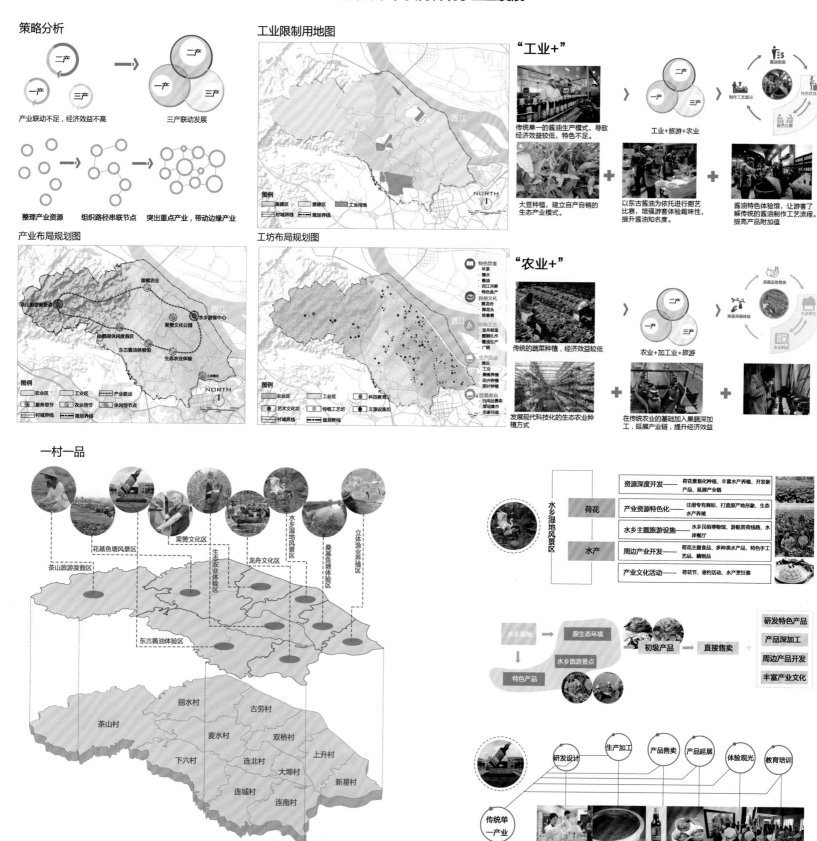

策略分析

产业联动不足，经济效益不高 → 三产联动发展

整理产业资源 → 组织路径串联节点 → 突出重点产业，带动边缘产业

产业布局规划图

工业限制用地图

图例 围垦区 新建区 工业用地 村域界线 规划界线

工坊布局规划图

"工业+"

传统单一的酱油生产模式，导致经济效益较低，特色不足。 工业+旅游+农业

大豆种植，建立自产自销的生态产业模式。

以东古酱油为依托进行厨艺比赛，增强游客体验趣味性，提升酱油知名度。

酱油特色体验馆，让游客了解传统的酱油制作工艺流程，提高产品附加值

"农业+"

传统的蔬菜种植，经济效益较低 农业+加工业+旅游

发展现代科技化的生态农业种植方式

在传统农业的基础加入果蔬深加工，延展产业链，提升经济效益

一村一品

水乡湿地风景区 荷花 水产

资源深度开发——荷花景观化种植、丰富水产养殖、开发新产品、延展产业链

产业资源特色化——注册专有商标、打造原产地形象、生态水产养殖

水乡主题旅游设施——水乡民俗博物馆、游船赏荷线路、水岸餐厅

周边产业开发——荷花主题食品、多种类水产品、特色手工艺品、藕制品

产业文化活动——荷花节、垂钓活动、水产烹饪赛

水乡湿地 → 原生态环境 → 初级产品 → 直接售卖

水乡旅游景点 特色产品

研发特色产品 产品深加工 周边产品开发 丰富产业文化

研发设计 生产加工 产品售卖 产品延展 体验观光 教育培训

传统单一产业

旅游

漫旅游策略

各游线重要节点进行串接　　激活次要旅游节点　　游客凭兴趣可选择不同的游线线路

旅游规划图

旅游策划图

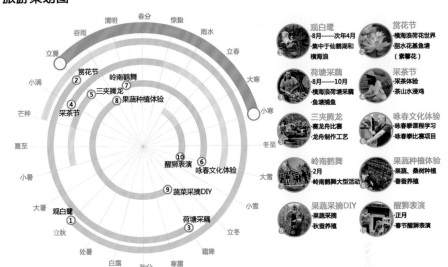

旅游路线图

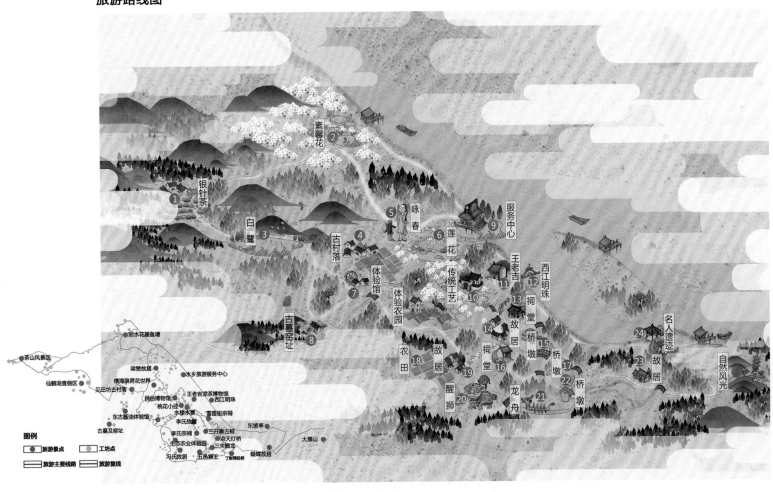

图例

旅游景点　　工坊点　　旅游主要线路　　旅游复线

城市设计策略
生态策略

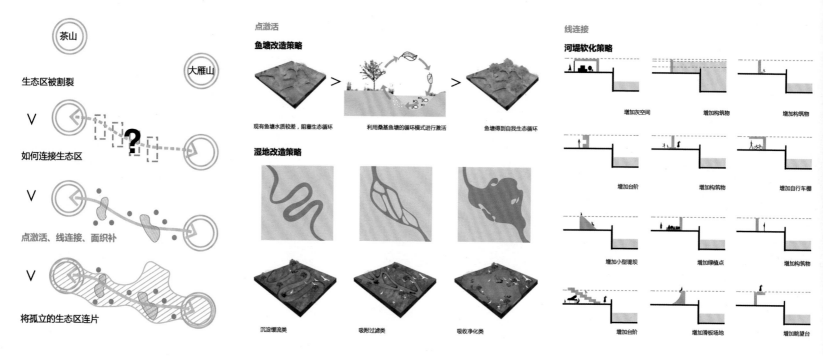

茶山

大雁山

生态区被割裂

∨

如何连接生态区

∨

点激活、线连接、面织补

∨

将孤立的生态区连片

点激活

鱼塘改造策略

现有鱼塘水质较差，阻塞生态循环   利用桑基鱼塘的循环模式进行激活   鱼塘得到自我生态循环

湿地改造策略

沉淀壅流类   吸附过滤类   吸收净化类

线连接

河堤软化策略

增加灰空间   增加构筑物   增加构筑物

增加台阶   增加构筑物   增加自行车棚

增加小型堤坝   增加绿植点   增加构筑物

增加台阶   增加滑板场地   增加眺望台

慢交通策略

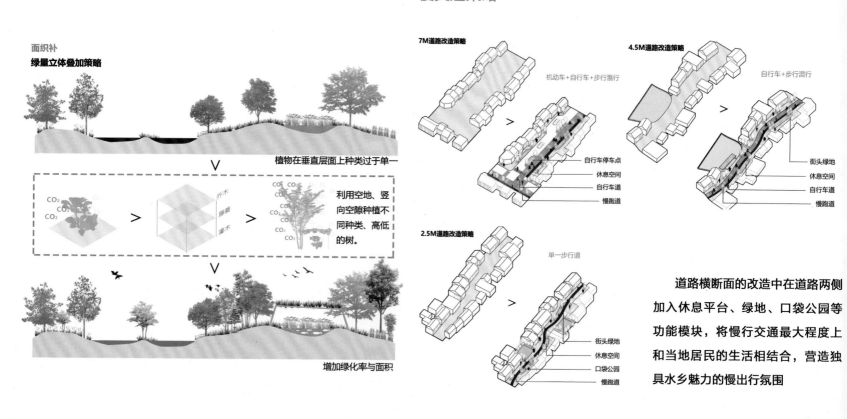

面织补

绿量立体叠加策略

植物在垂直层面上种类过于单一

CO_2 乔木   藤蔓   灌木   利用空地、竖向空隙种植不同种类、高低的树。

∨

增加绿化率与面积

7M道路改造策略

机动车+自行车+步行混行

自行车停车点
休息空间
自行车道
慢跑道

2.5M道路改造策略

单一步行道

街头绿地
休息空间
口袋公园
慢跑道

4.5M道路改造策略

自行车+步行混行

街头绿地
休息空间
自行车道
慢跑道

道路横断面的改造中在道路两侧加入休息平台、绿地、口袋公园等功能模块，将慢行交通最大程度上和当地居民的生活相结合，营造独具水乡魅力的慢出行氛围

慢生产策略

特色产业提取

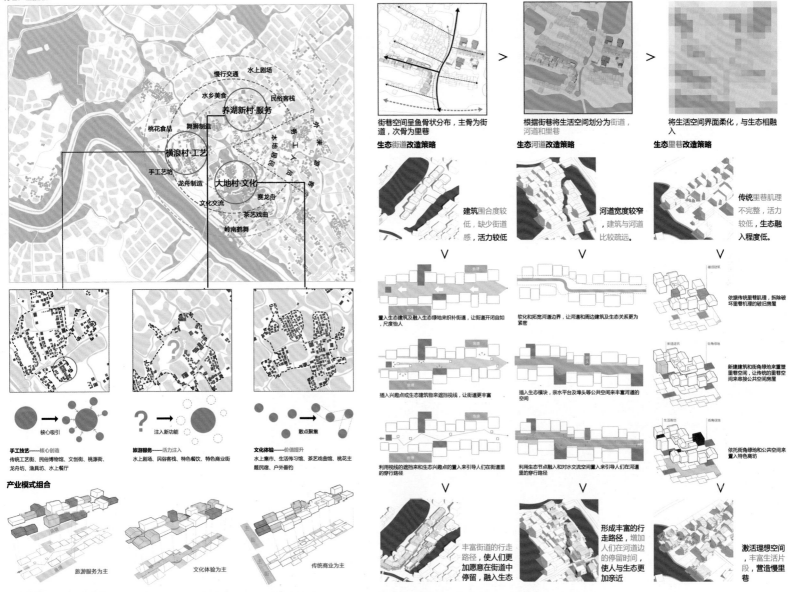

慢行交通　水上剧场
养湖新村·服务　民俗客栈
水乡美食
桃花食品　舞狮制造
横浪村·工艺
手工艺坊
龙舟制造　大地村·文化　赛龙舟
文化交流
茶艺戏曲
岭南鹤舞

核心吸引　　注入新功能　　散点聚集

手工技艺—核心创造
传统工艺街、民俗博物馆、文创街、桃源街、龙舟坊、渔具坊、水上餐厅

旅游服务—活力注入
水上剧场、民俗客栈、特色餐饮、特色商业街

文化体验—价值提升
水上集市、生活传习馆、茶艺戏曲馆、桃花主题民宿、户外垂钓

产业模式组合

旅游服务为主　　文化体验为主　　传统商业为主

慢生活策略

生活空间拆解

街巷空间呈鱼骨状分布，主骨为街道，次骨为里巷　>　根据街巷将生活空间划分为**街道，河道和里巷**　>　将生活空间界面柔化，与生态相融入

生态**街道**改造策略　　生态**河道**改造策略　　生态**里巷**改造策略

建筑围合度较低，缺少街道感，活力较低
河道宽度较窄，建筑与河道比较疏远。
传统里巷肌理不完整，活力较低，生态融入程度低。

置入生态建筑和融入生态绿地来织补街道，让街道开闭自如，尺度怡人
软化和拓宽河道边界，让河道和南边建筑及生态关系更为紧密
依据传统里巷肌理，拆除破坏里巷肌理的破旧房屋

插入兴趣点或生态建筑物来遮挡视线，让街道更丰富
插入生态模块，亲水平台及埠头等公共空间来丰富河道的空间
新建建筑和街角绿地来置塑里巷空间，用传统的里巷空间来串接公共空间房屋

利用视线的遮挡来和生态兴趣点的置入来引导人们在街道里的穿行路径
利用生态节点来融入和对水交流处置入来引导人们在河道里的穿行路径
依托街角绿地和公共空间来置入特色商坊

丰富街道的行走路径，使人们更加愿意在街道中停留，融入生态
形成丰富的行走路径，增加人们在河道边的停留时间，使人与生态更加亲近
激活理想空间，丰富生活片段，营造慢里巷

道路交通规划图

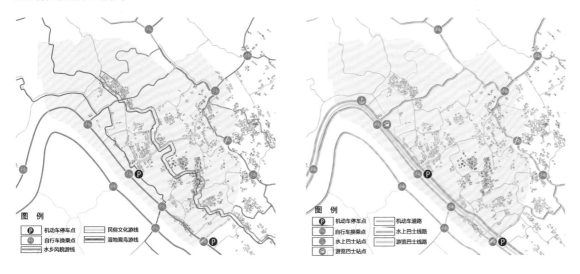

图例
- P 机动车停车点
- 自行车换乘点
- 水乡风貌游线
- 民俗文化游线
- 湿地观鸟游线

图例
- P 机动车停车点
- 自行车换乘点
- 水上巴士站点
- 游览巴士站点
- 机动车道路
- 水上巴士线路
- 游览巴士线路

慢行系统规划图

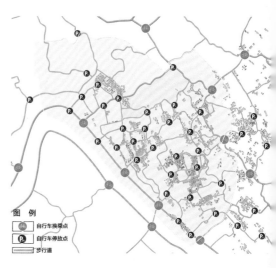

图例
- 自行车换乘点
- P 自行车停放点
- 步行道

重点地段设计总平面图

设计面积:1.52平方千米

涉及围数: 8个

① 横海浪（荷花世界）　　① 新函村（荷花湿地）
② 荷花湿地　　　　　　　② 横浪村（水乡民俗）
③ 桃花小径　　　　　　　③ 养湖新村（垂钓碧溪）
④ 生态养老　　　　　　　④ 养湖祖村（宿田傍水）
⑤ 房车营地　　　　　　　⑤ 大地围（桃花小径）
⑥ 民宿　　　　　　　　　⑥ 高桥围（泊舟水乡）
⑦ 民俗博物馆　　　　　　⑦ 大德围（水乡泛舟）
⑧ 民俗商业街　　　　　　⑧ 姓李村（水乡珍馐）
⑨ 酒店
⑩ 水上剧场
⑪ 水上集市
⑫ 滨江夜市
⑬ 生活传习馆
⑭ 船坞
⑮ 学校
⑯ 咏春传习馆

POINT 01

民俗坊节点设计

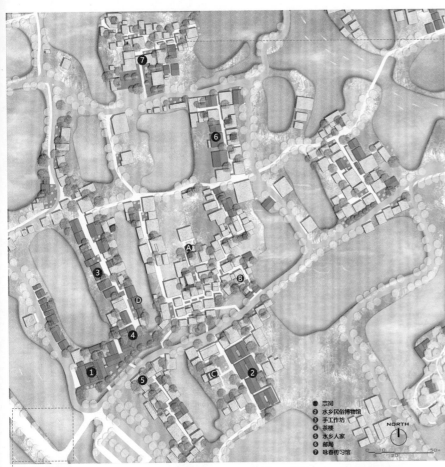

① 宗间
② 水乡民俗博物馆
③ 手工作坊
④ 茶楼
⑤ 水乡人家
⑥ 邮局
⑦ 咏春传习馆

NORTH

交流空间对比

街道空间尺度过大，不便与人们交流。

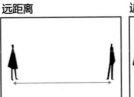

远距离　　近距离

压缩街道尺度，增进居民交流机会。

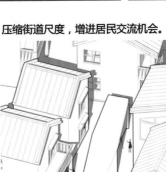

改造手法

绿地附着于建筑单侧

绿地附着于屋顶平面

绿地附着于建筑单侧

绿地插入建筑内部，
形成半开放空间

绿地附着于建筑单侧

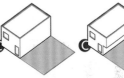
绿地植入建筑基底，
活化建筑空间

水体单一，在建筑
外侧

延伸平台，更具亲
水性

河堤软化

沙坪河以北　　　　　　　　沙坪河以南

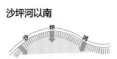

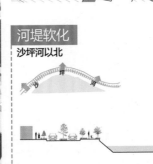

POINT 02

桃花小径节点设计

① 桃花坞
② 观景台
③ 桃花民宿
④ 桃花坞
⑤ 桃花手工作坊
⑥ 文创长廊
⑦ 桃花裏
⑧ 观鸟台
⑨ 渔船码头
⑩ 船屋
⑪ 水上餐厅
⑫ 生活传习馆

NORTH

步行道-商业 C-C

交流空间对比

景观 性单一，没有交流

背对背　面对面

打破背对背局面，加强交流

改造手法

改造前　　　改造后

ⒶⒶ

绿地附着于建筑单侧　绿地覆盖建筑立面

ⒷⒷ

水体单一，在建筑外侧　下层增加亲水性

ⒸⒸ

水体单一，在建筑外侧　建筑底层下沉、活化

ⒹⒹ

水体单一，在建筑外侧　扩宽水域，使其具有活力

河堤软化

低水位

中水位

高水位

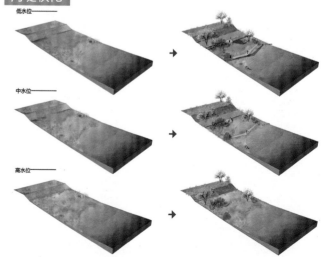

100

交通性道路A-A（机动车+骑行道+慢跑道）

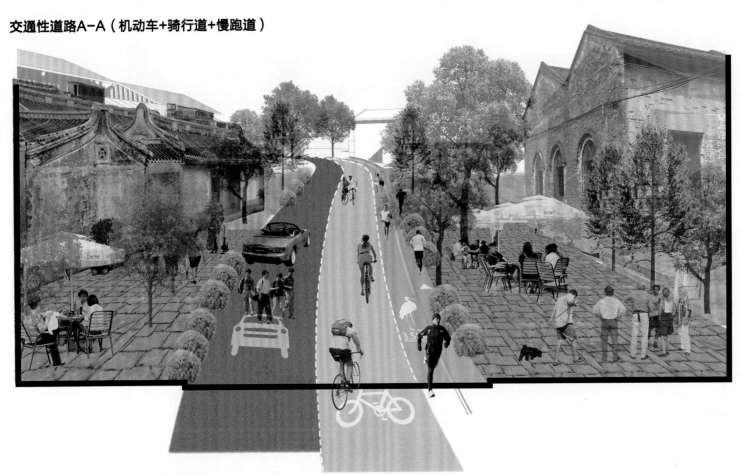

生活性道路B-B（慢跑道+骑行道）

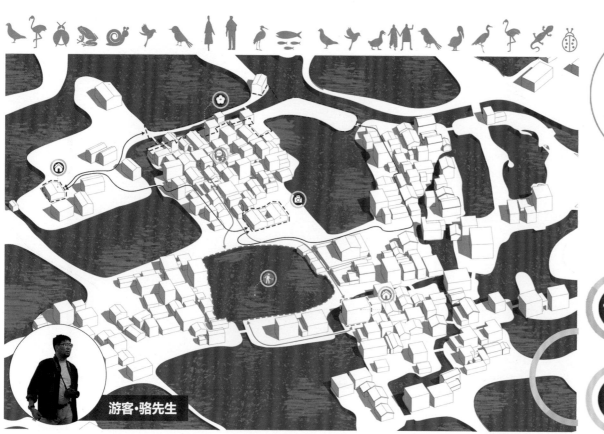

游客·骆先生

活动时间
分配比例

 住宿 　 赏花

 观赏

居民·李奶奶

活动时间
分配比例

 居家 　 农作

活动时间
分配比例

 交流

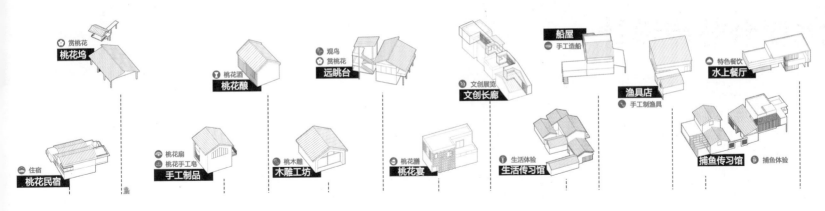

赏桃花
桃花坞

桃花酒
桃花酿

观鸟
赏桃花
远眺台

文创展览
文创长廊

船屋
手工造船

水上餐厅
特色餐饮

渔具店
手工制渔具

住宿
桃花民宿

桃花扇
桃花手工皂
手工制品

桃木雕
木雕工坊

桃花膳
桃花宴

生活体验
生活传习馆

捕鱼传习馆 捕鱼体验

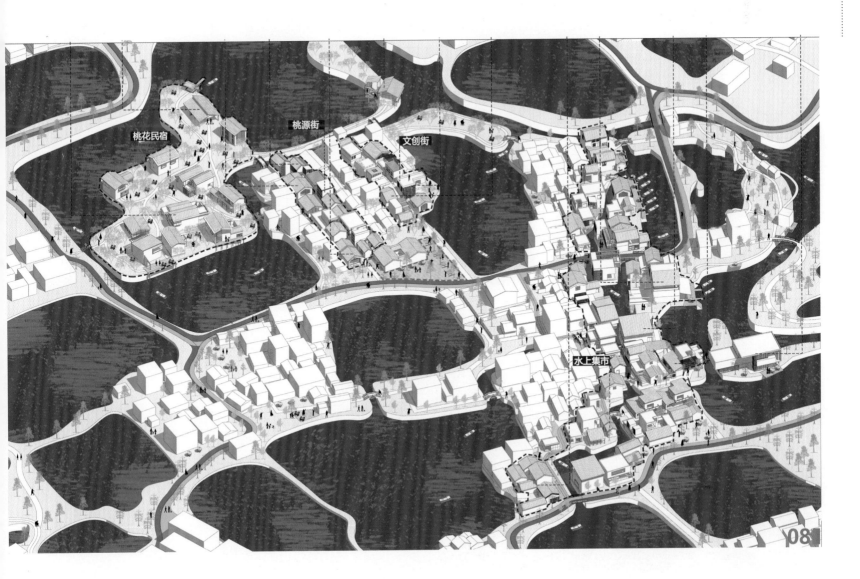

桃花民宿

桃源街

文创街

水上集市

08

POINT 03

水舞台节点设计

① 水舞台
② 水舞长廊
③ 石桥公园
④ 文化广场
⑤ 酒店
⑥ 酒店商业
⑦ 酒店民宿
⑧ 传统商业

NORTH

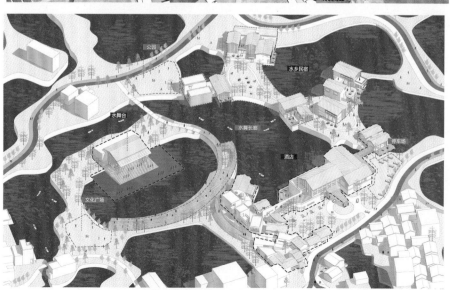

公园
水乡民宿
水舞台
水舞长廊
停车场
酒店
文化广场

交流空间对比

围墙隔断了人们可能存在的交流空间。

地形和高差的限制使人们难以交流。

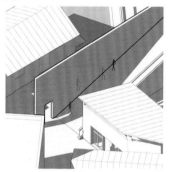

| 有围墙 | 无围墙 | 有高差 | 无高差 |

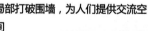

局部打破围墙，为人们提供交流空间

缓和高差后促使人们交流。

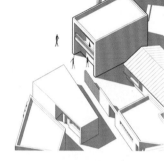

改造手法

绿地附着于建筑单侧

绿地附着于屋顶平面

绿地附着于建筑单侧

绿地插入建筑内部，形成半开放空间

因水而生，生态『曼』城

南 昌 大 学
Nanchang University

张景璇　周钰　徐迪雅　钟诗悦　徐蕾　龙凤

张景璇

转眼间，五年的建筑学学习画上了圆满的句号，这五年间，为了设计，我们哭过，笑过，熬过夜也通过宵；不论经历过怎样的情绪，这五年的学习都将是我未来工作生活的最坚实的基础，我将怀着对建筑学的这份热爱和执着继续前行。最后的毕业设计，我非常庆幸自己参加了六校联合毕设，在这个过程中了解了不同领域的知识，结识了不同的人，完成了不一样的作品，不论结果如何，过程中的点滴已经足够。以后的路上，还有更多的惊喜和未知在等待着我们，勿忘初心，一路前行。

周 钰

很开心本科的最后一个作业能够参加这次的六校联合毕业设计，结识了五湖四海的同学和老师，接触到一些行业的专家，也借着毕设的名义更加领略了祖国的大好河山。不知不觉毕设到了结尾，期间心情起起伏伏跌跌宕宕，感谢各位老师的悉心指导，队友的坚持努力。毕设结束，故事继续。

徐迪雅

每一段经历都会在你的人生中大放异彩。这次联合毕设不仅仅为我们大家提供了交流的平台，也为我们每个人留下了难以磨灭的记忆。我们一路学习也一路经历：有过秉烛达旦也有欢声笑语，有过迷茫苦涩也有苦尽甘来。广州、云南、四川，学习的收获和旅行的意义充实着我大学最后一段美好的时光，感谢每一位老师和同学。以后的人生也将不断地前进，有趣的灵魂永远在路上。

钟诗悦

超越自己，向自己挑战，向懦弱挑战，向懒惰挑战，向陋习挑战。回望短短三个月的毕业设计，广州—昆明—成都，与其说是一次设计之旅，不如说是对自己的一次挑战。相关的专业知识、社会文化的认知、软件技术的学习、团队合作的磨合、汇报能力的锻炼，这对于我来说，是一场受益匪浅的挑战。最庆幸的是，在这一路上，感受了不一样的校园文化生活，和四海八荒的朋友结下了深厚的友谊。感谢有你们，让我带着美好的记忆迎接明天的太阳，相信自己，努力把握，永远追随太阳的脚步。

徐 蕾

一段丰富多彩的经历，一次充满历练的成长。三个月的忙碌时光，收获了最有意义的一个学期；三个城市的来来往往，见证了自己点点滴滴的努力与成长。在这次六校联合毕业设计中，有汗水也有欢笑，有困惑也有豁然，但每个或苦或甜的时刻，我们都并肩齐驱，勇往直前。广州－昆明－成都的毕业设计之旅，不仅让我感受了不同城市的生活和景象，还结交了许多有趣又优秀的各校同学。感谢每一位老师的指导，也感谢这段美好的经历为大学五年画上了圆满的句号。而人生的意义就在于每一段充满意义的经历都能让我成长为更好的自己！

龙 凤

若将人生比作漫漫旅途，那大学生活无疑是让人怀恋的青春旅程，在大学的最后一个学期，以几个月的联合毕业设计为这一旅程画上句号。联合毕业设计于我来说，不止是学习到了新的知识，更重要的是学会了团队之间的互相支持、互相鼓励和相互配合。在联合毕业设计的过程中，去了不同的地方，结交了不同的朋友，收获了友谊与快乐。大学生涯结束，人生的路还有很长，望大家快乐地踏上人生的下一段旅程，祝好～

[悠水墩·循咏源]

——基于优联动和低介入策略下的古劳镇概念规划

设计题目：广东省鹤山市古劳镇规划设计
作者：钟诗悦 徐迪雅 徐蕾 龙凤 周钰 张景璇
指导老师：周志仪

区位分析

江门市 JIANGMEN　　鹤山市 HESHAN　　古劳镇 GULAO

古劳镇处于珠江三角洲腹地地区，其发展与珠江三角洲未来的发展紧密相连。古劳镇区处于江门最北部的滨江地区，拥有江门大部分滨江岸线资源，更有南国水乡特色资源，更具发展旅游业的潜力，且资源特色有助于拓展江门旅游休闲资源品质类型.

上位规划

《江门市城市总体规划》（2003-2020）
鹤山城区作为四大地方性中心之一，带动江门北部发展。市城镇空间格局为：
"两核、四心、四轴、两城镇密集区"。鹤山市作为地区中心城市，对古劳镇带动辐射作用更加明显。
城市空间发展策略为："北展南拓、东联西带、强化中心、沿江出海"。

《鹤山市城乡总体规划》（2007-2020）
延伸广佛教育产业链，大力发展职业培训基地；做强印刷产业，重点发展创意产业，成为鹤山市教育培训、创意产业基地和珠三角"生态水乡"建设示范区。

历史沿革

冲击平原的形成　　建设前的古劳　　古劳都的形成　　古劳镇的建设　　古劳水乡旅游的发展

古劳西江边一带，早在晋代已有人类在此活动。古劳镇始建于南宋咸淳元年1265年，距今已有七百多年历史。明洪武二十七年（1394年）由乡贤冯八秀倡议沿西江筑堤，相传由古、劳两姓祖先合资兴建，故名"古劳围"。清雍正十年（1723年），鹤山设县，古劳由新会划属鹤山，自1913~1949年，古劳曾属鹤山县一区、二区管辖。

旅游资源分析

人文环境特色
古劳镇文化底蕴深厚，人文风情浓郁。有中国第一代影后胡蝶、咏春拳一代宗师梁赞、香港"李氏家族"、粤剧名伶吕玉郎等历史名人，有气势磅礴的三夫龙舟竞渡，有技艺精湛、享誉五邑的醒狮文化，有享誉海内外的古劳咏春拳文化。其中最瞩目的当属弘扬的古劳咏春拳文化。

自然环境特色
古劳水乡又称围墩水乡，是珠江三角洲典型南国水乡和寮守较的原始水乡，拥有丰富的湿地景观，是鹤山代表性景观，被誉为"中国威尼斯"。围墩水乡墩堤土地穿插、河网道路纵横，村落、流水、石桥、花木、古榕散落其中。小舟穿行于石桥、古榕之间。

历史环境特色
古劳水乡历史文化底蕴丰厚，其中尤为著名的有历史悠久、内涵丰富的中国咏春拳一代宗师梁赞故居、李氏故居、胡蝶故居、冯氏故居等历史人文景观，为旅游发展提供了良好的条件。

■现状水系分析

● 历史、人文旅游资源
● 自然旅游资源

■镇域居民点分布
■行政村分布现状

镇域范围内自然、历史、人文资源丰富。有良好的旅游条件。
其中人文资源主要分布在镇域东部，北部有茶山风景区和仙鹤湖度区。古劳水乡自然资源保存良好，生态环境未遭到太大破坏。但是古劳镇目前的旅游形式仍以观光游览为主，旅游形式较为单一，难以满足文化旅游多层次、多范围、多品位的需求。

图例
现状水塘
现状水系

基地现状分析

■道路交通分析

图例
主干道
次干道
小路
码头
公交站场
停车场
加油站

1小时交通圈　　2小时交通圈　　4小时交通圈

分类	道路名称	道路长度（千米）	道路路面宽度
主干道	龙古路	7.8	7
	市政大道	0.75	30
	工业路	0.5	24
	三连路	4.4	30
	西江大堤	8.9	7
次干道	茶山环山路	7.8	5~7
	鹤山湖环山路	2.3	7
	三连工业区支路	6.8	12~30
	其它	20.66	7~12

主次干道一览表

250M×250M范围内用地比

塘：建筑：陆地=4:1:5

塘：建筑：陆地=2:2:6

平均塘：建筑：陆地=3:2:5

塘：建筑：陆地=3:3:4

古劳镇社区和各村现状一览表

图例
城镇居民居住用地
农村居民点用地

常住人口
陆域入口
品居地面积
耕地面积

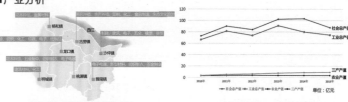

人口产业分析

人口分析

古劳镇人口变化情况

古劳镇近五年的总人口和户籍人口基本持平，而非户籍常住人口明显增长。其中大部分非户籍常住人口是企业员工。

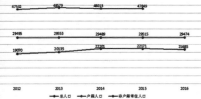

古劳镇人口历年自然增长率和机械增长率变化情况

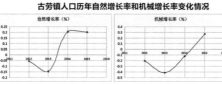

自然增长率（%）　　机械增长率（%）

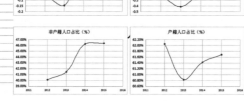

非户籍人口占比（%）　　户籍人口占比（%）

■ 产业分析

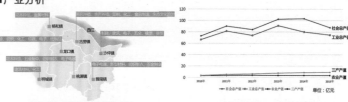

鹤山市各城镇支柱产业情况图

鹤山市大部分城镇以及古劳镇周边的杨和镇、明城镇都以工业为主，而第一产业主要为种植业、第三产业为农业观光生态旅游业。从鹤山市产业发展的角度来看，古劳镇应结合自身文化资源和水乡生态环境优势，发展独具特色的生态文化旅游。

古劳镇历年产值变化情况表

古劳镇近七年的农业总产值基本持平，工业总产值整体呈增长趋势，而工业总产值中的规模以上的工业产值占比一直较大。最近几年增长趋势有所下滑，工业发展面临转型升级的瓶颈。

三产比重：
4:93:3（2010年）
7:88:5（2015年）

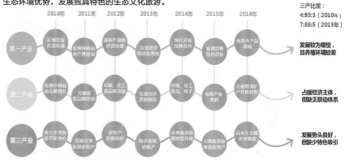

第一产业 —— 发展较为缓慢，且养殖环境较差

第二产业 —— 占据经济主体，但缺乏联动体系

第三产业 —— 发展势头良好，但缺少特色吸引

多方议题剖析

问卷调研分析

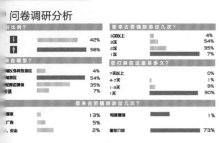

■ 期待度权重

■ 满意度权重

基于AHP层次分析法的古劳镇游客的期待度和满意度分析

期待度分析的中间层权重　　满意度分析的中间层权重

自然景观和民俗风情是水乡最大的优势和特色，而游客最期望体验的良好的旅游条件却最让游客不满。

古劳水乡应该充分利用自身优美的自然景观和特色的人文风情，发挥古劳镇的长处；同时应该着重改善古劳镇的旅游条件，尤其是古劳镇旅游项目的趣味性和旅游路线的完整性与导向性。

基地现状问题聚焦

① 镇府大楼鸟瞰　② 西便村中岳庙前　③ 西便村民居　④ 古劳街　⑤ 李氏故居　⑥ 上升村入口空间

各类用地占比

居住与工业用地占比

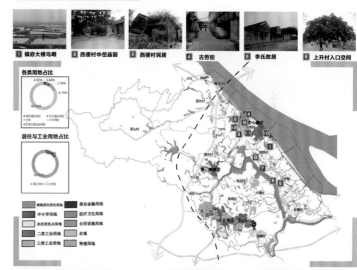

■ 规划关联人群分析

 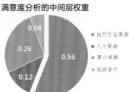

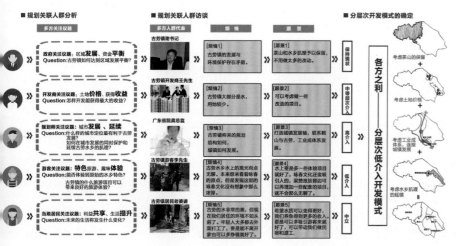

⑦ 垃圾池塘　⑧ 水埠空间　⑨ 西便村民居　⑩ 雅图仕工厂　⑪ 文化公园　⑫ 梁赞故居

水环境=肌理破坏+水质污染
肌理破坏：自然的水乡肌理转为格网式肌理。
水质污染：排放污水；乱扔垃圾。

人文=空心村+亲水氛围丢失
空心村：外出打工人口多；老屋产权问题。
亲水氛围丢失：亲水空间少；水环境破坏。

居住=破败+不和谐
破败：建筑密度大；年久失修；卫生环境差。
不和谐：新老建筑差距大。

工业=大规模+带动作用
大规模：占地面积大；就业人口在1.5万左右。
带动作用：带动镇区商业；增加镇区活力。

活动空间=缺乏+缺少活动设施
缺乏：最聚集人气的榕树下没有活动场所。
缺少活动设施：公园缺少活动设施；缺少运动场地。

旅游=混乱+规模小
混乱：旅游导向性不强；游线导向性不强。
规模小：宣传不到位；无引人注目的主题。

[悠水墩·循咏源]

——基于优联动和低介入策略下的古劳镇概念规划

设计题目：广东省鹤山市古劳镇规划设计
作者：钟诗悦 徐迪雅 徐蕾 龙凤 周钰 张景璇
指导老师：周志仪

整体思路

■技术路线

社会观察 》 调查研究 》 资料研究 》 现状调研 》 可行性研究 》 确定目标 》 确立策略 》 规划设计

- 社会观察 ─ 社会背景 / 社会现象
- 调查研究 ─ 历史沿革 / 地域特色 / 上位规划
- 资料研究 ─ 社会学研究 / 行为学研究 / 心理学研究
- 现状调研 ─ 实地勘测 / 问卷调查 / 访谈调查

可行性研究
- 区位研究 ─ 宏观区位 / 中观区位 / 微观区位
- 交通研究 ─ 道路分析 / 交通分析
- 产业研究 ─ 支柱产业分析 / 产业发展历程
- 旅游资源研究 ─ 生态旅游资源 / 文化旅游资源
- 人群研究 ─ 人群分类 / 空间诉求
- 空间研究 ─ 实体空间 / 虚体空间

理论研究
确定目标 ─ 确立策略 ─ 生态文化旅游 / 物质空间改善
相关案例研究

认知 　 探索 　 决策

■发展需求

独具特色的水乡风貌 可延续的文化记忆 富有趣味的旅游体验 混合互补的多重功能 丰富活力的交往空间

■目标定位

初步假设：综合分析周边发展情况结合内部选择主体的诉求，初步假设其功能。

博物馆 生态 咏春拳 节庆活动 体验式旅游 特色民宿 趣味项目 文化 水乡景色

定位：以特色水乡传统风貌为核心，依托咏春拳文化，融入多元趣味体验的 生态文化旅游特色小镇 ✓

水乡 → 传统 → 咏春 → 趣味 → 利益 → 生态文化旅游特色小镇 ✓

概念演绎

■提出问题

1 如何深入古劳水乡，体会最单纯的自在与悠然?

■块状水乡　■线状水乡　■网状水乡　■散点状水乡

里水镇　沙湾古镇　赤坎古镇　民众镇　东涌水乡

松塘村　南社村　黄埔古村　小洲村　简蓬水乡

古劳水乡

古劳水乡为现存较少的散点状岭南水乡，具有独特的传统水乡的风貌。

特色元素提取

水
因水而生
因水而美
因水而兴
营造生态环境　形成水乡格局　提供交通联系

墩
临水而建
连接介质
提供场所
便于生产生活　作为连接介质　提供活动场所

2 如何感受古劳文化，延续最朴实的记忆与温暖?

■游览性　■观赏性　■学习性　■参与性

祭祖文化　■侨乡文化　名人故居　石板桥文化　龙舟文化　醒狮文化　咏春文化

游览性—文化游线体验
观赏性—文化公园体验
学习性—学习咏春知识
参与性—习练咏春拳术

技术含量高，安全系数低，季节性强　　技术含量高，普适性不强 ▶▶ 难以全年全民参与

咏春拳发展历程
- 起于严咏春
- 衍于梁赞
- 盛于叶问
- 名与李小龙

咏春拳主要派系
- 叶氏咏春
- 岑能咏春
- 彭南咏春
- 黎氏咏春
- 阮氏咏春
- 顺德杏坛咏春
- 张保咏春
- 福建咏春

鹤山古劳咏春
鹤山古劳咏春是梁赞晚年创造的偏身派咏春拳，是一种刚柔并济的实用拳术。

咏春拳主要精神

过去 — 反清爱国 / 爱国精神 / 民族精神

咏春拳已经成为推动民族精神进步和继承民族精神核心理念的重要媒介。

现在 — 开放兼容 / 攻守同期 / 以德服人

开放兼容的心态：面对日益变迁却能做到适时而变

攻守同期的理念：创拳并非恃强凌弱而是强身自卫

以德服人的立场：以德服人品质才能成就一代宗师

咏春拳核心价值
以人为本，正心修身，与儒家思想一脉相承。

110

如何提升趣味体验，感受最质朴的风土与人情？

[环境]+[生态]=可持续

水乡传统风貌

自然生态资源

生态环境修复

[历史]+[文化]=延续

岭南传统建筑　当地特色习俗　咏春文化传承

[趣味]+[旅游]=体验

特色游览路线　趣味项目策划　多元视角体验

[产业]+[功能]=创新

引入旅游产业　增加服务设施　建筑功能置换

支撑模式

休闲模式：主题茶室　手工作坊　休闲广场　娱乐活动中心
服务模式：特色民宿　青年旅社　服务中心　旅游产品销售
文化模式：历史餐厅　文化剧场　文化长廊　传统物件体验

产业引入　功能置换　道路梳理　旧筑更新
地块功能复合与开发利用　街巷建筑整治与改造统一

概念解析

悠 水墩 ⟹ 规划愿景：展现古劳水乡特有的"船上人家水上村"的传统风貌，使身处其中的人感受到一份悠然与自在。

攸心：水流的样子／人与人交往 — 人在水乡的乐在其中　水乡鱼人的其乐融融

循 咏源 ⟹ 规划愿景：寻找根植于古劳人骨子里的文化传统，传承咏春拳文化，并且弘扬咏春拳的文化。

咏春源头：
健康之"源" — 以武强身 以武养性 全民咏春
活力之"源" — 激活活力 提升形象 促进发展
特色之"源" — 营造氛围 弘扬精神 形成特色

策略提出

优联动

来源于数控机床术语，指数控系统中能够联动的两个或两个以上的轴，在一个轴运动时能够带动另外一个轴做匀速运动。

 STEP1
基于古劳镇现有的生态资源，整合资源特色，并通过主要交通网络，将茶山生态风景区和水乡生态湿地区进行有效地联系，建立互动完整的生态体系。

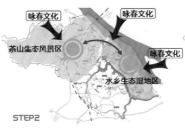 STEP2
加入古劳镇最具代表的咏春拳文化，丰富历史文化内涵，传承咏春的核心价值和弘扬咏春的主要精神，结合水墩生态和咏春文化，推动特色旅游发展。

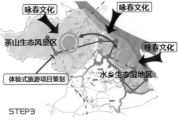 STEP3
注重趣味体验项目的策划，并设置特色主题游线，使得古劳镇东部和西部形成联动的生态文化旅游的发展模式，丰富旅游的形式和提升体验感。

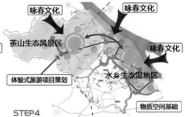 STEP4
古劳镇的生态文化旅游联动体系的基础载体是物质空间，触发空间活力和提升人群交往成为关键，而空间的营造要以人为本，形成有活力有温度的空间氛围。

低介入

微创式介入／具体对象

来源于医学领域的"介入治疗"原理，利用现代高科技手段进行微创性治疗。以影像设备引导，将特制的精密器械引入人体，对体内病态进行诊断和

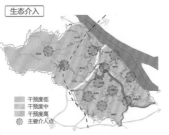 生态介入
尽可能减少人为干预并分层次介入，形成联动系统，以景观阻隔工厂和水乡风貌，并合理进行生态修复。

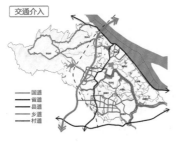 交通介入
优化路网结构，形成镇域联动交通体系。减少私家车的干扰，而增加慢行系统的骑行线路，降低交通介入干扰。

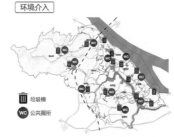 环境介入
增加垃圾桶和公共厕所的布点，增强居民和游客的环保意识，加入创意垃圾桶产品，在便于居民生活的同时形成特色。

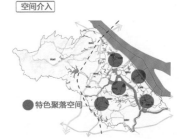 空间介入
对古劳镇的村庄聚落空间进行梳理，结合特点进行功能置换和整合，提取特色空间形成特色公共活动空间，提升活力。

[悠水墩·循咏源]
——基于优联动和低介入策略下的古劳镇概念规划

设计题目：广东省鹤山市古劳镇规划设计
作者：钟诗悦 徐迪雅 徐蕾 龙凤 周钰 张景璇
指导老师：周志仪

古劳镇域概念规划

》镇域结构分析图
规划结构 —— "两心、一轴、一带、一环、五片区"

》道路交通规划图
路网结构 —— "四纵、两环，组团发展"

》土地利用规划图
居住用地:35% 公共设施用地:15% 工业用地:30% 其他:20%

》生态结构规划图
生态结构 —— "三块生态组团 两条景观带 两块缓冲区"

》镇村体系规划图
等级规模结构 —— "3个核心组团、3个中心村、8个基层村"

》经济结构与产业布局规划图
产业结构 —— 一产：二产：三产 — 1:6:3

》基础设施布局规划图
按照村镇等级规模及服务人口数量配置设施

》空间管制规划图
规划"禁建区、限建区、适建区和建成区"

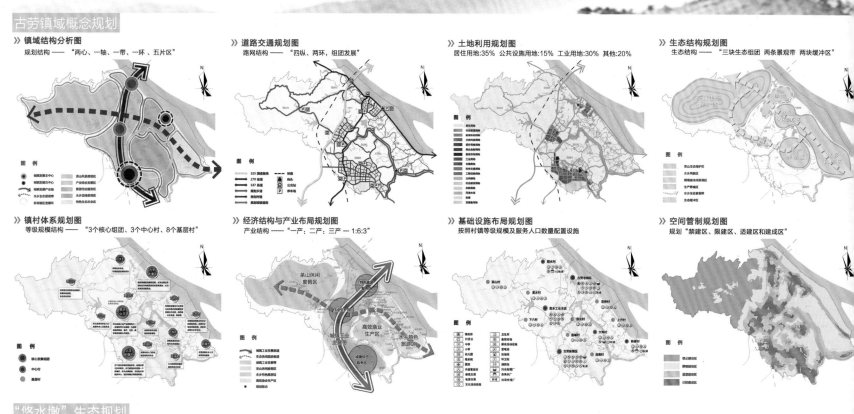

"悠水墩"生态规划

■ 生态宏观修复策略

》生态结构优化
斑块——廊道生态网络构建，促进生态自身循环。

预留生态缓冲区，保证生态网络的完整性

串联生态通廊，联动茶山与水乡鱼塘，加强生态联系

》水系格局梳理
自然生长的水域体系，在尽可能降低人为介入的前提下满足水道的生态景观及游览要求。

现状主要水系	梳理整合	梳理过后水网

在现状基础上整合可用资源，顺畅河道连接并扩大水面，提高水面率

增加活水量，加强水体循环和自我修复

增加居民水上生活体验

提升游客水上游览体验

》水环境综合整治
本规划顺应水系从上游至下游的流向，给出水环境整治的综合建议。

1. 上游水源地合理保护
2. 工业区严格控制排放
3. 横海浪自然湖泊沉淀
4. 水乡湿地的自然净化
5. 下游景观水质得到保证

》多样性雨水收集系统
水环境提升 水资源活用

■ 生态保护分区
利用gis从生态资源的角度分析古劳水乡的生态敏感度进行评价，得出生态保护分区

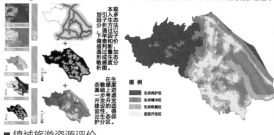

■ 镇域旅游资源评价

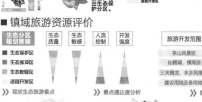

》现状生态旅游景点　　》景点通达度分析　　》景点美景度分析

"悠水嫩"减压游线

根据对古老水乡生态开保护分区及生态旅游资评价，分析得出古劳生态旅游重点区域规划为：

横海浪水乡风情区	茶山生态旅游区

古劳传统风貌提炼　尽量减少生态破坏　体验性的旅游项目

茶山风景　围墩水乡　横海荷花　观景自曝　休闲风赏　复源鱼区　桑基鱼塘

垂钓体验　茶山步道　水乡漫步　观鸟台　桑类栖息　植入新兴休闲娱乐

增加游客娱乐体验

横海浪脚踏船　登高体水乡风光　茶山高空漫游步道　体验水乡风情释放生活压力

"碧峰造极" 特色项目策划

| 愿景 | 自由升降　水乡风貌的低介入 |
| 高空俯瞰　提供全新观景视角 |

1.5 m视角　人的正常视线高为1.5米，在这个高度中人的清晰可视范围的半径只有5千米。

50 m视角　当视点高度达到50米时，可以将三分之二的古劳尽收眼底，水乡的特色肌理慢慢浮现在眼前。

100 m视角　当视点高度达到100米时，可以看到整个古劳及周边民居，特色散点状水乡风貌完美呈现。

感受古劳风貌　生态融入生活　水乡风貌延续

释放生活压力　观赏美景 游船休闲让人释放压力

体验特色旅游　体验式游线发展特色项目

高空步道　观鸟台　湖光山色　鸟类栖息　花海植物园　热气球体验

"循咏源" 文化规划

文化旅游开发模式

寻找根植传统文化　复兴传统人文活动　游客参与弘扬文化

文化资源保护	龙舟醒狮文化保护
	古劳特色石板桥保护
	名人故居等古建保护
	宗祠祭祖侨乡文化保护
文化旅游开发	集体民俗节
	龙舟竞渡表演
	咏春文化主题游线
文化传承发扬	寺庙祭拜活动
	三夹腾龙龙舟比赛
	咏春拳馆梁赞公园

■ 季节性旅游活动策划

	一月	二月	三月	四月	五月	六月
主要活动						
观赏体验						
文化体验						
生态体验						

规划目标：

政府 —— 愿意出资
游客 —— 留下回忆
本地居民 —— 其乐融融

咏春文化主题游线

咏春文化游线：初学　苦练　学成

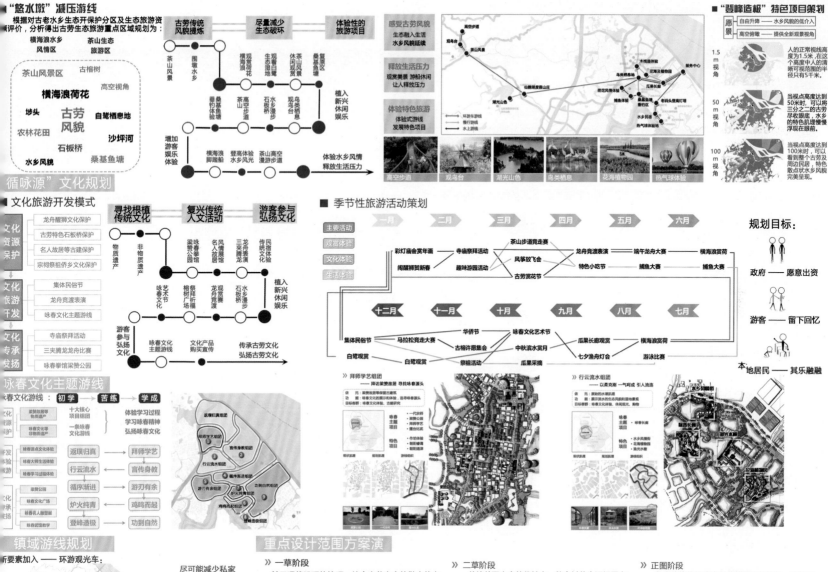

》拜师学艺组团

》行云流水组团

镇域游线规划

新要素加入 —— 环游观光车：

尽可能减少私家车对生态干预度

提升旅游的体验性和时效性

自由的呼吸 —— 慢行系统：

不受时间空间限制增加游览自由

健康的游览方式提升过程参与性

趣味式交通 —— 水上游览：

水上交通 转换视角全新游览体验

脚踏游船 观赏捕鱼增加游客参与

重点设计范围方案演

》一草阶段

基于现状肌理的梳理，结合古劳水乡的散点状水乡和梳式村落空间布局的空间形态特点，明确文化旅游和生态旅游的游线，营造生活组团空间和生态景观疏密有致的休闲空间。

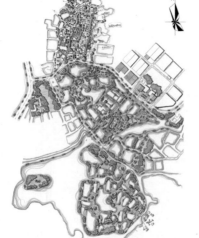

》二草阶段

总结前面方案的优缺点，整合村落生活组团空间和景观，强化对传统建筑的修缮和保护并串联以咏春拳文化为主线的特色景点。同时，细化生态游片区的动静分区和趣味景点的设置。

》正图阶段

各类建筑体量确定和建筑平面的优化，协调文化游片区和生态游片区的联动关系，尽可能减少人为过度干预，细化景点布置，强化路网体系，并且根据实际情况，合理配置植物景观。

[悠水墩·循咏源]
——基于优联动和低介入策略下的古劳镇概念规划

设计题目：广东省鹤山市古劳镇规划设计
作者：钟诗悦 徐迪雅 徐蕾 龙凤 周钰 张景璇
指导老师：周志仪

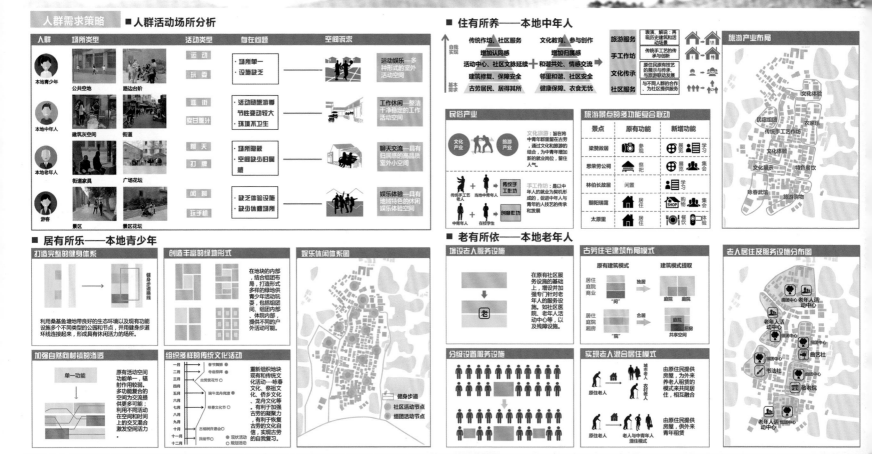

人群需求策略 ■人群活动场所分析

人群	场所类型		活动类型	存在问题	空间诉求	
本地青少年	公共空地	路边台阶	运动 玩耍	·场所单一 ·设施缺乏		运动娱乐—多种形式的室外活动空间
本地中年人	建筑灰空间	街道	低蹲 婴童屋计	·活动随随游春节性变动较大 ·环境不卫生		工作休闲—整洁干净稳定的工作活动空间
本地老年人	街道家具	广场花坛	聊天 打牌	·场所隐蔽 空间缺少归属感		聊天交流—具有归属感的高品质室外小空间
游客	景区	景区花坛	闲腿 玩手机	·缺乏体验设施 ·缺少休憩场所		娱乐体验—具有地域特色的休闲娱乐体验空间

■ 住有所养——本地中年人

民俗产业

文化旅游：旨在将中青年群体留在古劳，通过文化和旅游的结合，为中青年增加新的就业岗位，留住人气。

手工作坊：是以中年人的就业为契机形成的，促进中年人与青年的人技艺的传承和发展。

旅游景点的多功能复合联动

景点	原有功能	新增功能
梁赞故居	参观	展览 学习
思荣劳公祠	祭祀	展览 集会
林伯长故居	闲置	学习
朝阳瑞家	居住	购物 集会
太原里	居住	餐饮 体验

旅游产业布局

■ 居有所乐——本地青少年

打造完整的健身体系

利用桑基鱼塘地带良好的生态环境以及现有功能设施多个不同类型的公园和节点，并用健身步道环线连接起来，形成具有休闲活力的场所。

创造丰富的绿地形式

在地块的内部，结合组团布局，打造形式多样的绿地供青少年活动玩耍，包括组团内部、组团内部、体院内部，提供不同的户外活动可能。

加强自然向村镇的渗透

原有活动空间功能单一，辐射作用比较弱。多功能复合的空间为交流提供更多可能；利用不同活动在空间和时间上的交叉混合激发空间活力。

组织多样的传统文化活动

重新组织地块现有和传统文化活动—咏春文化、侨乡文化、龙舟文化等，有利于加强古劳的凝聚力，有利于恢复古劳的文化自信，实现古劳的自我复习。

一月	春节舞狮
二月	寺庙祭坛
三月	古劳赏花节
五月	端午龙舟竞渡
咏春文化节
十一月	古榕树许愿会
十二月	民俗节
现状活动 规划活动

娱乐休闲体系图

健身步道
社区活动节点
组团活动节点

■ 老有所依——本地老年人

增设老人服务设施

在原有社区服务设施的基础上，增设并加强专门针对老年人的服务设施，如社区医院、老年人活动中心等，以及残障设施。

古劳住宅建筑布局模式

原有建筑模式 → 建筑模式提取

分级设置服务设施

实现老人混合居住模式

由原住民提供房屋，为外来养老人租赁的模式来共同居住，相互融合。

由原住民提供房屋，供外来青年租赁。

老人居住及服务设施分布图

乡特色空间研究　■ 点状空间要素

古桥

场所精神
交通的纽带不再孤单，是复杂的空间文化功能

结构及组织规律

延伸式　垂直式　水龙桥

梁的位置主要位于村中交通要道上，常与河流交叉呈十字形，河流流入和流出村落处，一般会建"水口"桥起到镇镇村水口作用。

祠堂

场所精神
邻里交往重要的空间，增强社会网络的纽带，点缀景观，社会交往的凝聚点

空间结构及组织规律

祠堂承担了维系着宗法家族制和充满了公共性的角色，是村落生活的精神支柱点及居住的凝聚点，因此祠堂是古劳水乡古村重要的节点。

门楼

场所精神
界面丰富多变，同一街坊的居民产生一定的归属感

空间结构及组织规律

门楼一般是设置在村门经常出入的场所，如：村型的街口、村口、十字街附近。门楼的牌坊上刻有街巷的名字。

水埠

场所精神
邻里交往重要的空间，社会交往的凝聚点

空间结构及组织规律

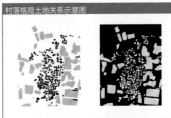
垂直型　平行型　八字型

· 水埠是人与水直接接触的场所，也是水与街、水与建筑相接的重要边界，是水乡古村的起点。
· 垂直型的河滨近古水外多的分是最广泛的活动，河滩旁的水埠以八字型为主，其交通流向更多，可以容纳更多的人。

古树

场所精神
汉语绿色文化，特殊的情愫寄托，浓浓的镇归气韵

空间结构及组织规律

"榕树多者地必兴"，村前、村边及、桥头的风水树，在树下放置许多的石桌、石凳，成为古劳水乡居民主要活动的主要场所。

水口古井

场所精神
水来处开敞，水去处封闭对村落的镇的气韵形成丰富的人口序列展现

空间结构及组织规律

古井是水乡的眼睛，与水乡居民的水孕育了水乡人温文尔雅的性格延伸到了市井文化。

■ 线状空间要素

断面示意	底界概况	现状照片	微改造	触发活力	规划策略
D/H≈2	形态笔直 无人行道 沿街设置店铺 水泥铺面				梳理线状道路 增加骑楼并加以立面改造
D/H≈1	镇区主要道路 延续原有道路肌理 形态较笔直 水泥铺面				巷道进行重组 留出开敞街尺度
D/H≈0.8	梳式布局主要道路 形态较曲折 沿街设祠堂及门楼				保留巷口空间 铺面更新、增加多元空间
D/H≈0.8	设排水沟 形态较曲折 风貌改变 石板材质铺面				修缮街道界面 还原石板铺面
D/H≈0.4	形态较笔直 空间尺度变化较大 使得底界面丰				延续巷道空间网络局 适当加开敞空间
D/H≈0.5	沿街设石板水渠 形态丰富多变				梳理现状道路 修复疏通水渠发挥作用

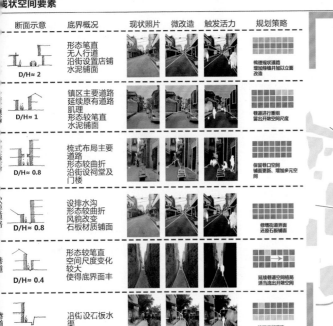

主要道路
次要道路
巷道

■ 面状空间要素

村落格局土地关系示意图

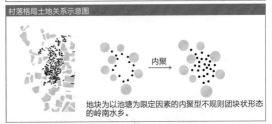

描述了空间、实体及二者界面的关系。同时也是按照公共——私密的空间属性来分类的。更进一步的讲，这张图描述的是人对所能真正体验到的空间的真实感受。恰恰是这种对空间和空间界面，而非实体的体验感受形成了场

村落格局土地关系示意图

内聚

地块是以池塘为限定因素的内聚型不规则团块状形态的岭南水乡。

村落布局模式演变图

主街横巷（梳把）　→　若干条支路纵巷（梳齿）

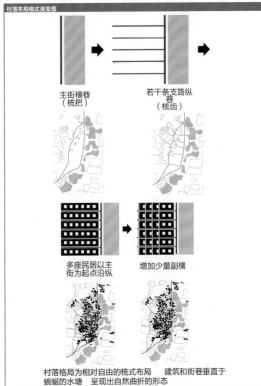

多座民居以主街为起点沿纵　→　增加少量副横

村落格局为相对自由的梳式布局　　建筑和街巷垂直于蜿蜒的水塘　呈现出自然曲折的形态

■ 榕树空间节点

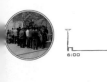
 6:00
 14:00
 22:00

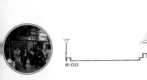 8:00
 16:00
 24:00

 10:00
 18:00

 12:00　20:00

· 榕树提供遮蔽场所 ——形成空间
· 设置长凳丰富活动 ——吸引人群
· 广场空地及道路旁 ——提供场所

· 榕树下缺少座椅 ——功能单一
· 广场部分设施少 ——离散人群
· 道路旁停车占道 ——场所减弱

[悠水墩·循咏源]

——基于优联动和低介入策略下的古劳镇概念规划

设计题目：广东省鹤山市古劳镇规划设计

作者：钟诗悦 徐迪雅 徐蕾 龙凤 周钰 张景璇

指导老师：周志仪

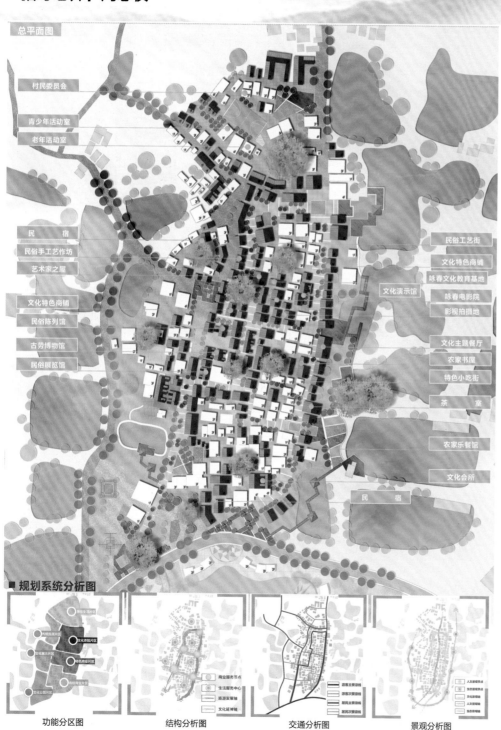

总平面图

村民委员会
青少年活动室
老年活动室

民 宿
民俗手工艺作坊
艺术家之屋
文化特色商铺
民俗陈列馆
古劳博物馆
民俗展览馆

民俗工艺街
文化特色商铺
咏春文化教育基地
咏春电影院
影视拍摄地
文化演示馆
文化主题餐厅
农家书屋
特色小吃街
茶 室
农家乐餐馆
民 宿
文化会所

规划系统分析图

功能分区图　　　结构分析图　　　交通分析图　　　景观分析图

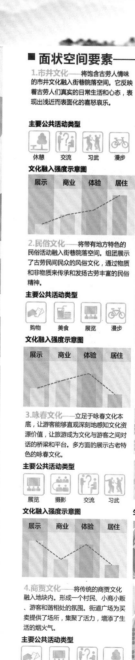

■ 面状空间要素——文化组团

1.市井文化——将饱含古劳人情味的市井文化融入街巷院落空间。它反映着古劳人们真实的日常生活和心态，表现出浅近而表面化的喜怒哀乐。

主要公共活动类型

休憩　交流　习武　漫步

文化融入强度示意图
展示　商业　体验　居住

生活场景示意图

- 将篮球场打造成组团中心健身活动场所
- 市井氛围浓重的榕树广场
- 组团打造成为古劳当地生活特色的民宿

2.民俗文化——将带有地方特色的民俗活动融入街巷院落空间。组团展示了古劳民间民众的风俗文化，通过物质和非物质来传承和发扬古劳丰富的民俗精神。

主要公共活动类型

购物　美食　展览　漫步

文化融入强度示意图
展示　商业　体验　居住

生活场景示意图

- 街角广场用以举办咏春文化活动
- 形成具有咏春特色的民俗手工艺街
- 太原里古建筑群改造成文化展示馆

3.咏春文化——立足于咏春文化本底，让游客能够直观深刻地感知文化资源价值，让旅游成为文化与游客之间对话的桥梁和平台。多方面的展示古老特色的咏春文化。

主要公共活动类型

展览　摄影　交流　习武

文化融入强度示意图
展示　商业　体验　居住

生活场景示意图

- 梁赞故居功能置换为咏春文化展览
- 朝阳瑞霭古建筑群改造成为咏春博物馆
- 更多开敞空间增加商业接触面

4.商贾文化——将传统的商贾文化融入地块内，形成一个村民、小商小贩、游客和谐相处的氛围。街道广场为买卖提供了场所，集聚了活力，增添了生活的烟火气。

主要公共活动类型

购物　展览　交流　休憩

文化融入强度示意图
展示　商业　体验　居住

生活场景示意图

- 过渡时期建筑改造成为体验式民宿
- 街道两侧多个不值街道家具以增加交往
- 游览末端打造特色风情购物街

线状空间要素　■点状空间要素——节点景点

1.花肆步月

舟车劳顿,初到咏春风情村,一处处小园林仿佛隔绝于世,花田野趣,舒心怡人,自然恬静。

目标游客:以观景、体验为主的游客

规划策略:通过道路连接不同的植物配置曲径通幽,体验自然的气息。

体验项目:浪漫花田　广告摄影

2.一代宗师

来到咏春大师梁赞故居。体会梁赞大师的生平、习武经历、行医事迹。感受大师的风采。

目标游客:以历史文化学习为主的游客

规划策略:传统广府式,建筑围合出小尺度的交往空间,增添了活力。

体验项目:展览参观　民俗体验

3.拜师学艺

练习咏春拳的场景激发了古村的活力,乐声、笑声、掌声此起彼伏,人们忘却烦恼,唱响生活之歌。

目标游客:以历史文化学习体验为主的游客

规划策略:街巷式的参观布局尺度适宜,南侧为单间民居,北侧为精致院落。

体验项目:拜师仪式　传道授业

4.独木成林

练习完咏春后来到榕树广场,游客在此纳凉、交谈、嬉戏、小憩。

目标游客:以住宿、休憩为主的游客

规划策略:对古树名木进行修缮保护,形成具有传统特色的榕树广场。

体验项目:榕树广场　休闲美食街

5.班门弄斧

规划一个习武场所,游客在此互相切磋武艺,交流经验,共同进步。

目标游客:以文化体验、休闲观光为主的游客

规划策略:通过新旧建筑重组围合处院落,形成组团中心。

体验项目:练习咏春　创意工坊

6.作坊体验

特色美食的诱惑只品尝是不够的,在美食作坊观看、参与美食的制作流程,感受传统文化的智慧与奇妙。

目标游客:以餐饮、休闲、参与为主的游客

规划策略:美食作坊　广告宣传　小吃出售　食物展示　制作体验　美食品尝

体验项目:找食材(抓鱼)　传统美食制作

7.水墩相望

传统民居和自然山水相互融合,展现了一幅船上人家水上村的唯美画卷。

目标游客:以购物、观景为主的游客

规划策略:商业街　民居　自然山水

体验项目:观赏水乡风景　民俗风情购物

主要街巷

公共空间

半私密空间

传统梳式布局模式,主轴线串联重要节点,次要的轴线连接外边界,使整个结构丰富有序。

D/H约等于1.2,创造出建筑高度和街道宽度均匀的空间,给人美观和愉悦的街道尺度。

建筑形式:三间两廊的传统建筑形式为主,辅以现代建筑丰富的街道形态,达到建筑形式多元完整合共生。

新增丰富且具有特色的功能业态,植入咏春文化产业,结合餐饮、展览、表演、文化等多方面的协调融合。

饮食　展览　表演　文化　音乐　车坊　交通

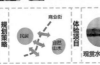

鸟瞰图

5.班门弄斧

4.独木成林

6.作坊体验

3.拜师学艺

2.一代宗师

7.水墩相望

1.花肆步月

[悠水墩·循咏源]

——基于优联动和低介入策略下的古劳镇概念规划

设计题目：广东省鹤山市古劳镇规划设计

作者：钟诗悦 徐迪雅 徐蕾 龙凤 周钰 张景璇

指导老师：周志仪

■ 地块选取

生态　融合　交往　旅游

古劳镇域范围内的原生态保护区　生产、生活、生态的融合发展片区　提供本地居民、工人及外来者的交往场所　发展生态旅游的景点和水上游线基础

空间设计生态部分规划范围

规划目标：
- 保持古劳水乡特有风貌
- 加强生产生活生态融合
- 提供人与人的交往空间
- 增强旅游的体验和效益

基于低介入策略下的生态协调公园设计规划

■ 地块功能演变

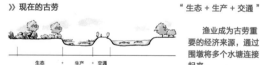

》过去的古劳　"生态+生产"

河流流域改变形成的古劳特有的水乡风貌，形成传统桑基鱼塘种养的模式。

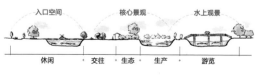

》现在的古劳　"生态+生产+交通"

渔业成为古劳重要的经济来源，通过围墩将多个水塘连接起来。

》将来的古劳　"休闲+交往+生态+生产+游览"

入口空间　核心景观　水上观景

休闲　+　交往　+　生态　+　生产　+　游览

未来的古劳，在保持原有的水乡风貌的前提下，进行低介入的改造。

增加休闲交往空间，丰富本地居民的生活，增进人与人之间的联系。

开发生态旅游和体验性的项目，为游客提供原生态水乡生活体验。

■ 空间改造

现状肌理

尽可能的保留古劳水乡原始鱼塘的肌理，对现有的空地及湿地进行空间改造。

↓ 低介入改造

规划肌理

1
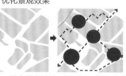 
- 现状空地改为活动空间 减少对池塘肌理的破坏
- 节点利用池塘营造开阔的大空间 优化景观效果

2
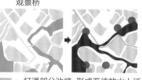  
- 结合现有池塘 布置慢行道及亲水景观节点
- 减少对水乡风貌的影响 架设高空观景桥

3
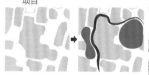  
- 打通部分池塘 形成系统的水上活动体系
- 沿岸布置丰富的景观及各类体验项目

4

- 结合旅游 还原部分桑基鱼塘 作为垂钓体验区
- 填掉部分池塘 形成疏密有致的活动空间

方案分析图

■ 道路系统分析　　■ 功能结构分析　　■ 景观结构分析　　■ 服务设施分析

节点改造

观鸟区
观鸟区处于地块中部，留出一大片湿地作为鸟类栖息地吸引白鹭等鸟群，创造鸟类与人的和谐交往环境

水上游览区
利用现有鱼塘建设水上栈桥和休闲亭，使居民和游客由景观的观赏者变成景观的参与者。

休闲景观区
利用湖中心的大榕树改造核心景观区，加设供人交往的木栈道和亭子形成交往交流空间。

水上植物园
利用部分鱼塘种植各类水上植物，中间加入游步道，让人感受漫步于花海和植物园的美妙感受。

重新策略

生态区总平面

总体更新策略

对交通的低介入
- 保留对外交通
- 环保游车、游船等交通形式
- 游线串联核心景点

对生态基质的低介入
- 保留鱼塘的大致肌理
- 原有生态湿地及绿地进行保留
- 进行水域的沿岸设计及水质治理
- 植物配置按照现状植被类型设置

对原住民生活的低介入
- 选择房屋少的区域进行旅游开发
- 减少旅游开发带来的人群矛盾
- 提供居民和游客的交往空间

现状路网 | **现状水系** | **人群活动**

完善对外路径 | 现状水系梳理 | 规划主要入口

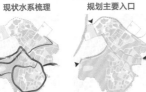

内部线路组织 | 激活水上节点 | 分析人群密度

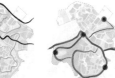

串接核心节点 | 丰富视线层次 | 划分动静区域

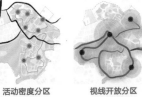

活动密度分区 | 视线开放分区 | 开发程度分区

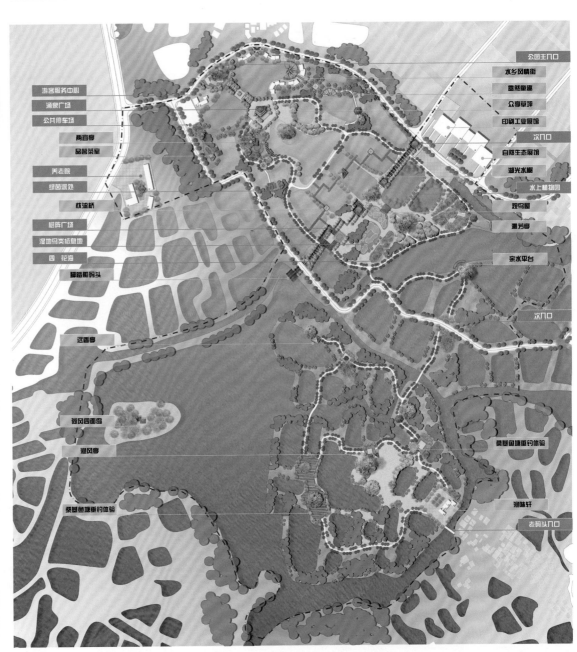

游客服务中心
涌泉广场
公共停车场
两宜亭
品茗茶室
养老院
绿荫深处
枕流桥
榕晖广场
湿地鸟类栖息地
四 花海
脚踏船码头
远香亭
荷风四面岛
溯风亭
桑基鱼塘垂钓体验
桑基鱼塘垂钓体验

公园主入口
水乡风情街
盎然草堤
众享草坪
印刷工业展馆
次入口
自然生态展馆
湖光水榭
水上植物园
观鸟屋
湘芳亭
亲水平台
次入口
湖味轩
古树头入口

[悠水墩·循咏源]

——基于优联动和低介入策略下的古劳镇概念规划

设计题目：广东省鹤山市古劳镇规划设计
作者：钟诗悦 徐迪雅 徐蕾 龙凤 周钰 张景璇
指导老师：周志仪

垃圾处理

■ 现状垃圾收集情况及问题

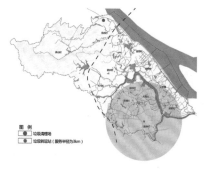

图例
◆ 垃圾清理场
◆ 垃圾转运站（服务半径为3km）

①户收集 ②村集中 ③镇转运 ④县(市)处理

现状问题

1.镇域缺乏垃圾集中收集点
现状中的村垃圾收集点为荒废的用地或者角落，没有垃圾收集设施，且大多时间无人管理，造成环境污染。

2.垃圾桶极且无垃圾分类
村庄里的户垃圾收集基本是采用泡沫箱子作为收集设施，不仅不能有效收集垃圾，而且影响风貌。

3.水边垃圾多且造成水污染
由于古劳水乡河网纵横，埠头处成为居民生活的重要节点，生活垃圾也多，造成水环境被污染。

■ 垃圾收集创意模式

加入创意垃圾桶

- 便利生活，服务居民 → 生活便利型垃圾桶
- 联动旅游，形成特色 → 功能结合型垃圾桶
- 和谐风貌，减少干预 → 景观融合型垃圾桶

收集系统 ⇢ 转运系统 ⇢ 处理系统

农村生活垃圾 → 垃圾分类
- 无机垃圾 → 卫生填埋
- 有害垃圾 → 危险废物处置中心
- 可收回垃圾 → 废品回收中心
- 有机垃圾 → 筛下物 → 堆肥或厌氧发酵 / 筛上物 → 卫生填埋

秸秆 → 气化或厌氧发酵 → 利用
禽畜粪便 → 堆肥或厌氧发酵 → 利用

农村生活垃圾处理模式

通过加入多种创意垃圾桶，一方面能够给当地居民带来便利，农村生活垃圾能够增加有效地进行收集，优化生活环境；另一方面，创意垃圾桶能够让游客感受到"以人为本"的人性化产品设计，从细节处形成古劳镇生态文化旅游的特点，不仅让空间设计体现人文关怀，而且服务设施也能够令人感受到最淳朴的"温暖"。

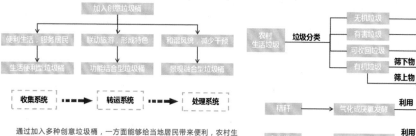

图例
◆ 垃圾清理场
◆ 垃圾转运站（服务半径为3km）
◆ 垃圾集中收集点（服务半径为0.8km）

● 功能结合型垃圾桶 ● 生活便利型垃圾桶 ● 景观融合型垃圾桶
● 功能结合型垃圾桶 ● 景观融合型垃圾桶

生活·设计·生活 → 人·事物·环境 → 以人为本 ⇒ 安全与卫生原则 人机交互原则 与环境相协调原则

■ 创意垃圾桶设计

功能结合型垃圾桶
倾斜的垃圾桶便于人们将垃圾扔进桶内，同时垃圾桶内部利用镜像原理打造万花筒的绚丽感。

功能结合型垃圾桶
垃圾桶和指示牌结合，在收集垃圾的同时又能提供指引的作用，为游客在游玩的过程中提供便利，明确游览路线。

景观融合型垃圾桶
绿色植物和垃圾桶的创意结合，在临水处能够与生态景观协调，并丰富临水景观，给人以美的享受。

生活便利型垃圾桶
地埋式的创意垃圾桶利用地下空间，且便利于居民平时对生活垃圾的清扫和收集，改善生活环境。

景观融合型垃圾桶
花瓣造型创意垃圾桶布置在埠头边，能够与生态景观融合，且避免人们随手扔垃圾进水中，减少水环境污染。

景观融合型垃圾桶
木桩造型的垃圾桶能与生态景观融合，营造和谐统一风貌，尽可能减少垃圾收集对生态游片区的人为干预。

生活便利型垃圾桶
每个门口布置分类垃圾桶，能有效对生活垃圾进行分类收集和节约资源，提升村庄风貌。

功能结合型垃圾桶
在桶内装入灯泡并通过感光自动控制，天黑后自动亮灯，为夜晚出行提供照明，同时也便于夜晚垃圾

根据不同的环境和人群需求，将三种类型的创意垃圾桶合理布置形成完整的联动体系。在做到基础的垃圾收集的同时，提升人们保护环境的自觉意识。并且结合照明、指示牌、分类等多元功能，丰富垃圾桶的功能并提高使用效率。基于低介入策略的指导，尽可能减少对于生态环境和水乡风貌的人为干预，创意垃圾桶要协调并融入周围生态环境。

A.生态有机延续　■滨水地生态修复

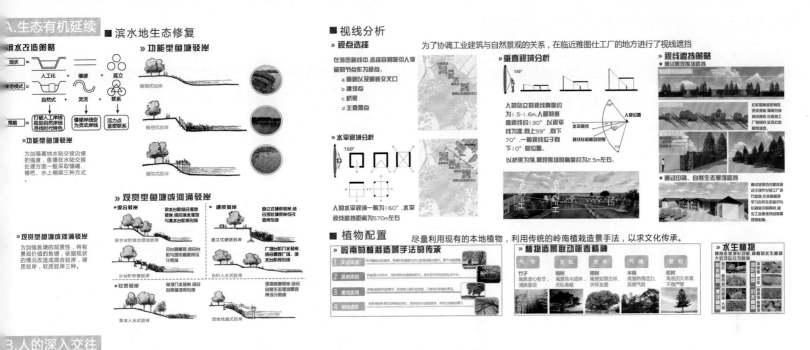

滨水改造策略

	现状	理想模式	策略
	人工化	自然式	打破人工岸线规划自然线条寻找时代特色
	僵硬	灵活	僵硬曲线变为灵动岸线
	孤立	联系	活力点紧密联系

»功能型鱼塘驳岸

为加强基地水陆交接边缘的强度，鱼塘在水陆交接处理方面一般采取镶砌、椿杷、水上棚架三种方式。

»观赏型鱼塘或河涌驳岸

为加强鱼塘的观赏性，将有景观价值的鱼塘，依据现状的情况改造成混合驳岸，硬质驳岸，软质驳岸三种。

■视线分析

»视点选择　为了协调工业建筑与自然景观的关系，在临近雅图仕工厂的地方进行了视线遮挡

在游览路线中，选择容易吸引人停留的节点作为视点。
a 眺望以及道路交叉口
b 建筑点
c 桥景
d 主要景点

»垂直视域分析

»水平视域分析

»视线遮挡策略

■植物配置　尽量利用现有的本地植物，利用传统的岭南植栽造景手法，以求文化传承。

»岭南的植栽造景手法的传承

1	文化寓意
2	高树柔荫
3	美观实用
4	明暗虚实

»植物景观联动咏春精神

| 气节 | 无私 | 关怀 | 气魄 | 坚切 |

»水生植物

3.人的深入交往

A.地块功能整合

基于低介入的模式，地块保持主要的功能，添加附属功能增加旅游吸引力，吸引人流活动。

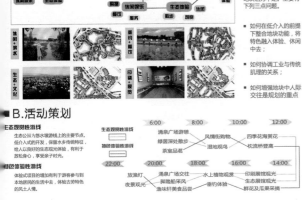

地块内的水乡景观和垂钓体验是该地块的特色，而印刷工业与传统的水乡景观格格不入，且地块活力不足，主要有下列三点问题。

- 如何在低介入的前提下整合地块功能，将特色融入体验、休闲中去；
- 如何协调工业与传统肌理的关系；
- 如何增强地块中人际交往是规划的重点。

B.活动策划

C.游线分析　游客游线与居民游线交叉，促使居民与居民、游客与居民间的交流。

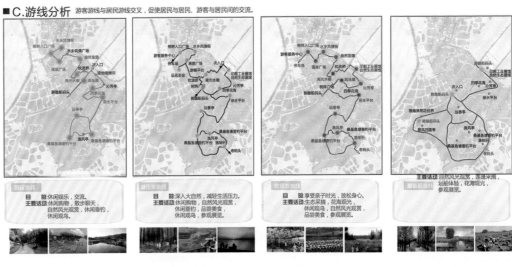

E.交往节点分析　对交往空间的各个节点进行主要公共活动及各个空间交往程度的分析。

休闲+滨水　【激活围墩活力】

1 涌泉广场
2 水乡风情街
3 枕流桥

生态+文化　【唤醒围墩生态】

4 自然生态展馆
5 湿地鸟类栖息地
6 四季花海

垂钓+餐饮　【感怀围墩邻里】

7 桑基鱼塘垂钓平台
8 渔味轩

印刷+展览　【促进围墩和谐】

9 印刷工业展馆

[悠水墩·循咏源]

——基于优联动和低介入策略下的古劳镇概念规划

设计题目：广东省鹤山市古劳镇规划设计

作者：钟诗悦 徐迪雅 徐蕾 龙凤 周钰 张景璇

指导老师：周志仪

公共空间营造　■ 思荣劳公祠村口空间重塑

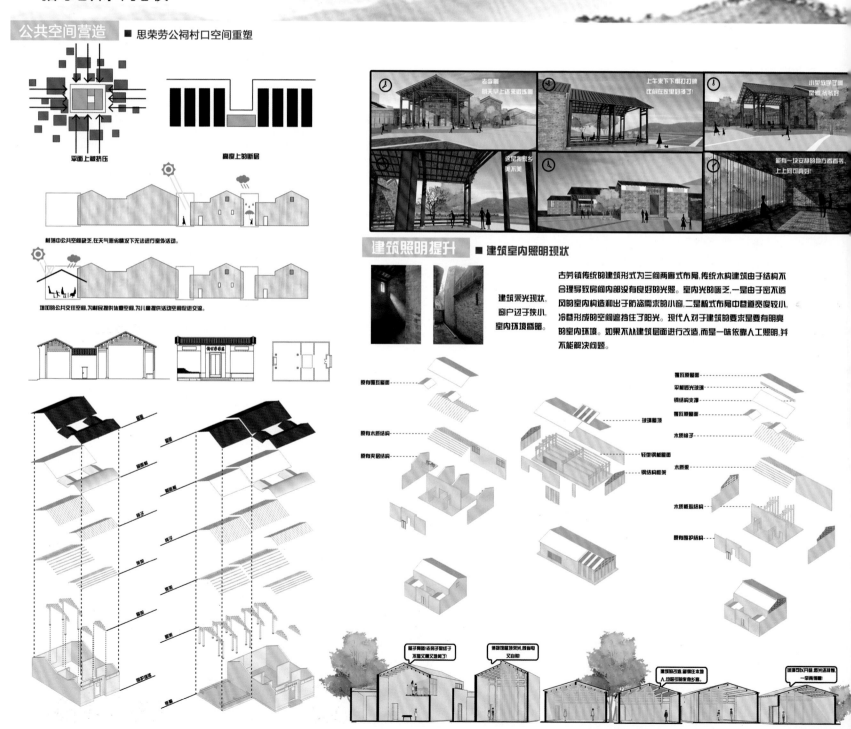

平面上被挤压

高度上的断层

村落中公共空间缺乏，在天气渐劣情况下无法进行室外活动。

增加的公共交往空间，为村民提供休憩空间，为儿童提供活动空间促进交流。

建筑照明提升　■ 建筑室内照明现状

建筑采光现状，窗户过于狭小，室内环境昏暗。

古劳镇传统的建筑形式为三间两廊式布局，传统木构建筑由于结构不合理导致房间内部没有良好的光照。室内光的匮乏，一是由于密不透风的室内构造和出于防盗需求的小窗，二是栉式布局中巷道宽度较小，冷巷形成的空间遮挡住了阳光。现代人对于建筑的要求是要有明亮的室内环境。如果不从建筑层面进行改造，而是一味依靠人工照明，并不能解决问题。

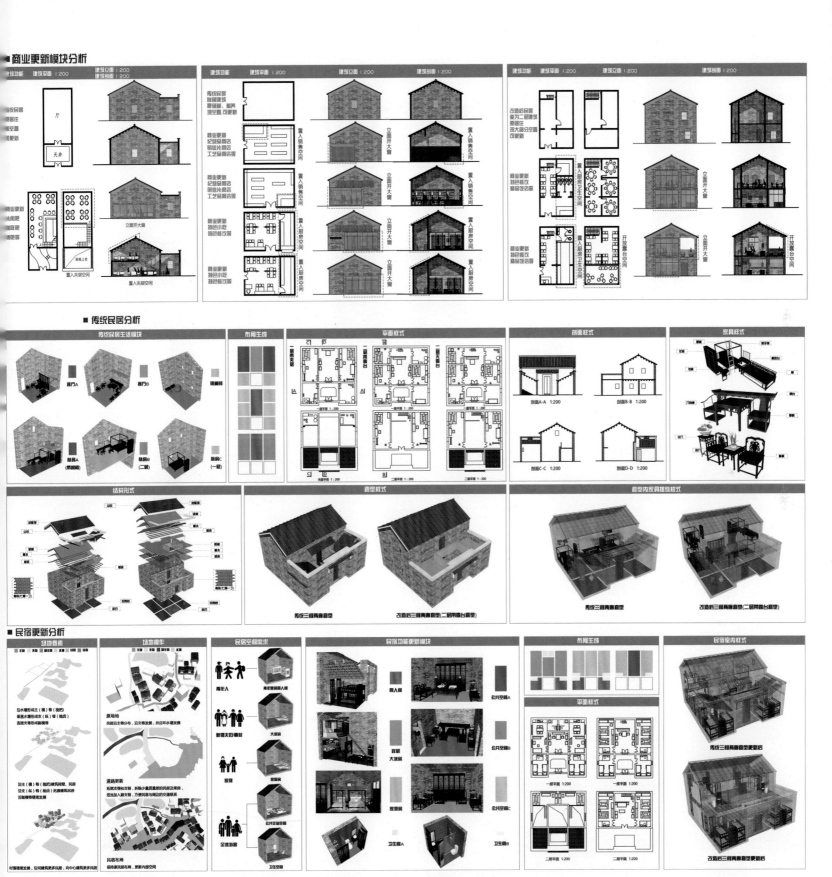

商业更新模块分析

传统民居分析

民宿更新分析

易俊飞

集体荣誉感和归属感强，能主动做好服从和协作；

意志力品格坚强，能吃苦、不怕难、不服输；

责任心强，做事有计划，条理清晰，时间观念强。

张 坤

欲识书卷气，幸从滇粤游，一生痴绝处，如梦到蜀州。

张 钰

五年时光转瞬即逝，在最后很高兴能与值得信赖的同学一同参加本次毕业设计，一起踏过不同城市，探寻各式街道，品味别样生活。同时也认识了许多优秀的新朋友，在交流中积累了宝贵的经验。未来还长，永远走在路上，永远满怀希望。

潘文筠

"流水落花春去也，天上人间"，过去的几个月，是我大学几年里过的最舒心，做的最快乐的设计。虽然过程也有迷茫，也有困难，但更多的感觉是和好朋友一起去调研，一起去旅行，一起去不同的地方看不同的风景，拍不同的照片。量量老师说过，我们的毕业设计结果不重要，做得开心就好，我想我们做到了，找到大学期间最好的伙伴，未来我们也是最好的朋友，很开心，很满足，很感激！

愿，今后每一个参加联合毕业设计的人都能收获一份不一样的美好的情感。

杨彬如

当我没日没夜画图为设计起飞，deadline 反复催促让我忘了疲惫，参加联合毕设，这最好的体会，想要晚点结束，但时间不够浪费。夜宵点的炸鸡，和高大上的切割机，熬过了这次，一定抓紧时间休息，CAD、SU 还有 PS，陪我度过了这段时期，经典的就像是 old school flow，从来不用质疑。再没不努力的理由，时间如刀不再温柔，一路走，汗在流，再回首，已没有，那些扶着我不跌倒的手，走过春夏秋冬，天南地北，人生新的开头，加油，亲爱的朋友。

肖颖禾

五载春秋似昨日，一朝梦醒忆规途。芒鞋遍踏城中路，慧眼细观市井户。键音渐促夜已入，笔头渐烂日已出。也曾携手共谈笑，笑谈来年共携不。毕设齐迈六人步，西南同赏六校图。半游半学伴笑语，汇英汇才会三处。曲终音绝音又起，人散身转身回顾。感恩众位相遇知，祝君他日梦可筑。

缘起——基于社会关系网络修补的规划设计
广东省江门鹤山市古劳水乡概念规划与设计

指导教师：王量量 文超祥
作　　者：肖颖禾 杨彬如 潘文笃 张坤 张钰 易俊飞
学　　校：厦门大学

区位分析

江门市范围

与周边城镇的关系

与区域交通站点联系

研究范围

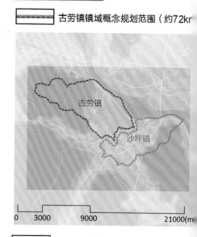

▭ 古劳镇镇域概念规划范围（约72km²）

0　3000　9000　21000(m)

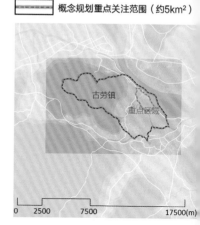

▭ 概念规划重点关注范围（约5km²）

0　2500　7500　17500(m)

▭ 重点水乡设计范围（约1km²）

0　1000　3000　7000(m)

历史沿革

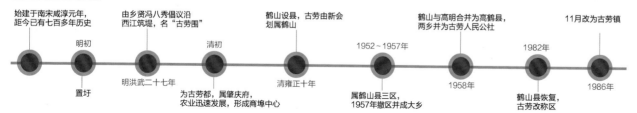

始建于南宋咸淳元年，距今已有七百多年历史

明初 — 置圩

明洪武二十七年 — 为古劳都，属肇庆府，农业迅速发展，形成商埠中心

由乡贤冯八秀倡议沿西江筑堤，名"古劳围"

清初

清雍正十年

鹤山设县，古劳由新会划属鹤山

1952～1957年 — 属鹤山县三区，1957年撤区并成大乡

1958年

鹤山与高明合并为高鹤县，两乡并为古劳人民公社

1982年 — 鹤山县恢复，古劳改称区

1986年

11月改为古劳镇

城镇认知

当地特色资源

人口结构

2015年全镇户籍总人口为29070，从1999年至今，古劳镇户籍总人口变动不大，但外来人口几乎逐年增多。五普时36~60占35%，60岁以上占15%。老龄化现象比较明显。

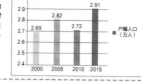

户籍人口（万人）：2000年 2.69，2005年 2.82，2010年 2.72，2015年 2.91

40%
历年来古劳镇外来人口占常住人口的近40%。

2 : 5.6 : 2.4
从户籍劳动力分布看，从事二、三产业的人口逐年增加。

总体经济

从2005年至今，古劳镇的全年生产总值处于稳步增加的状态，2014年社会总产值达到103.08亿元。"十二五"期末农村居民年人均纯收入13200元，年均增速10.8%，已达到"十二五"规划预期目标。

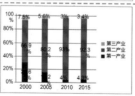

生产总值（亿元）：2005年 6.83，2010年 16.85，2012年 20.07，2015年 20.3

$$ \$ \$ \\ \$ \$\$ $$

12620 - 13200
农村居民年人均纯收入逐年增多，生活水平得到提升。

+21.52% +12.7%
地方财政一般预算收入不断提高，平均增速超过10%。

产业结构

古劳镇产业结构目前处于第二产业主导阶段，有较为雄厚的工业基础，同时存在第三产业发展的潜力和产业结构调整优化的需求。一产现陷入了较为局促不前的状态，亟待整改与突破。

第三产业 第二产业 第一产业
2000年：7.5% / 66.9% / —
2005年：5.6% / 80.2% / —
2010年：3% / 93% / 4%
2015年：3.4% / 92.3% / 4%

4.3 : 92.3 : 3.4
2015年古劳镇一、二、三产业比为4.3:92.3:3.4。

70万
古劳镇旅游业发展良好，2015年达到旅游人数70万人次。

现状分析

生态敏感度分析图

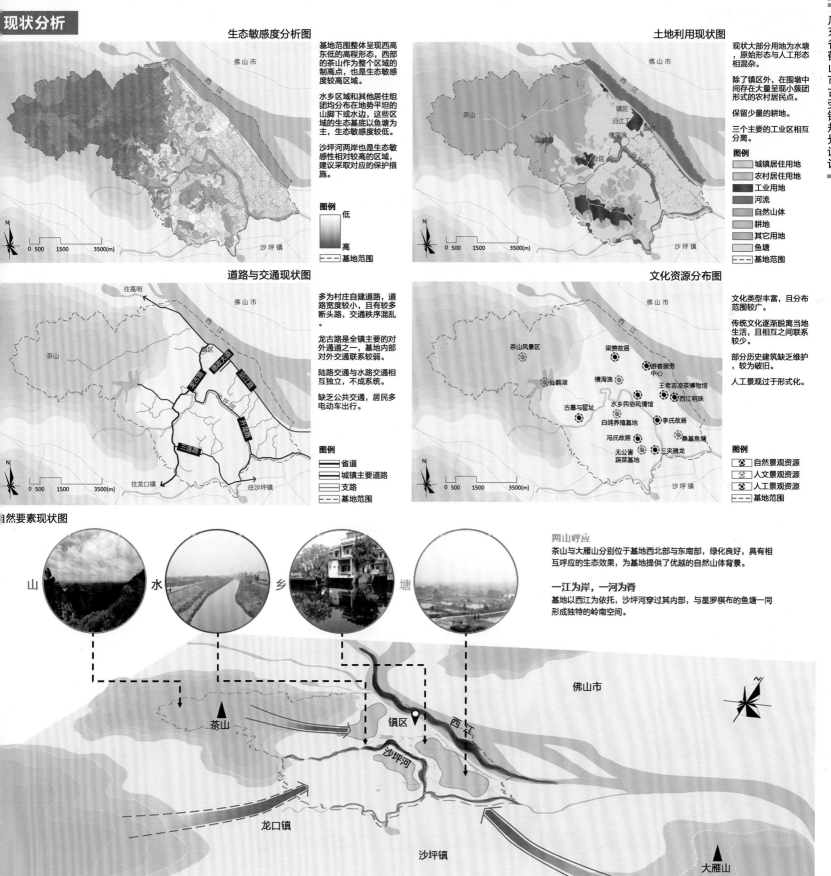

基地范围整体呈现西高东低的高程形态，西部的茶山作为整个区域的制高点，也是生态敏感度较高区域。

水乡区域和其他居住组团均分布在地势平坦的山脚下或水边，这些区域的生态基底以鱼塘为主，生态敏感度较低。

沙坪河两岸也是生态敏感性相对较高的区域，建议采取对应的保护措施。

图例
低
高
- - - 基地范围

0 500 1500 3500(m)

土地利用现状图

现状大部分用地为水塘，原始形态与人工形态相混杂。

除了镇区外，在围墩中间存在大量呈现小簇团形式的农村居民点。

保留少量的耕地。

三个主要的工业区相互分离。

图例
- 城镇居住用地
- 农村居住用地
- 工业用地
- 河流
- 自然山体
- 耕地
- 其它用地
- 鱼塘
- - - 基地范围

0 500 1500 3500(m)

道路与交通现状图

多为村庄自建道路，道路宽度较小，且有较多断头路，交通秩序混乱。

龙古路是全镇主要的对外通道之一，基地内部对外交通联系较弱。

陆路交通与水路交通相互独立，不成系统。

缺乏公共交通，居民多电动车出行。

往高明
往龙口镇
往沙坪镇

图例
- 省道
- 城镇主要道路
- 支路
- - - 基地范围

0 500 1500 3500(m)

文化资源分布图

文化类型丰富，且分布范围较广。

传统文化逐渐脱离当地生活，且相互之间联系较少。

部分历史建筑缺乏维护，较为破旧。

人工景观过于形式化。

茶山风景区
梁赞故居
游客服务中心
仙鹤湖
横海浪
王老吉凉茶博物馆
古墓与窑址
水乡民俗风情馆
西江明珠
白鸽养殖基地
李氏故居
冯氏故居
桑基鱼塘
无公害蔬菜基地
三夹腾龙

图例
- 自然景观资源
- 人文景观资源
- 人工景观资源
- - - 基地范围

0 500 1500 3500(m)

自然要素现状图

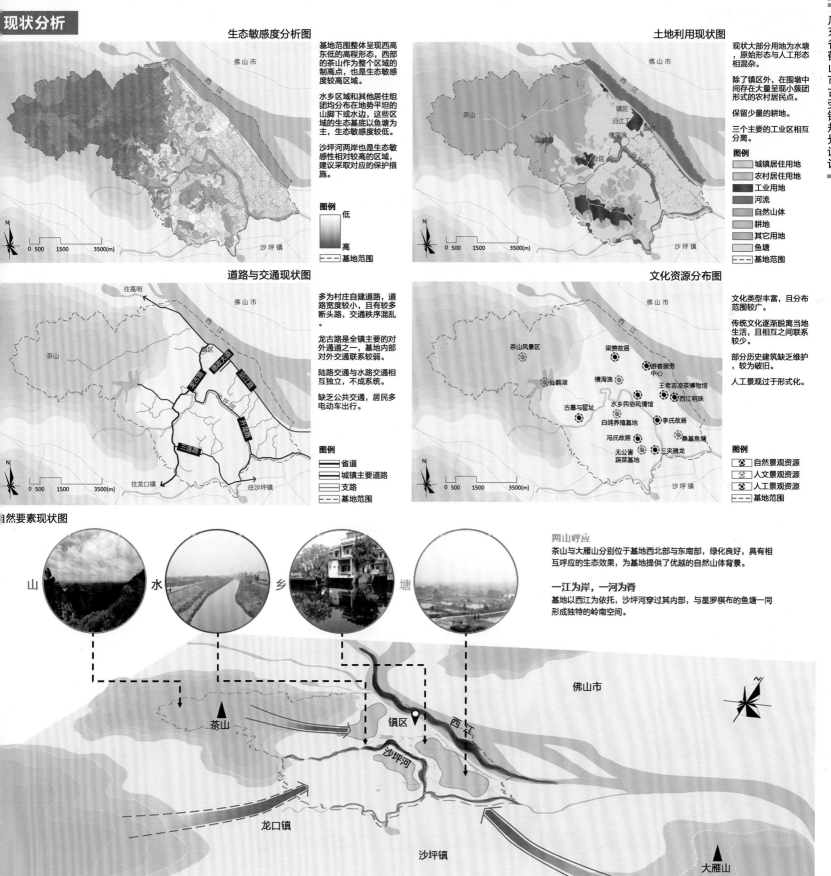

山　水　乡　塘

两山呼应
茶山与大雁山分别位于基地西北部与东南部，绿化良好，具有相互呼应的生态效果，为基地提供了优越的自然山体背景。

一江为岸，一河为脊
基地以西江为依托，沙坪河穿过其内部，与星罗棋布的鱼塘一同形成独特的岭南空间。

茶山
镇区
西江
沙坪河
佛山市
龙口镇
沙坪镇
大雁山

规划与设计理念

社会网络关系现状

现状各村外来人口比例

图例
■ 外来人口　■ 本地人口

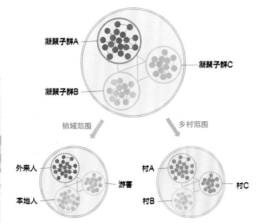

凝聚子群A
凝聚子群C
凝聚子群B

镇域范围　乡村范围

外来人　游客　本地人

村A　村C　村B

当社会网络中某些行动者之间的关系特别紧密，以至于结合成一个次级团体时，这样的团体在社会网络分析中被称为凝聚子群。当凝聚子群的密度过高时，就容易出现"大团体散漫，小团体内聚"的现象。

同质内聚型社会网络关系形成原因分析

同质内聚型社会网络关系		大团体分散	小团体内聚
外来人 本地人 游客	不同人群各自内聚	1.镇村交通联系弱 2.传统活动仅联系本地人群，未能普及发扬 3.各产业相互独立，缺乏生产资料联系	1.外来人口聚集于工业区附近 2.游客活动线路的单一性 3.传统文化活动对各村的联系
村A 村C 村B	不同村各自内聚	1.水乡地形的隔离作用，各村间交通不便 2.各村以生产小组模式进行农业生产	1.以宗亲关系为主要纽带的传统差序格局网络特性 2.公共空间设置以村或墩为单位设置，缺少中心性公共空间

社会网络关系对比分析

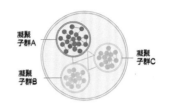

凝聚子群A
凝聚子群C
凝聚子群B

内聚　竞争　信息资源内部共享

开放　合作　信息资源全局共享

规划理念总结

同质内聚型
社会网络关系

业缘
地缘
血缘

加强弱关系

业缘、地缘

业缘
地缘
血缘

异质开放型
社会网络关系

总体策略

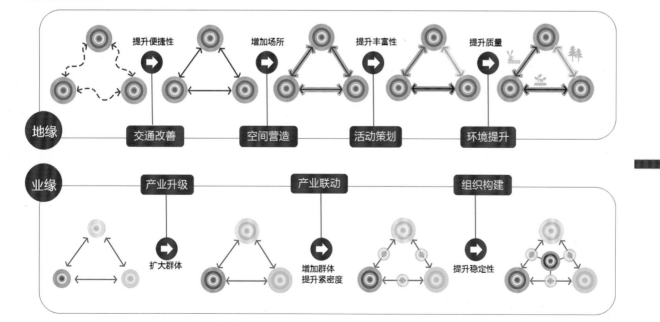

地缘　提升便捷性　增加场所　提升丰富性　提升质量

交通改善　空间营造　活动策划　环境提升

业缘　产业升级　产业联动　组织构建

扩大群体　增加群体提升紧密度　提升稳定性

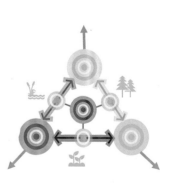

形成异质开放且又稳定的
社会关系网络

地缘策略

通改善

由于水乡肌理的影响，古劳的大部分道路较窄且两面临水，机动车交通十分不便，且安全隐患较大。

石板路、鱼塘间的隔断、聚居区的道路共同构成了整个水乡的主要交通系统，整个路网呈细而密的网状布局。

从留存的埠头和码头可以看出水路交通曾是这个地方重要的交通方式，而现在这些埠头大多失去了以前的功能。

在尽可能不破坏水乡肌理的前提下，完村与村之间的机动车交通，并满足工业区的机动车交通需求，机动车道尽量从水边缘穿过，减少对内部交通的干扰，并以村为单位设置公交站点，保障通勤。

保留和延续原有的道路系统，以石板路和现有道路为基础，用慢行交通来构成水乡内部的主要交通网络，并针对不同使用功能，对游憩和生活、通勤道路进行不同处理，避免干扰。

以埠头为基础，疏通水道，重新建立水路交通，联系各个组团；通行的船只以小船为主，主要承担生活和游憩功能，作为慢行交通的辅助，丰富出行方式和出行体验。

环境提升

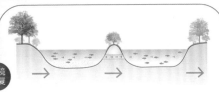

现有的鱼塘相互独立，生态结构单一，不足以达到自我修复、生态净化的效果，因此计划打通鱼塘的水系，使各地块水网相通，提升水体净化能力。

以组团为单位设置小型垃圾收集点，结合水乡道路情况选择微型垃圾车进行垃圾收集、处理，以避免垃圾随意堆放以及对水体的污染。

观念普及
加强对生态保护观念的宣传，增强居民自主环保意识，形成自下而上的生态保护意识。

污水处理
通过截污管道将生活污水截流，避免污水直接排入鱼塘和河道中，从源头上避免污染，并设置统一的外理设施对污水进行净化处理后再排入河道。

基于生态敏感性分析对场地进行生态保护评级和区域划分，制定对应的保护策略，形成完善的保护机制。

垃圾处理
微型垃圾车
垃圾收集点

生态保护

仙鹤湖
茶山

活动策划

缫丝　咏春文化　龙舟文化
建筑文化　詠春文化　醒狮文化

文化融入
以当地文化民俗为依托开展的各类活动不仅能调动居民的积极性，主动参与到活动中来，还有利于传统文化的传承延续，并且这类当地独有的文化活动对于游客也具有较大吸引力，因此挖掘本地原有各类文化活动以及将文化要素融入到各类活动中，对于促进社会关系十分重要。

活动组织
政府 —— 指导 ——
支持 —— 活动 —— 组织策划 —— 协会、组织
居民 —— 参与 —— 构成
自上而下　自下而上

活动应该联合居民和政府，以各类协会、组织为核心（如龙舟协会）开展面向各个群体的活动，以保证活动的有序开展和活动内容的丰富完善。

人群区分
本地人 —— 传统民俗活动 —— 交流互动 —— 交流娱乐活动 —— 外来人口
参与体验 —— 游客

不同人群具有不同的文化背景和特质，开展的活动类型也会有所区别。对于本地人来说，一直以来的传统活动是其最主要的活动，而外来人口则会通过各类普通的交流娱乐活动增进联系，游客则通过参与到这些活动中，体验当地的文化特色和人文情怀，满足其旅游需求。

古劳镇
活动年历

（十二月　一月　二月　三月　四月　五月　六月　七月　八月　九月　十月　十一月）

空间营造

	生活型	旅游型	综合型
主要人群	当地村民 外来务工人员	游客	当地村民 外来务工人员 游客
主要功能	运动、阅读、休憩、交往、节庆	交通、宣传、休憩、交往、餐饮、参观、景观	交通、节庆、休憩、交往、景观、餐饮、运动、宣传

类型划分
基于现有公共空间的主要功能及使用人群将规划空间进行分类，使其能够更有针对性地发挥不同的功能。

活动融入
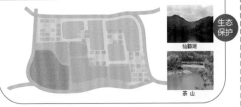

咏春文化节　横海浪
舞狮表演　手工作坊
荷花节　梁赞文化公园
手工制作体验　西江明珠广场

除了完善公共空间，为居民与游客等提供更多更好的休闲、运动场所外，还根据不同空间的位置与类型等将各类活动融入其中，使其充分发挥相应的功能，并提升其独特性与可识别性。

体系构建
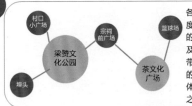

村口小广场　篮球场
梁赞文化公园　宗祠前广场
埠头　茶文化广场

各空间因其不同的尺度、功能等有着不同的类型、服务范围以及重要等级，以主要带次要、中心带周边的形式构建公共空间体系，有效建立空间之间的联系。

产业升级

绿色农业
Green Agriculture

依托现有蔬菜基地及鱼塘，在保持蔬菜规模化生产的基础上，发展绿色蔬菜种植，鱼塘则恢复和发展桑基鱼塘的循环农业模式，并与旅游体验结合，打造江门、佛山地区的绿色蔬菜生产基地和农业体验旅游基地。

特色工业
Peculiar Industry

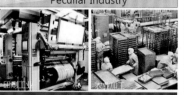

保留和发展现有支柱产业印刷业，鼓励传统酱油生产产业升级，与旅游体验结合发展，并结合农业产品发展农产品加工，延伸本地产业链；工业用地整合集中，减少对水乡环境的影响。

亲子旅游
Family Travel

古劳旅游资源丰富，但在整个珠三角地区并不算突出，因此主打发展面向珠三角地区的短期亲子体验式旅游，结合当地资源，从风景观光到文化体验包含各种旅游类型。

组织构建

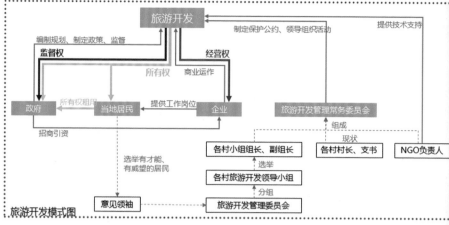

旅游开发模式图

政府、企业与居民合作的合股模式

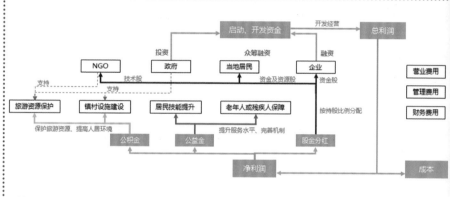

旅游开发利益分配模式图

产业联动

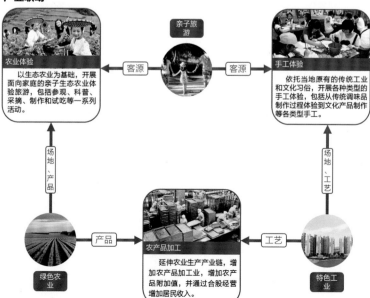

农业体验

以生态农业为基础，开展面向家庭的亲子生态农业体验旅游，包括参观、科普、采摘、制作和试吃等一系列活动。

手工体验

依托当地原有的传统工业和文化习俗，开展各种类型的手工体验，包括从传统调味品制作过程体验到文化产品制作等各类型手工。

农产品加工

延伸农业生产产业链，增加农产品加工，增加农产品附加值，并通过合股经营增加居民收入。

行动计划

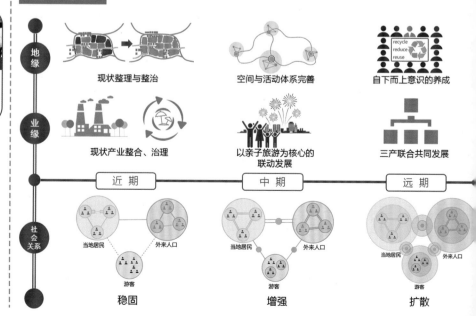

地缘 —— 现状整理与整治 —— 空间与活动体系完善 —— 自下而上意识的养成

业缘 —— 现状产业整合、治理 —— 以亲子旅游为核心的联动发展 —— 三产联合共同发展

近期 —— 中期 —— 远期

社会关系 —— 稳固 —— 增强 —— 扩散

镇域交通规划

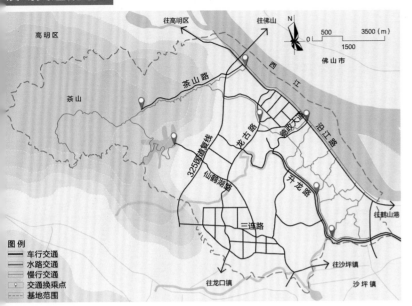

图例
- ▬ 车行交通
- ▦ 水路交通
- ▨ 慢行交通
- ◇ 交通换乘点
- ┅ 基地范围

拓宽部分原有道路，并添加道路进行连接构成车行交通网络

添加水路交通线与停靠点

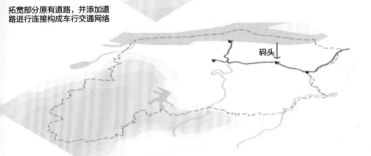

结合景观建设慢行交通，并设置补给驿站

镇域公共空间规划

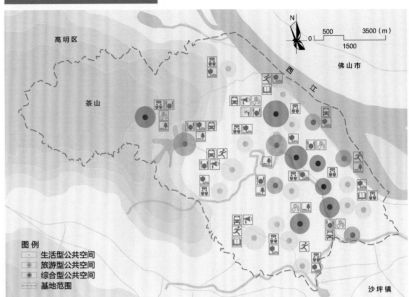

图例
- ▣ 生活型公共空间
- ◉ 旅游型公共空间
- ◎ 综合型公共空间
- ┅ 基地范围

保护传统建筑、古树及生态湖泊

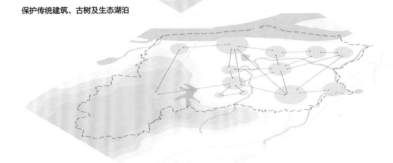

梳理村镇路径，形成生活与工作中心聚集点

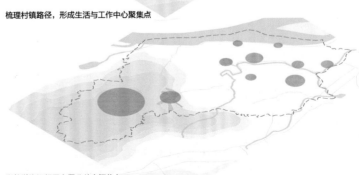

以旅游资源组团布置公共空间节点

镇域生态环境规划

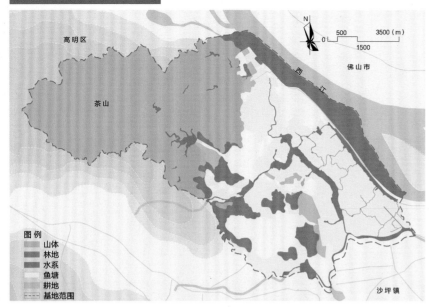

图例
- 山体
- 林地
- 水系
- 鱼塘
- 耕地
- 基地范围

构建生态廊道并设置保护范围

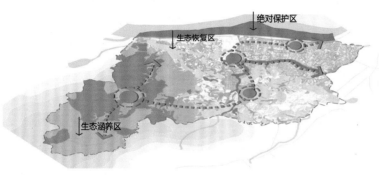

- 绝对保护区
- 生态恢复区
- 生态涵养区

镇域产业定位

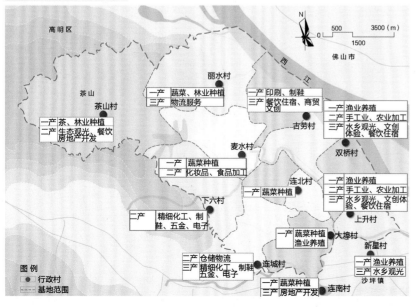

图例
- ● 行政村
- 基地范围

镇域活动规划

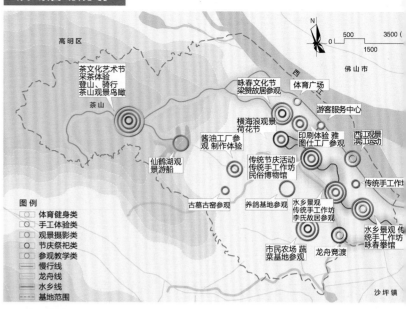

图例
- 体育健身类
- 手工体验类
- 观景摄影类
- 节庆祭祀类
- 参观教学类
- 慢行线
- 龙舟线
- 水乡线
- 基地范围

镇域产业组织模式

图例
- ○ 行政村
- 一产联动
- 工业联动
- 旅游业联动
- 基地范围

 企业　 农户　社会组织

模式A:

	企业	政府	社会组织
A1	以素馨针为主的茶叶加工与销售企业	茶山村与丽水村的茶农	茶技术研发与推广组织
A2	以桂花鱼为主的水产加工与销售企业及蚕丝加工企业	双桥村、上升村与新兴村的渔农	水产养殖协会、桑鱼塘研究组织
A3	蔬菜加工与销售企业	连北村、大埠村与连南村的菜农	农协组织与无公害蔬菜协会

模式B: 以雅图仕、东古酱油等龙头企业带动部分小型加工企业发展

模式C:

 政府　 企业　当地居民　 社会组织

政府相关部门　　旅游开发公司　　以拥有旅游资源的居民为主　　水乡生态保护协会、龙舟协会、咏春文化组织

真域规划结构

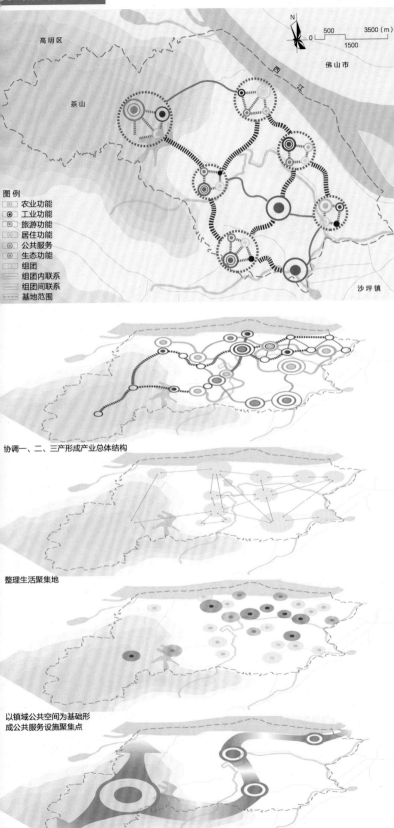

图例
- 农业功能
- 工业功能
- 旅游功能
- 居住功能
- 公共服务
- 生态功能
- 组团
- 组团内联系
- 组团间联系
- 基地范围

协调一、二、三产形成产业总体结构

整理生活聚集地

以镇域公共空间为基础形成公共服务设施聚集点

构建生态廊道

镇域功能分布

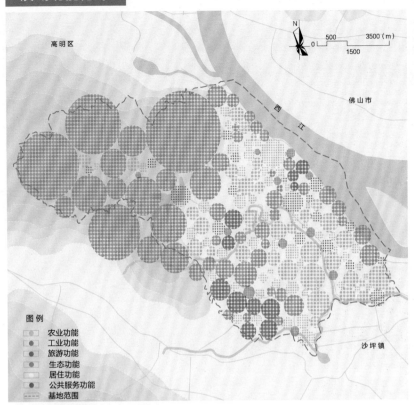

图例
- 农业功能
- 工业功能
- 旅游功能
- 生态功能
- 居住功能
- 公共服务功能
- 基地范围

镇域土地利用规划

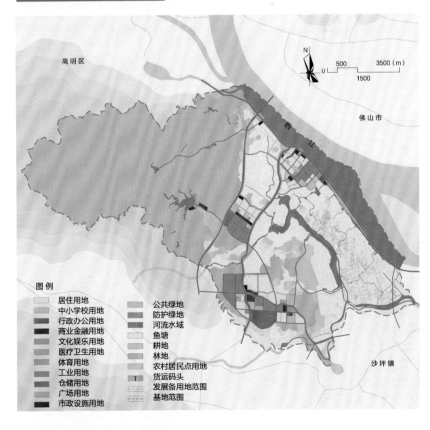

图例
- 居住用地
- 中小学校用地
- 行政办公用地
- 商业金融用地
- 文化娱乐用地
- 医疗卫生用地
- 体育用地
- 工业用地
- 仓储用地
- 广场用地
- 市政设施用地
- 公共绿地
- 防护绿地
- 河流水域
- 鱼塘
- 耕地
- 林地
- 农村居民点用地
- 货运码头
- 发展备用地范围
- 基地范围

水乡重点设计区域规划策略——业缘 | 增加群体稳定性

现状重点设计区域内产业分布各自独立，且产业生产资料间无关联。

重点设计区域范围中一产主要分布于水乡区域，以渔业和少量蔬菜种植为主。

二产分布于镇区与水乡之间区域，以雅图仕印刷业为主。

三产旅游业无集中区域，主要分布在游客服务中心、咏春文化公园、横海浪以及水乡民俗博物馆，以当地传统文化和自然风光为主要景点。

现状各产业独立发展

印刷业为主的制造业

传统文化和自然风光为主的旅游业

渔业和种植业为主的农业

产业分布现状

图例
- 第一产业
- 第二产业
- 第三产业

咏春文化公园
雅图仕印刷公司
旅游服务中心
横海浪
古劳水乡
水乡民俗博物馆

N 0 50 150 300 (m)

稳固——扩大群体——产业提升及特色挖掘

恢复传统桑基鱼塘农业——保持该地基本地形环境，恢复桑基鱼塘农业。

发展传统工艺加工业——以传统文化为基础，发展工艺加工业；以当地农产品为原料的农副产品加工也。

开发特色亲子旅游业——结合现有旅游资源发展短期节假日亲子旅游。

弥补——增加群体交流频率——产业联动

以亲子旅游为主导，联动一二产业，形成产业联动小组团；

一二产业联动——果铺、果汁等食品加工；蚕丝纺织；草木染

二三产业联动——桑基鱼塘景观；特色菜地景观；果蔬餐饮

二三产业联动——工艺品创作加工体验；工艺品销售

农产品加工业

一产
二产
三产

农业景观
农活体验
农产品科普销售

工艺加工展示
销售、体验

产业分布规划

图例
- 第一产业
- 第二产业
- 第三产业

咏春文化公园
雅图仕印刷公司
旅游服务中心
横海浪
古劳水乡
水乡民俗博物馆

N 0 50 150 300 (m)

人群分布

现状人群分布呈现明显的相互隔离状态，是一种同质内聚型的社会网络关系。

镇区主要为以业缘关系为联系的外地人聚集区，少量本地人，少有聚集中心，呈均质分布状。

水乡片区以本地人群为主，且各自以宗族血缘聚集，呈现明显的聚落状。

游客主要分布于景点处，与当地居民少有交叉联系，呈散点状。

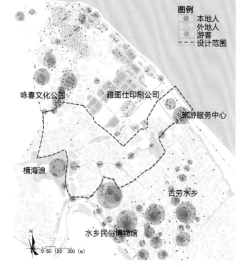

人群分布现状图

图例
- 本地人
- 外地人
- 游客
- 设计范围

咏春文化公园
雅图仕印刷公司
旅游服务中心
横海浪
古劳水乡
水乡民俗博物馆

N 0 50 150 300 (m)

目标人群分布希望增加不同人群间的交往，呈现一种异质开放型的社会网络关系。

通过对外来人、本地人、游客三者之间的业缘关系、地缘关系的增强，同时促进本地人血缘关系的加强，整体达到一种平衡状态。

人群分布规划

图例
- 本地人
- 外地人
- 游客
- 设计范围

咏春文化公园
雅图仕印刷公司
旅游服务中心
横海浪
古劳水乡
水乡民俗博物馆

N 0 50 150 300 (m)

地缘 | 提高便捷性

交通现状模式图

组团　组团间道路　组团内道路

加强地缘的第一个策略为提高区域便捷性。

提高便捷性从两个方面来改善。第一，优化现状道路，如增加道路绿化，改善道路路面等第二，建立完整的交通系统。因为设计区域内布置了工业，所以我们提升工业区外围的道路等级，增加机动车道，构成机动车道路系统。古劳水乡是省级6号绿道的一个终点站，所以我们在原有水乡肌理的基础上，构建绿道系统，与省级绿道相连。最后以现状的旅游水路为基础，疏通水道，重新建立水路交通，联系各个组团。

"水路+陆路"共同构成了这片区域的交通系统。

交通可达性分析

高
低

交通现状分析图

至佛山高明区

图例
- 主干道
- 次干道
- 支路
- 设计范围

古劳路

至龙口镇
至鹤山市区、大雁山
接省道
至鹤山市区

稳固——现状道路优化改造

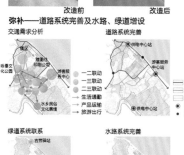

改造前　　改造后

弥补——道路系统完善及水路、绿道增设

交通需求分析　　　　道路系统完善

镇区
咏春文化公园
雅图仕印刷公司
游客服务中心
水乡民俗文化景观

一二联动
一三联动
二三联动
生活通勤
产品运输
旅游出行

主干道
次干道
支路
主站点
次站点

游客服务中心站
供电中心站

绿道系统联系　　　　水路系统完善

古劳驿站
文化公园驿站
游客中心驿站
水乡驿站
连接省级6号绿道

绿道
驿站
停留点

古劳码头
文化公园码头
游客服务中心码头
中心码头

水路
码头
埠头

交通规划

至佛山高明区

图例
- 主干道
- 次干道
- 支路
- 设计范围
- 绿道
- 水路

古劳路

至龙口镇
至鹤山市区、大雁山
接省道

N 0 50 150 300 (m)

地缘｜增加场所

稳固——现状公共空间的优化改造

改造前　　改造后

弥补——增设公共空间，建立完整公共空间体系

现状公共空间分布　　公共空间重要因子分析

人群分布规划　　增设新的公共空间

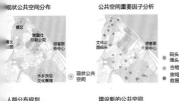

公共空间体系

图例
综合型公共空间
旅游型公共空间
生活型公共空间
设计范围

镇区

雅图仕印刷公司

梁赞文化公园

游客服务中心

横海浪

古劳水乡

N 0 50 150 300 (m)

地缘｜提高质量

稳固——现状环境保护

生态敏感度分析
生态保护区划定

弥补——增加环卫设施，提升整体环境

河道疏浚，鱼塘打通
污水截流，设置小型污水处理厂
垃圾处理，设置垃圾处理点
设立环保小站，宣传环保知识

河流
鱼塘
河道疏浚点
污水处理点
污水处理厂
处理范围
垃圾处理点
垃圾中转站
处理范围
转运路线
生活型
综合型
旅游型
宣传小站

环境保护规划图

图例
生态绝对保护区
生态涵养区
生态恢复区

N 0 50 150 300 (m)

加强地缘关系的第四个策略，提高人际交往的环境质量。
首先对现状环境进行生态敏感度分析，继而划定现状保护区范围。
其次是通过疏通水道、增加环卫设施来提升整体环境，增强居民环保意识。
最后得到环境保护规划图，横海浪区域划定为生态绝对保护区，禁止任何建设活动，水乡区域划定为生态涵养区，注重对环境的保护，镇区与工业区划定为生态恢复区，增加绿化，改善环境。

由此得到的功能结构图，包括旅游、生态、工业三个相互交织的功能轴，工业轴以雅图仕为基础，扩展二三产结合的业缘产业，生态轴以横海浪为基础，构建一三产结合的生态农业组团，旅游轴则以新型功能组团串联工业、生态轴、最终形成一二三产联动的结构。

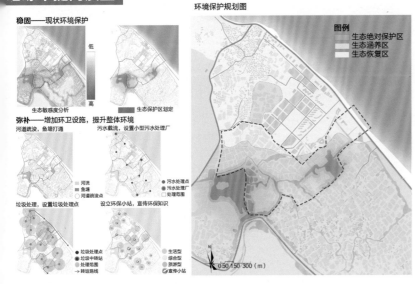

梁赞文化公园
雅图仕印刷厂
游客服务中心

横海浪

图例
旅游轴
生态轴
工业轴

地缘｜增加丰富性

稳固——增加现有传统活动吸引力

本地人　本地人　本地人　本地人

改造前　　改造后

弥补——增设公共空间，建立完整公共空间体系

旅游活动策划分析　　节日活动策划分析

旅游活动　水路游线
亲子主题活动
教育型　果蔬植物科普　　文化型　咏春文化节
　　　　传统工艺科普　　　　　　龙舟节、醒狮节
趣味型　特色农田景观　　趣味型　荷花灯会
　　　　趣味文化表演　　　　　　茶文化节
互动型　亲子果蔬采摘　　生产型　趣味农耕节
　　　　亲子工艺制作　　　　　　多彩印染节

节日活动　节日活动线

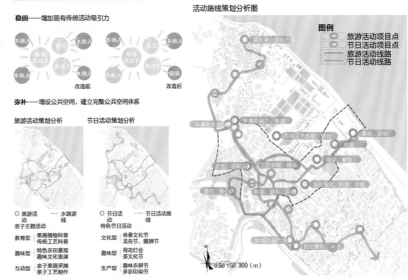

活动路线策划分析图

图例
旅游活动项目点
节日活动项目点
旅游活动线路
节日活动线路

N 0 50 150 300 (m)

加强地缘关系的第二个策略，增加人际交往的场所。
首先是对现状公共空间的优化改造，增加设施、改善环境、提升人气。
其次是建立完整的公共空间体系，从四个方面来进行：首先现状公共空间的数量稀少且各自独立。
其次水乡内部的公共空间多与古榕、宗祠、水埠等因素结合布置，提取出这些因素，并根据人群分布特征，在人群交往频繁的区域增设新的公共空间。
最后再根据使用人群的不同，把公共空间分为生活型、旅游型、和综合型公共空间，建立完整的公共空间体系。
加强地缘关系的第三个策略增加人际交往的丰富性，主要是活动的融入。
这里重点介绍活动策划。
活动策划分为旅游活动策划和节日活动策划两方面。旅游活动项目沿水路旅游展开，以亲子旅游为主题的旅游活动串联了一二三产的各种体验活动。节日活动以当地特色节日为节点，将镇区人民与水乡人民相联系；同时节日活动线路与旅游活动线路有所重叠，也是吸引游客群体参与传统活动的一个重要手法。

功能结构分布规划

现状用地图

产业分布图

人群分布图

设计区域功能分布图

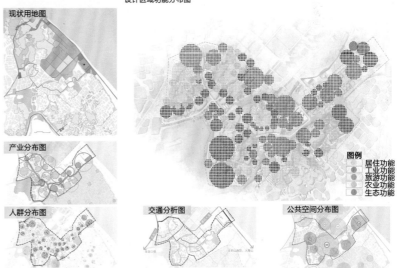

交通分析图　　公共空间分布图

图例
居住功能
工业功能
旅游功能
农业功能
生态功能

叠合分析图，共同生成功能结构图。
根据生态环境保护规划图，奠定设计区域内的生态大环境，生态功能集中分布在横海浪周边区域和旅游服务中心后面的湿地公园。接着根据产业分布图确定设计区域内的产业分布，农业主要分布在靠近水乡的区域，工业分布在靠近雅图仕的区域，旅游功能沿着水路游行线分布，集中在游客服务中心、设计区域中部和梁赞文化公园。
由于设计区域内各产业都有发展，这势必会吸引更多的外来人口来此寻求工作机会以及本地外出打工的村民回乡工作或者创业，所以我们在设计区域内增加了一部分居住，主要分布在镇区南部，一直延续到水乡区域，这样便形成了功能的大致分布。
再在各个大组团内加入小型农业点、居住点和工业作坊，形成功能混合布局模式，既减少区内交通通勤，也使人群交往更加密切。

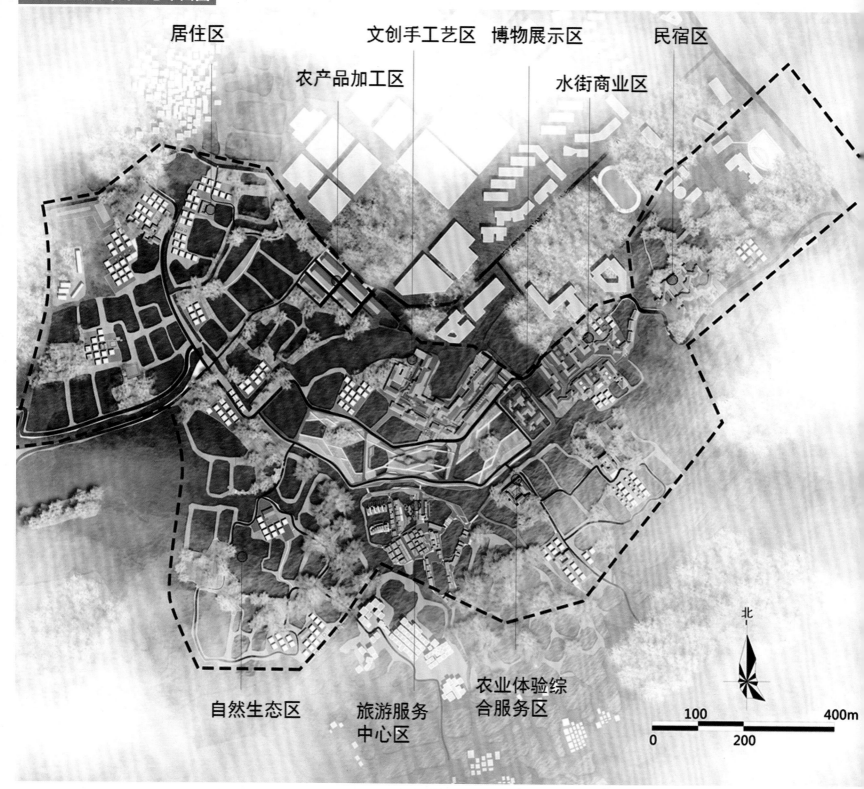

水乡详细设计片区总平面图

居住区　文创手工艺区　博物展示区　民宿区

农产品加工区　水街商业区

北

自然生态区　旅游服务中心区　农业体验综合服务区

100　　400m

0　　200

设计尽量减少对鱼塘的破坏，对水系的梳理也是在原有河道的基础上进行的，保持了水乡原有的肌理形态和水乡的生态性。在建筑布局方面采用水乡建筑传统布局模式——梳式布局，传统建筑与现代建筑相结合，民居大多是传统建筑形态，现代建筑主要布置于工业功能和旅游功能的建筑。

鸟瞰图

文创水街节点设计

设计区域

设计区域周边主要功能包括工业、生态、学校等，且临近水道，因而考虑将片区设计为联动多类产业发展的文创手工业区和主要的水陆交通节点

平面图

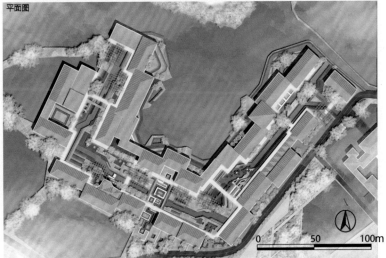

0 50 100m

我们提取了水乡的传统埠头形式，对它进行功能的置换改造，形成包括花卉制作、室外工艺制作、晴雨运动场、滨水步道、露天茶会、室外舞台等功能的下沉空间。总体可以归为慢行交通类，如滨水步道，运动类，如咏春拳的学习、休闲文化类，如室外剧场。

通过不同的从业者组织不同的活动吸引其他人群，如游客，居民，通过对当地传统文化、新兴文化的引入以及传统空间要素作为地缘触媒，产生不同人群的地缘文化交流

总体形成以建筑为主体，产业活动与室外空间相互联系，使得不同人产生地缘和业缘联系

旅游服务区设计

镇区
梁赞公园
雅图仕
游客中心
横海浪
水乡
民俗博物馆

图例   区位分析
- ⬛ 城市设计区域   ⬄ 主要水道   横海浪   雅图仕
- ⬛ 详细设计区域   旅游节点   水乡   镇区

● 设计说明

该场地位于城市设计的南部区域，占地面积3.4万平方米，其中陆地面积1.7万平方米，水域面积1.7万平方米。场地定位为旅游服务的功能，是城市设计的核心区域。

为了形成异质开放的社会网络关系，对各功能区进行打散重组，相互穿插布局，在满足功能区域的基本功能需求下，布置其他功能。

分别对地缘和业缘进行了设计，地缘主要是石板桥、埠头、鱼塘的设计，业缘主要是结合产业联动对民居进行了设计。

● 旅游服务区总平面图

比例：1：2000

说明
- 旅游服务
- 社区服务
- 居住
- 商业
- 民宿

设计区域周边功能布局

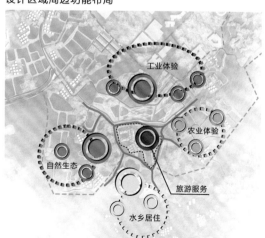

工业体验
农业体验
自然生态
旅游服务
水乡居住

图例   ◎ 自然生态   ◎ 居住   ◎ 公共空间   ◎ 社区服务
      ◎ 民宿   ◎ 旅游服务   ● 商业

设计区域内部功能布局

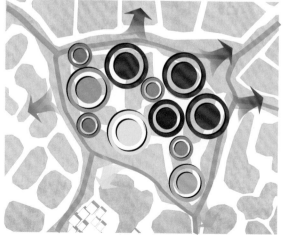

设计区域周边的功能主要是工业体验、农业体验、自然生态和水乡居住。在设计的时候，充分结合周边的布局进行功能区的排布，从而形成了右图所示的功能布局。

设计区域功能气泡图

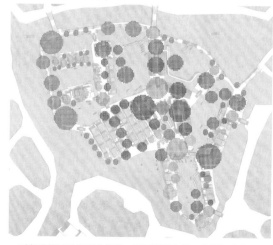

对各功能区进行打散重组，相互穿插布局，在满足功能区域的基本功能需求下，布置其他功能。使同质内聚的社会网络关系变为异质开放的社会网络关系。

业缘 | 产业联动设计

● 产业组合形式

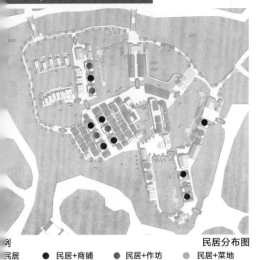

民居分布图

民居　● 民居+商铺　● 民居+作坊　民居+菜地

以居住功能为基础，增加一产（菜地）、二产（作坊）、三产（商铺）的功能。

组合自由，结合自身实际条件，各户居民可合作可分工，实现从生产到加工到销售的产业联动。

通过产业的联动，实现本地居民、外来务工人员、游客三者之间关系网络的重塑。

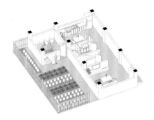

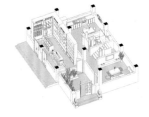

居住单元　　　居住单元+菜地　　　居住单元+作坊　　　居住单元+商铺

业缘 | 社区联动设计

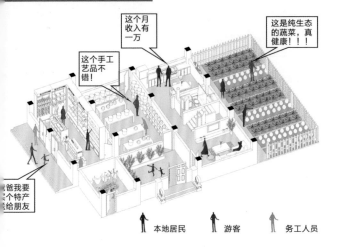

这个手工艺品不错！

这个月收入有一万

这是纯生态的蔬菜，真健康！！！

爸爸我要这个特产送给朋友

本地居民　　　游客　　　务工人员

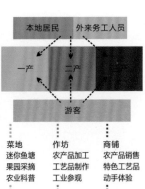

本地居民　　外来务工人员

一产　　二产　　三产

游客

菜地　　　　作坊　　　　商铺
迷你鱼塘　　农产品加工　农产品销售
果园采摘　　工艺品制作　特色工艺品
农业科普　　工业参观　　动手体验

为了塑造新的社会关系网络，我们将游客、本地居民和外来务工人员放到同一个空间中，再通过产业联动的方式给予他们新的轨迹路线，使他们相互分离又彼此有联系。因为农村最重要的是当地农民，所以发展二产三产都不应该影响到本地居民的生活，这是我们以居住作为产业组合基础的原因。

本章为可行性研究，以居住为基本功能，结合菜地、作坊、商铺、综合体四种模式进行布置，附加居民广场和社区服务功能，共计15户，商铺3家，作坊2家，占地面积约3000平方米，建筑面积约为1500平方米。

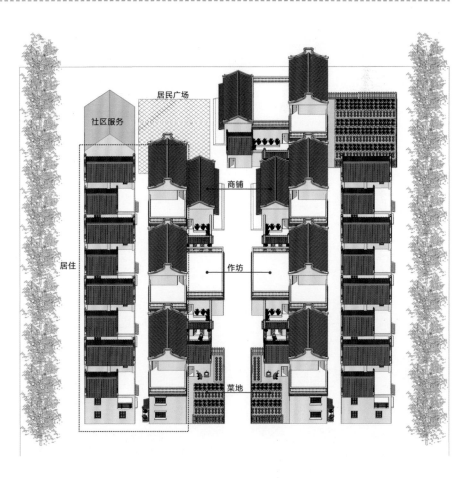

社区服务　　居民广场

商铺

居住

作坊

菜地

地缘｜埠头设计

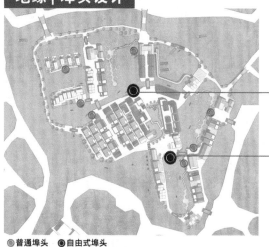

◉ 普通埠头　● 自由式埠头

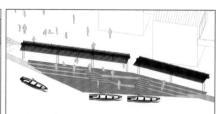

现有的埠头形式

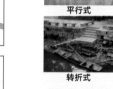

平行式　　垂直式

转折式　　悬挑式

埠头总结有平行式、垂直式、转折式和悬挑式四大类型，主要是以实用性为主。设计中普通埠头即分别采用了这四种类型。在靠近广场的埠头的设计中，通过灵活自由的设计，使埠头不仅具有实用性，也具有观赏性和娱乐性，丰富了人们的公共活动空间。

地缘｜石板桥设计

农业体验
农产品加工
高度：4m
视野好
码头、综合服务
工业体验
特色展览
高度：0.6m
亲水、娱乐
社区服务

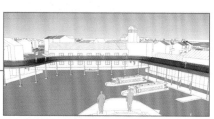

石板桥的两个特点

石板桥是古劳水乡极具特色的元素，它主要有两个特点：一是作为交通功能的便捷性；二是作为水乡特色景观的观赏性。在设计中，充分提取了石板桥的两个特别属性。

古劳水乡石板桥

连接
首先是连接作用。在设计中，主要是连接游客服务的各个单元，提高便利性，加强引导性。

娱乐
将石板桥和水塘结合进行设计，丰富石板桥的功能，使其成为人们亲水、散步、游憩的场所。

地缘｜鱼塘设计

鱼塘改造成迷你鱼塘+石板桥

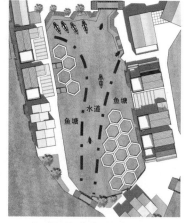

鱼塘
水道
鱼塘

迷你鱼塘的设计突出古劳水乡"网斑式"空间肌理，同时注重其可复制性和便利性。

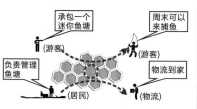

承包一个迷你鱼塘 (游客)
周末可以来捕鱼 (游客)
负责管理鱼塘 (居民)
物流到家 (物流)

迷你鱼塘可作为亲子活动项目
农场、菜地也可采用这种经营模式

石板桥和鱼塘是古劳最具特色的元素，将迷你鱼塘和石板桥结合。

鱼塘和石板桥结合

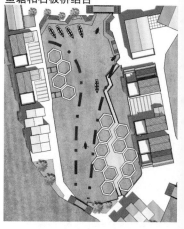

将迷你鱼塘和石板桥结合，塑造了一种全新的水上空间形态，人们可以散步、垂钓、休闲娱乐。

港口

東北側的功能為旅遊服務，設置了遊客碼頭，所以將魚塘打開一個開口，設計成為港口。打開的缺口上設計了拱橋，既不隔斷交通聯繫，又增加了觀賞性。

園林

嶺南園林是嶺南建築財富中豐富的一個元素，場地中結合南北軸線，將此區域打開設計成園林。強調了軸線，增加了趣味性，提升了地域特點，豐富了設計內容。

休閒

西側區域的功能為民宿和自然生態。結合民宿和特點，和旅遊定位為親子旅遊的特性，將此區域的魚塘改造為休閒娛樂的泳池。同時可適當加入其他親水休閒項目。

可增加親水休閒項目

魚塘改造成港口、園林、休閒場所

古勞水鄉魚塘

鳥瞰圖

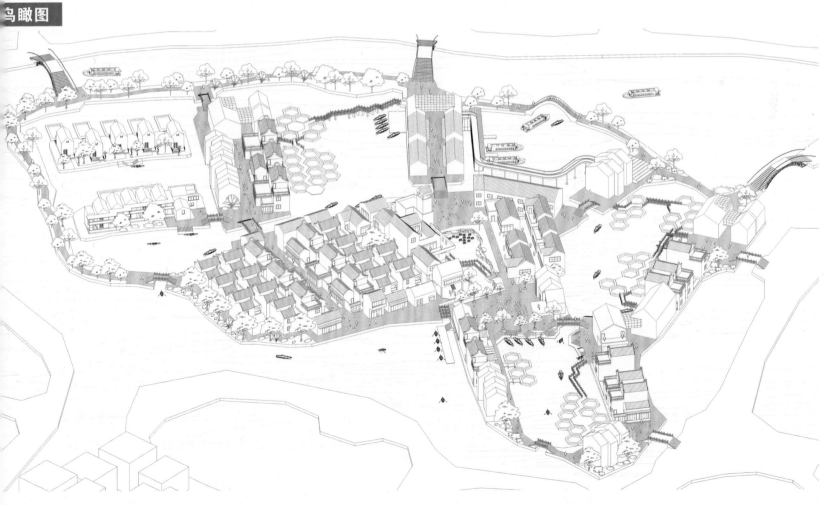

西南交通大学
Southwest Jiaotong University

程秉钧　罗疑惠　　白雨佳　　吴笛

蒋迪 韩博 陈思宇 张梦旗

白雨佳/

光阴似箭，五年同窗生涯悄悄流走，我们一起熬过夜，通过宵，笑过也哭过，画图得酸甜苦辣你我一同品尝。现在大家都将各奔东西，愿，不管未来有多遥远，我们都怀揣梦想，不管相逢在什么时候，我们都是永远的朋友，愿各自珍重，前程似锦。

程秉钤/

五年的本科学习，让我发现还有很多知识需要探索。设计课的训练让我发现，超越前人需要先学会借鉴；理论课的学习让我明白，新颖的结论需要平时的积淀。几个月的毕业设计，融合了本科阶段多方位的知识，让我感触颇多。未来的路还很长，吾将上下而求索。

罗疑惠/

从最初的陌生到厌倦，又重拾信心，慢慢心生热爱，这是我对城市规划复杂的情感。五年的时光，犹如白驹过隙，以饱满充实的三个月毕业设计来画上了完满的句号，但这并不意味着结束，恰恰却是新征程的起点。只要怀揣着梦想，总会到达诗和远方。

吴笛/

回望规划五年，受益良多。规划专业不同于一般专业，具有综合性，除了需要掌握牢固的专业知识以及必要的电脑技术之外，还需要有社会、经济、环境、文化等方面的认知。毕业设计是能综合运用以上知识，检验规划五年学习成果的时候，同时也给我们机会了解不同学校、认知不同城市、遇见不同人。无论毕业设计之后选择读研还是工作，以上都不是生活的全部，不要在为生活疲于奔命的时候，让生活远去。有趣才有诗意，眼界就是远方。

陈思宇/

五年时光转瞬即逝，感激之情溢于言表。最后的毕业设计，去往了不同的城市，认识了更多的朋友，聆听了宝贵的教诲。感谢赵老师的不断鼓励，感谢队友们的默契合作，总之，毕业设计，我们做得很开心！以后的路上，不只有画图，还有更广阔的生活等待我们去拥抱，愿我们都能爱运动爱生活，一路奔跑向前，遇见更好的自己。

韩博/

庆幸自己参加了六校联合毕设，认识了有趣的人，完成了有趣的作品，觉得这一行要用一辈子去学习和提升，享受这个过程。同时要注意身体，工作是为了更好的生活，记得自己在一艘船上的同时，不要忘记自己还在一条河上。

蒋迪/

五年规划求学路结束之际，这次毕设是终点也是起点。路经广州大学—昆明理工—西南交大，体验了有地域特色的岭南水乡，结识了来自各个学校的小伙伴。站在这里，面向未来；与过去的时光告别，向未来的自己招手。在迷茫中早日找到下一阶段的目标，然后就去做吧。愿不忘初心，方得始终。

张梦頔/

"读书或旅行，身体与灵魂一定要有一个在路上。"一个爱好旅行与未知的妹子，去过澳洲打工换宿，也在斯里兰卡做过国际志愿者，接下来的愿望是去土耳其坐热气球，去非洲修寺庙……哈哈，目前的人生目标是赚钱环游世界，去更多的城市，遇见更有趣的人…

设计对我而言，是专业也是兴趣。回望毕设，只能说是不虚此行，受益良多。对于熬夜画图，想说的是健康最重要。只愿以后的日子里，我们都能以梦为马，不忘初心。

话桑归塘，乡韵入城

学校：西南交通大学

指导老师：赵炜

小组成员：罗疑惠、吴笛、白雨佳、程秉钤

背景分析

特色小城镇.概念

特色小城镇一般指城乡地域中地理位置重要、资源优势独特、经济规模较大、产业相对集中、建筑特色明显、地域特征突出、历史文化传统保存相对完整的乡镇。

中央对建设特色小城镇的发展要求	江门市特色小城镇规划	古劳镇规划
突出特色 市场主导 深化改革	对古劳镇的发展愿景： "全球咏春文化经典，中国最美功夫乡"。	培育独具自身特色、富有活力的休闲旅游、商贸物流、现代制造、教育科技、传统文化、美丽宜居等特色小城镇，引领区域小城镇建设。

古劳镇近期工作重点

咏春原点	水路环线项目	游线项目	星辉古劳项目	美食餐饮区	寻桥塔项目
建设武馆，进行咏春武术表演	横海浪荷花世界形成水路大回环	包括外环自行车道与内环游步道	做好水灯装布置	在原乡水码头点，设置水乡餐饮娱乐一条街	建设古劳景观台

相关规划分析

《鹤山市城乡总体规划》

鹤山市是江门市的北部门户；
发挥区位优势，融入广佛都市圈，主动承接经济辐射和产业转移；
承接广佛肇消费市场。

《鹤山市沿江山水景观带概念性总体规划及大雁山片区整体提升研究》

融合东部三区一市，实现与广佛都市圈的无缝对接，推动城市更新突破，率先打开江门东部一体大城市的北门户；抓住上位规划对古劳镇资源梳理整合，实现片区整体提档升级。

上版规划分析

《广东古劳镇总体规划（2006—2020）》

传统水乡＋生态城镇；
推进已有企业不断升级，促进高新企业集聚，形成现代产业基地；结合水乡湿地和茶山风景区开发，打造休闲度假基地。

区位分析

古劳镇在鹤山的位置

历史沿革

历史沿革

格局沿革

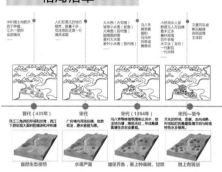

古劳现状

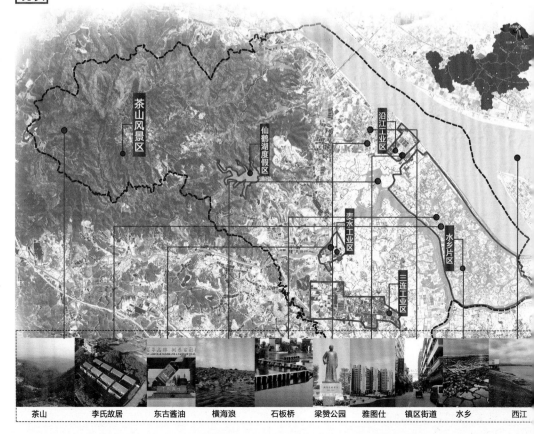

茶山　李氏故居　东古酱油　横海浪　石板桥　梁赞公园　雅图仕　镇区街道　水乡　西江

态析

地形地貌分析

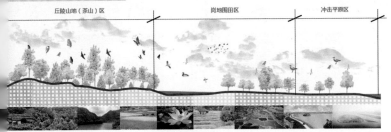

丘陵山地（茶山）区　　岗地围田区　　冲击平原区

镇域断面分析

   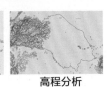

高程分析　　　坡向分析　　　坡度分析　　　高程分析

区域生态景观格局分析

 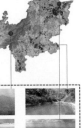 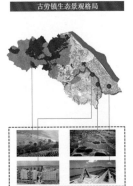

江门市生态景观格局　　鹤山市生态景观格局　　古劳镇生态景观格局

江门五邑，四区协同　　　山水纵横，绿脉融城　　　山塘相依，河江相贯

气候条件分析

气候温和、雨量充沛	茶叶种植的必须条件	适合发展
无霜期长	有效采摘期长	**茶叶**
昼夜温差大	有利于茶树的物质积累	

太阳辐射强	太阳辐射强利于水塘内有机物的生长，利于鱼类、水草等的生长及繁殖，适合进行基塘养殖	适合发展
雨量充沛		**桑基鱼塘**
全年温差较低		

气候宜人	适合发展乡村旅游，搞龙舟竞赛等活动。	适合发展
环境质量好		**旅游**
降雨充沛		

镇域植被分析

生产分析

产业综述

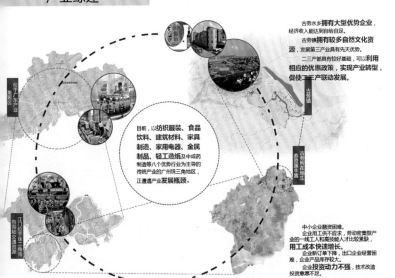

古劳水乡**拥有大型优势企业**，经济收入能达到自给自足。

古劳镇**拥有较多自然文化资源**，发展第三产业有先天优势。

二三产都具有较好基础，可以利用**相应的优惠政策，实现产业转型，促使二三产联动发展。**

目前，以纺织服装、食品饮料、建筑材料、家具制造、家用电器、金属制品、轻工造纸及中成药制造等八个优势行业为主导的传统产业的广州珠三角地区，正遭遇产业发展瓶颈。

中小企业融资困难。企业用工供不应求，劳动密集型产业的一线工人和高技能人才比较紧缺，**用工成本快速增长。**

企业新订单下降，出口企业经营困难，**企业产品库存较大。**

企业投资动力不强，技术改造投资意愿不足。

第一产业分析

高效农业种植区：大埠、罗江、上升、下六、连北；已初步形成鹤山菜篮子基地。

水产养殖区：以双桥、上升、新星村为主，进行鱼塘低改，优化了养殖条件，使得水产养殖达20000多亩。

林业种植区：以茶山村为主，发展林业经济，其中古劳素馨针已形成品牌，远销国外。

第二产业分析

三连工业区		麦水工业区		沿江工业区	
建立时间	1996年	建立时间	1996年	建立时间	2007年
用地	1.5万亩	用地	3000亩	用地	2000亩
优势	接壤鹤山城区、土地资源丰富、交通便利、设施完善	优势	交通便利，位于龙古公路两旁	优势	接壤鹤山城区、土地资源丰富、交通便利、设施完善
主要企业	利奥包装、倍狮科技、雅图化工、广裕五金、汇龙涂料等企业	主要企业	东古调味有限公司、艾琳化妆品厂等企业"东古酱油"品牌被评为"中华老字号"及广东省著名商标。	主要企业	雅图仕印刷厂、盈昌（鹤山）重道路沥青有限公司、高合塑料制品、广顺饲料等企业，雅图仕印刷厂是亚洲印刷行业龙头之一。
地位	古劳招商引资主战场	地位	东古酱油是发挥非物质文化遗产价值的重要企业	地位	古劳镇投资及经济收入最大的工业区
存在问题	三连片区的工业基础配套设施完善但不高，周边的公服配套及居住用地需加快建设。由于部分配套设施滞后，目前对高端产业的吸引力不高。	存在问题	东古酱油目前酿造方式比较传统，与其他产业联动不足，没有充分发挥其非物质文化遗产的价值。	存在问题	没有充分发挥亚洲最大印刷厂的优势，上下游产业缺乏联系，与其他产业的联动开发不足。

第三产业分析

古劳镇旅游资源丰富，有"小桥、流水、人家"的水乡风情，有美丽的横海浪荷花世界，有风景优美的茶山等自然资源。还拥有"龙舟文化"、"醒狮文化"等文化资源。人文资源也非常丰富，主要包括家喻户晓的中国咏春拳宗师梁赞，一代凉茶大王王泽邦、中国第一代影后胡蝶等。

古劳镇被誉为"东方威尼斯"，是珠江三角洲现存较好的原始水乡。

古劳镇是全国重点侨乡之一

古劳镇是咏春拳创始人梁赞的故乡，咏春文化在这里不断传承发扬。

古劳镇也存有少量客家文化

古劳丽水醒狮队在当地是技艺很高的舞狮队

SWOT 分析

Strengths

周边区域交通联系便利

自然气候条件适宜

目前所保留的桑基鱼塘是珠三角保存最好的片区，具有很高的农业景观遗产价值。

产业类型丰富，拥有较好的二产实力及发展三产的自然人文基础。

Weaknesses

镇内与周围区市交通联系薄弱

桑基鱼塘肌理遭受破坏的趋势加重

Threats

产业发展遭遇瓶颈。

桑基鱼塘的保护与经济的发展存在很大矛盾

本地居民的文化认同感流失

Opportunities

政策机遇：中央批示建设特色小城镇。

整个珠江三角洲处于转型升级的大环境中

古劳策划

未来的古劳水乡

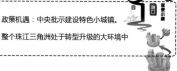

话桑归塘，情归水乡生活

山水林田人和谐共生
水乡古劳，生态流韵

一产提升 二产转型 三产突破
产业联动 产城融合

夕阳下，渔舟唱晚；乡音未改，守望故乡
此心安处是吾乡

生活分析

居民活动分析

活动方式						

活动名称	三夹雕龙	祭祀	咏春文化节	趁墟	散步	钓鱼
活动地点	河道	宗祠	公园操场	镇区	滨水空间、公园	鱼塘、河边
参与人群	单位、家庭、村	家族个人	单位、学校	个人	个人	个人
活动时间	端午节前后一个月	每年约三次	三月、九月	农历二五八	休闲时	休闲时

居民活动类型丰富——游憩、体育运动、节庆活动
公共活动场所数量不足
公共活动场所分布不均
镇内景观资源未被合理开发，供居民日常休闲。
当地很有特色的美食、功夫文化、醒狮文化等知名度很低，没有充分挖掘，发扬光大
镇内公共交通不发达，居民对外出行便利性差。

公服设施用地分析

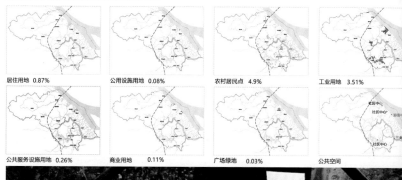

居住用地 0.87%	公用设施用地 0.08%	农村居民点 4.9%	工业用地 3.51%
公共服务设施用地 0.26%	商业用地 0.11%	广场绿地 0.03%	公共空间

在城镇化如此迅猛的发展态势下，古劳镇如何
看得见山，望得见水，记得住乡愁

结合古劳镇的发展现状，镇域发展为：

一轴、两带、三核、多点的格局.

产业体系策划

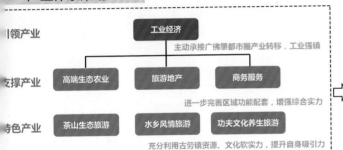

引领产业：工业经济 —— 主动承接广佛肇都市圈产业转移，工业强镇

支撑产业：高端生态农业　旅游地产　商务服务 —— 进一步完善区域功能配套，增强综合实力

特色产业：茶山生态旅游　水乡风情旅游　功夫文化养生旅游 —— 充分利用古劳镇资源、文化软实力，提升自身吸引力

"1+3+3"产业体系

工业经济策划

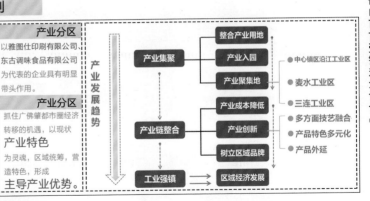

产业分区
根据内外部环境和现有的资源条件、产业发展现状，区域未来构建以
工业经济为引领；
高端生态农业、旅游地产、商务服务为支撑；
茶山生态、水乡风情、功夫养生旅游为特色

产业分区
以雅图仕印刷有限公司、东古调味食品有限公司为代表的企业具有明显带头作用。

产业分区
抓住广佛肇都市圈经济转移的机遇，以现状**产业特色**为灵魂，区域统筹，营造特色，形成**主导产业优势。**

产业发展趋势：
产业集聚 → 整合产业用地／产业入园／产业聚集地 → 中心镇区沿江工业区／麦水工业区／三连工业区
产业链整合 → 产业成本降低／产业创新／树立区域品牌 → 多方面技艺融合／产品特色多元化／产品外延
工业强镇 → 区域经济发展

高端生态农业策划　　旅游地产策划

高端生态农业——"绣花"般的细心与精致

生产品种　先天条件（政府协助提供产品信息，引进优秀的生产品种）

先进的生产模式　细致的管理办法

重要因素（先进的生产设施有利于土壤保护）

决胜助力

主导产业：精品蔬菜研发｜农场养殖业、种植业｜农产品加工：蔬菜、肉类｜物流运输、商贸业

产业环节：研发 → 生产 → 加工 → 销售

旅游开发：观光游览／科普教育／博览会展／美食餐饮／休闲体验／度假旅游／购物商贸

旅游产品：
时蔬农园、家禽牧场
蔬心糕点工坊、悠闲学习小牧场
白鸽养殖主题馆
蹦蹦纯天然餐厅、乡村料理店、果汁店
迷你DIY馆、手工体验店
露天宴会、宾至如归度假村
蔬菜交易、留易商店

食：有机蔬菜乡村料理、乡村烧烤、田坝烛光晚餐
住：乡村田家小院
行：步行道、绿道、自行车游览观光
游：牧场农庄观光、科普馆游览
娱：蔬菜采摘、手工DIY
购：有机蔬菜、新鲜肉类、旅游纪念品购买

旅游地产——资源整合，因势利导
旅游地产发展方向
仙鹤湖旅游度假区——湖光小墅
水乡旅游度假区——溪园小筑
茶山风景旅游度假区——山中草屋

特色产业策划

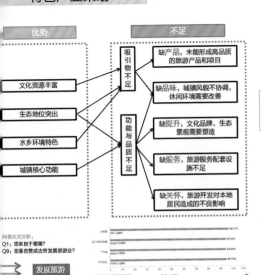

优势：文化资源丰富／生态地位突出／水乡环境特色／城镇核心功能

不足：
吸引物不足 → 缺产品，未能形成高品质的旅游产品和项目／缺品味，城镇风貌不协调，休闲环境需要改善
功能与品质不足 → 缺提升，文化品牌、生态景观需要塑造／缺服务，旅游服务配套设施不足／缺关怀，旅游开发对本地居民造成的不良影响

问卷交叉分析：
Q1：您来自于哪里？
Q9：您是否赞成古劳发展旅游业？

发展旅游　需求导向

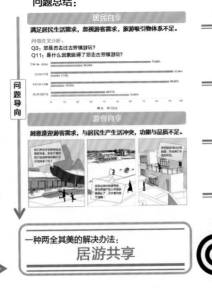

问题总结：

居民自享
满足居民生活需求，忽视游客需求，旅游吸引物体系不足。
问卷交叉分析：
Q3：您是否去过古劳镇游玩？
Q11：是什么因素阻碍了您去古劳镇游玩？

游客至上
刻意迎合游客需求，与居民生产生活冲突，功能与品质不足。

问题导向

一种两全其美的解决办法：
居游共享

发展策略

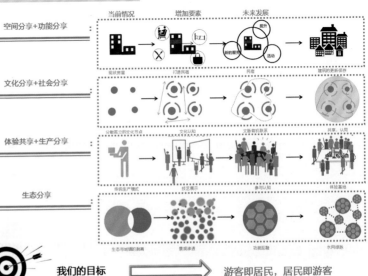

空间分享+功能分享：当前情况 → 增加要素 → 未来发展

文化分享+社会分享

体验共享+生产分享

生态分享

我们的目标 → 游客即居民，居民即游客

水乡度假旅游策划

发展思路

春 **夏** **秋** **冬**

四时

春意
- 春风轻拂
- 春水似镜
- 春雨如丝
- 春花烂漫

夏境
- 小荷尖角
- 接天莲叶
- 映日荷花
- 白鹭竞飞

秋情
- 落花流水
- 莹莹河灯
- 寒潭清潦
- 霜叶残荷

冬景
- 冬日暖阳
- 枯枝道干
- 兼葭苍苍
- 渔舟唱晚

春日
胜日寻芳横海滨，
无边光景一时新。
等闲识得东风面，
万紫千红总是春。

夏荷
毕竟古劳六月中，
风光不与四时同，
接天莲叶无穷碧，
水乡荷花别样红。

秋词
自古逢秋悲寂寥，
我言秋日胜春朝。
晴空一鹤排云上，
便引诗情到碧霄。

冬日
独立横海浪，
北风吹来人。
严冬不肃杀，
何以见阳春。

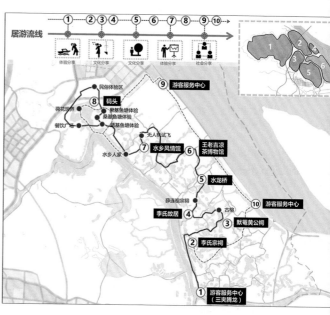

功夫文化旅游策划

岭南鹤武——咏春源点，功夫养生

发展条件
世界级的文化影响力

欧洲　北美洲
非洲　南美洲
咏春　华侨

跨越种族、阶层、文化、地域界限，具备强大的文化穿透力，是具备世界级影响力的文化元素.

发展思路
文化源点

咏春功夫文化

文化传承与外延

近期开发
- 旅游
- 教育
- 医疗
- 中医
- 养生

远期意向
- 雕塑
- 影视

发展策略

"一院一品"

功夫主题景点

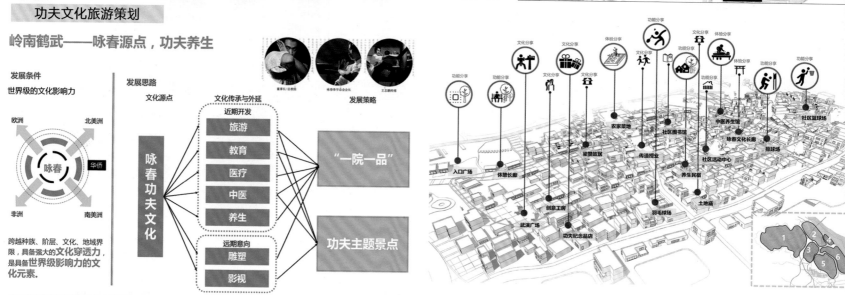

茶山生态旅游策划

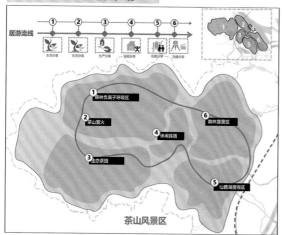

茶山风景区

茶山生态旅游策划

一轴贯通：城镇产业发展轴
三区协同：山地休闲旅游区、高端生态农业发展区、水乡风情旅游区

山地生态旅游区
核心产业：**茶山生态氧吧、仙鹤湖度假区**
配套产业：精品休闲民宿、商务休闲功能
发展定位：宜居宜旅的养生度假区

水乡风情旅游区
核心产业：**水乡人文休闲旅游业**
配套产业：精品休闲民宿、体验渔家乐
发展定位：水乡建设示范区、古劳镇文化名片

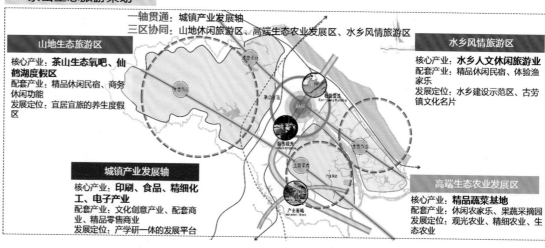

城镇产业发展轴
核心产业：**印刷、食品、精细化工、电子产业**
配套产业：文化创意产业、配套商业、精品零售商业
发展定位：产学研一体的发展平台

高端生态农业发展区
核心产业：**精品蔬菜基地**
配套产业：休闲农家乐、果蔬采摘园
发展定位：观光农业、精细农业、生态农业

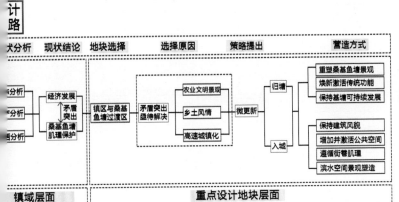

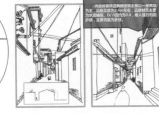

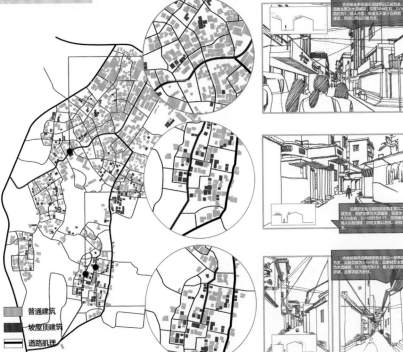

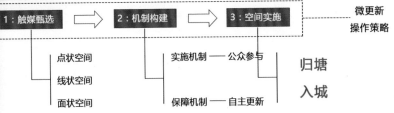

计路

现状分析　现状结论　地块选择　选择原因　策略提出　营造方式

经济发展
矛盾突出
桑基鱼塘肌理保护

镇区与桑基鱼塘过渡区

矛盾突出亟待解决

农业文明景观
乡土风情
高速城镇化

微更新

归塘
- 重塑桑基鱼塘景观
- 焕新激活传统功能
- 保持基塘可持续发展

入城
- 保持建筑风貌
- 增加并激活公共空间
- 遵循街巷肌理
- 滨水空间景观塑造

镇域层面　　　重点设计地块层面

地块选择

A地块特征：

1：【空间肌理丰富】：水乡格局＋镇区肌理

2：【业态丰富】：商业＋工业，功能混合

矛盾突出，亟待解决

1：农业文明时代的景观地图已然早已被高速城市化进程所更改；【农业文明景观地图】

2：致密紧凑的城中村和冷漠的邻里关系；【邻里关系】

3：熟识的乡土图景，温润的乡情已逐渐被现代城市化进程的邻里关系所替代；【乡土乡情】

4：本土的农业文明的文化语境到后工业文明文化语境的转移。【文化语境】

古劳·镇区&水乡

古劳·水乡

设计策略

微更新

1：触媒甄选 → 2：机制构建 → 3：空间实施

微更新操作策略

点状空间
线状空间
面状空间

实施机制 —— 公众参与

保障机制 —— 自主更新

归塘
入城

地块认知

建筑空间

保持水乡岭南建筑格局、风貌、特色，对镇区建筑进行局部维修、改造、建设。

建筑无特色	建筑无序	建筑旁堆放垃圾	建筑空心
传统建筑符号消失 现代建筑为八十年代风格 建筑风格不统一	建筑空间无序 建筑结构和外立面有破损 部分房屋稳定性差	基础服务设施较差 垃圾旧建筑随意排放 建筑环境较差	人口有一定流失 镇区房屋有一定空心化

地块认知

公共空间

空间类型	空间类型	人群活动意向	空间特征阐述
梁赞文化广场	梁赞故居 / 梁赞碑文 / 梁赞雕像 / 广场界限	授武 / 学武	1：梁赞文化广场是古劳精神引领所在。 2：古劳镇打开知名度的第一张名片。 3：体现了古劳镇民众的情感寄托。
榕树空间	广场 / 榕树 / 建筑	聊天 / 休憩	1：榕树空间是古劳镇镇区以及水乡的入口节点。 2：榕树的历史性也代表着古劳镇走过的历史。 3：榕树下的空间是民众的活动空间。 4：体现了古老镇民众的情感寄托。
居民广场	居民广场 / 居民建筑	活动 / 篮球	1：居民广场是民众日常活动的集中场所。 2：民众最易到达最易展开活动的场所。
石板桥	石板桥 / 桑基鱼塘	通行 / 旅游	1：石板桥是民众以前和现在的通行路径。 2：石板桥是外地民众感知古劳镇的途径。 3：古劳镇打开知名度的重要名片。 4：体现了古老镇民众的情感寄托。

街巷肌理/尺度分析

普通建筑
坡屋顶建筑
道路肌理

公共空间是居民日常活动的最佳场所，是融合各类人群，包括：本地人、外来务工人员、游客等的最佳场所。公共空间若成体系可以紧密联系居民，并且激活镇区活力。

谈笑风声卷

较武论文卷

观塘摇橹卷

小塘
水接西江，

容堤趣岸
连人意.

咏到梅花
桩法妙，
春生桃李
艺林香.

夜色四合，
宿静谧水乡；

烟火渔庄，
尝传统佳肴；

莲滩鹭影，
听蛙声一片。

容积率：0.15
建筑密度：10%
建筑面积：172500m
建筑占地面积：11.5公顷
绿地率：65%

1 亲水平台　2 品茗茶馆　3 购物中心　4 青年旅社
5 菜市场　6 社区活动中心　7 社区小游园　8 梅花桩阵
9 水上表演平台　10 停车场　11 市民活动广场　12 咏春文化廊
13 武馆　14 梁赞故居　15 梁赞技法展示平台　16 入口广场
17 塘边小吧　18 共享平台　19 钓鱼台　20 百纳园
21 民俗　22 养老中心　23 桑基鱼塘　24 活动中心
25 果基鱼塘　26 菜基鱼塘　27 荷花情人岛　28 饮食广场

总平面图

地块认知

机制构建

「实施机制：公众参与」

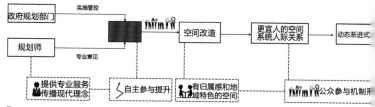

政府规划部门 —实施管控—　　　　空间改造 — 更宜人的空间系统人际关系 — 动态渐进式
规划师 —专业意见—
提供专业服务传播现代理念　自主参与提升　有归属感和地域特色的空间　　公众参与机制开...

「保障机制：自主更新」

1：民众需求研究

人群		场所	活动	期望
本地人	儿童	公共空地、广场	踢球、奔跑	篮球场、羽毛球场等运动空间
	成年人	街道	买菜、打牌	整洁的街道空间、稳定的活动场所
	老年人	广场	聊天、下棋	充足的街道家具
外来务工		路边台阶、街道	配钥匙、补鞋	舒适的工作、居住环境
游客		街道、景区	逛街、参观	具有连续性的可游览空间

古劳人现在面临的问题

缺乏活动空间　31.43%
配置设施不完善　54...
道路交通不便　35.71%
环境卫生差
其他
本地人
外来务...

本地人以及外来务工者对于空间的需求以及要求更加强烈

2：民众渐进过程

1、现在：尽量考虑镇区居民的行为习惯，组织村民自主改造公共空间，并在公共空间适当绿化。结合公共空间最大限度地改善居住交往环境，使村民最大限度地受益于绿色空间，增加社区集体意识。

2、10—20年后：村民已经适应了环境变化，能自主参与绿色环境的营造。通过由下至上的改造，各项系统已经初步成型，有了联系和相互作用。

3、50年后：镇区各类人群的往环境已经有了根本改善，充考虑村民意见实行公众参与机摆脱蓝图式规划，以动态的渐式的形式呈现村落未来的发展向。

游憩线路

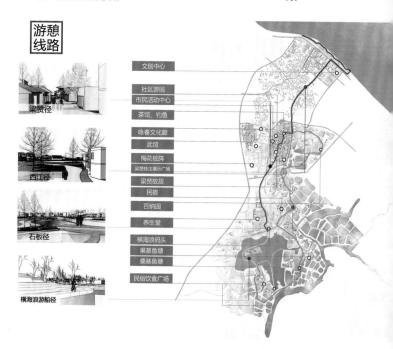

梁赞径

西江径

石板径

横海浪游船径

文创中心
社区游园
市民活动中心
茶馆、钓鱼
咏春文化廊
武馆
梅花桩阵
梁赞技法展示广场
梁赞故居
民宿
百纳园
养生堂
横海浪码头
果基鱼塘
桑基鱼塘
民俗饮食广场

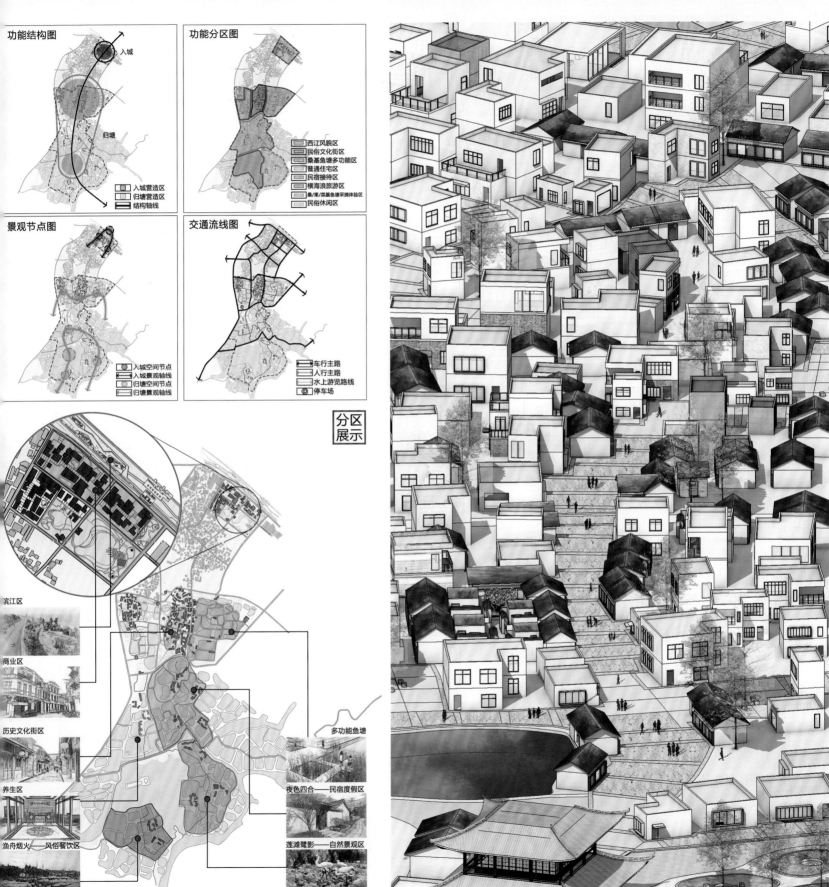

功能结构图

入城

归塘

入城营造区
归塘营造区
结构轴线

功能分区图

西江风貌区
民俗文化街区
桑基鱼塘多功能区
普通住宅区
民宿接待区
横海浪旅游区
桑/果/菜基鱼塘采摘体验区
民俗休闲区

景观节点图

入城空间节点
入城景观轴线
归塘空间节点
归塘景观轴线

交通流线图

车行主路
人行主路
水上游览路线
停车场

分区
展示

宾江区

商业区

历史文化街区

养生区

渔舟烟火——风俗餐饮区

多功能鱼塘

夜色四合——民宿度假区

莲滩鹭影——自然景观区

水乡之水

岭南水乡的发展形态

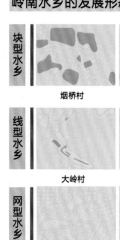

块型水乡

烟桥村　　瓜岭村　　坑背村　　蚬岗村

线型水乡

大岭村　　漳源村

网型水乡

莲简水乡　　小洲村

古劳水乡：独具特色的围墩水乡

基塘、田园、村落三要素相融相生

古劳水乡

桑基鱼塘溯

上古时代	东汉时期	唐宋时期	元明清

桑养蚕织　　**沧海桑田**　　**围海造田**　　**循环生产系统**

嫘祖发现蚕丝可以代替植物筋纺织后，开始采集野外桑树上的蚕茧，来抽丝线织绸，后来就教大家采桑养蚕，缫丝织绸，被人们尊称为"蚕神娘娘"。

"沧海桑田"意指世间变化很大。不过也是一种自然现象，麻姑自谓："已见东海三次变成桑田"，成为"沧海桑田"的由来。

当洪水淹没桑园围后，桑田变成了沧海，待洪水退却后，人们继续种稻种桑，宋代官府便把这里专门围起来种桑养蚕，也就是桑园围。

桑茂、蚕壮、鱼肥大；塘肥、基好、蚕茧多。桑基鱼塘合理利用水利和土地资源，动植物资源、诸利俱全。农耕智慧传承了千年。

古劳桑基鱼塘的发展现状

桑基鱼塘肌理被蚕食　　生态平衡遭到破坏　　与人们生活日渐脱离

快速的城镇化 ≫ 高效的发展节奏 ≫ 人们遗失的乡愁

古劳桑基鱼塘的发展趋势

水塘

数千年孕育的桑基鱼塘农耕文明，是劳动人民智慧的结晶，蕴含着丰富的文化底蕴。在这一片热土上，古劳人用双手创造农耕文明、民俗文化、民居宅院等数不清的精神物质文明，但是当城镇化到来的时候，古劳却陷入了困境……

古劳人民的困境

生态环境的破坏　　　　　发展与保护的冲突与矛盾

设施的空心化　　　人的空心化　　　精神的空心化

天赋秉异，利用不足

需求导向

古劳人民的文化认同

古劳人民认为最能代表古劳镇的是——桑基鱼塘、水乡格局

古劳人民的根何在？——传承千年的农耕文明

古劳人民的切实诉求

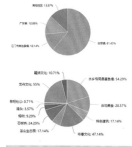    

透视图展示

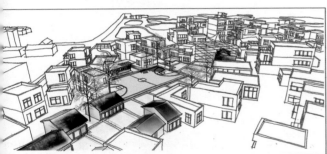

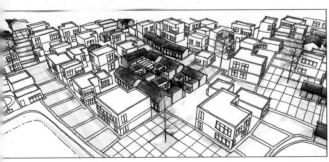

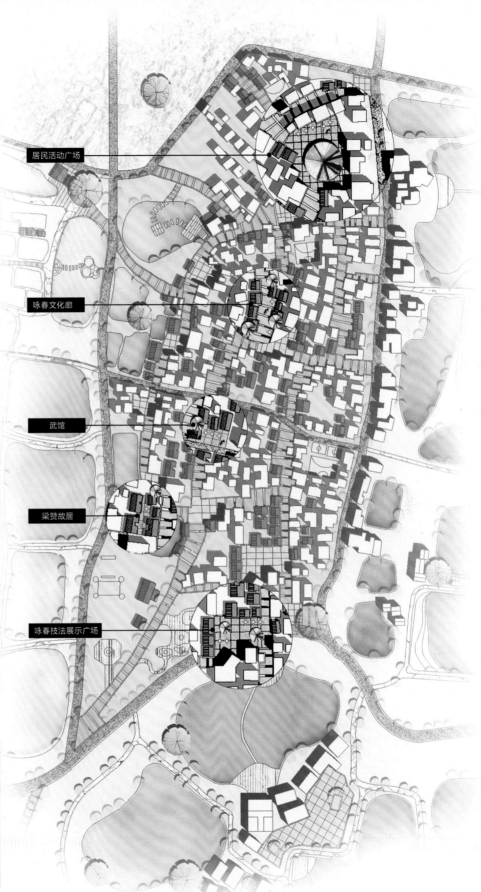

居民活动广场

咏春文化廊

武馆

梁赞故居

咏春技法展示广场

归塘营造

景观重塑——农耕文明自主转型

城中水：
依托小片水面，营造社区公共交往活动空间，形成社区激活点，增强社区活力。

城外水：
保留现有桑基鱼塘肌理，利用木栈道石板桥进行串联，梳理流线，营造农耕文明景游园，拓展居民活动空间的同时具有积极教育展示意义。

建立塘与周边的联系

城与水：
通过景观重塑，景观渗透，水城相融，水城共生，唤醒对桑基鱼塘的原始记忆，使人们的乡愁得到诗意的栖居。

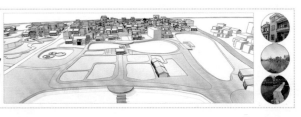

与人为善——桑基鱼塘功能的激活焕新

老年人生活流线　　中青年生活流线　　儿童生活流线　　游客游线

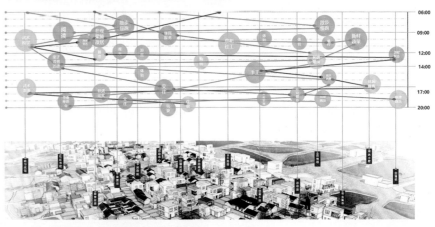

和谐共生——循环有度生生不息

传统循环模式

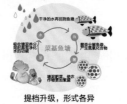

提档升级，形式各异

和谐共生，生生不息

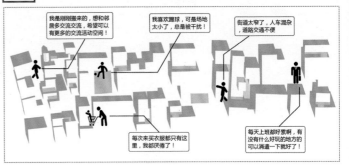

需求导向

我是刚刚搬来的，想和邻居多交流交流，希望可以有更多的交流活动空间！

我喜欢踢球，可是场地太小了，总是被干扰！

街道太窄了，人车混杂，道路交通不便

每次来买衣服都只有这里，我都厌倦了！

每天上班都好累啊，有没有什么好玩的地方的可以消遣一下就好了！

设计策略

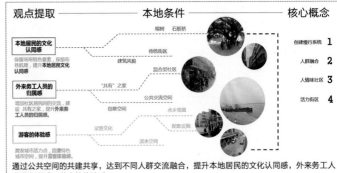

观点提取 ——— 本地条件 ——— 核心概念

榕树　石板桥

本地居民的文化认同感
保留场所特色要素，保留街巷肌理，提升本地居民文化认同感

外来务工人员的归属感
增加社区居民间的交流，建设"共有"之家，提升外来务工人员的归属感。

游客的体验感
激发城市活力点，因地特色城市空间，提升游客体验感。

传统街区
建筑风貌
"共有"之家
梁赞文化

混合型社区
公共交流空间
创意空间
配套设施
水乡底蕴
滨水空间

创建慢行系统　1
人群融合　2
人情味社区　3
活力街区　4

通过公共空间的共建共享，达到不同人群交流融合，提升本地居民的文化认同感，外来务工人员的归属感，游客的体验感。

入城营造

建筑改造

1：拆解回收：将基地原砌瓦片进行拆解，将旧瓦片回收。

2：旧瓦片再加工。

3：制作新屋顶：将拆解的旧瓦与木头结合，堆砌新屋顶，还原街巷肌理与记忆。

空间改造

 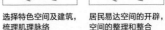

选择特色空间及建筑，梳理肌理脉络

居民易达空间的开辟，空间的整理和整合

赋予空间功能，用廊道串联改造，增加活力

通过自下而上方式，焕新居民生活环境

一层开敞空间+休憩设施　活动中心+休憩设施　大型建筑+屋顶绿化　居住建筑+构筑物

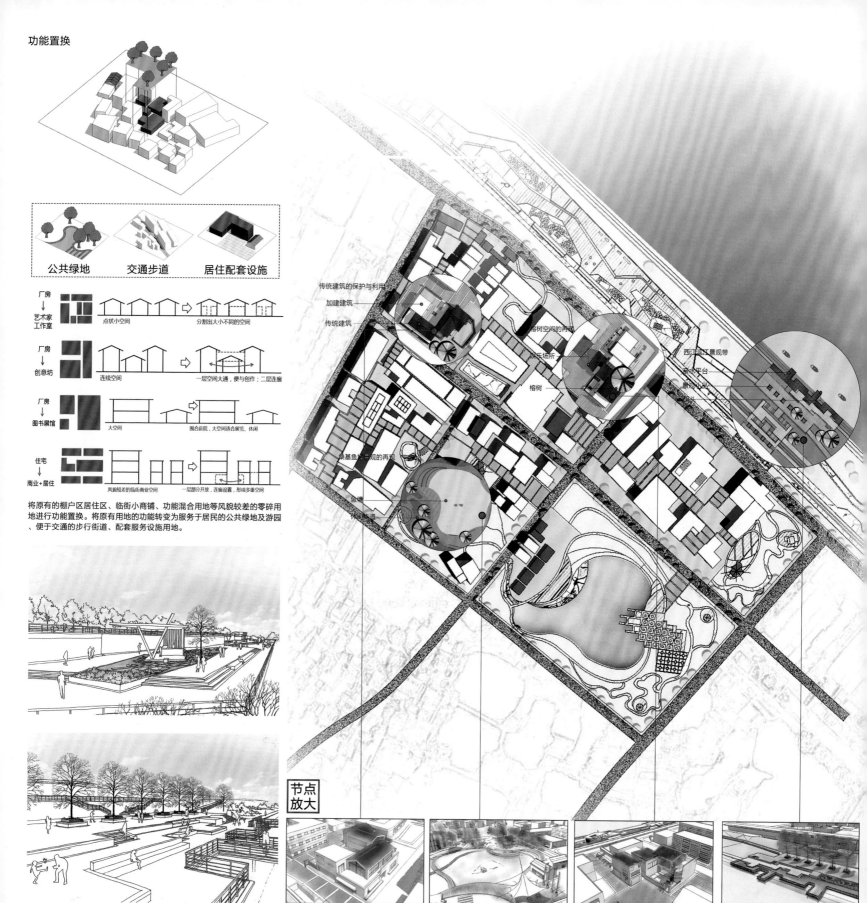

功能置换

公共绿地　　交通步道　　居住配套设施

厂房
↓
艺术家
工作室

点状小空间　　　　　　分割出大小不同的空间

厂房
↓
创意坊

连续空间　　　　　　一层空间大通，便于创作；二层连廊

厂房
↓
图书展馆

大空间　　　　　　围合庭院，大空间适合展览、休闲

住宅
↓
商业＋居住

风貌较差的临街商业空间　　一层部分开放，连廊设置，形成多重空间

将原有的棚户区居住区、临街小商铺、功能混合用地等风貌较差的零碎用地进行功能置换。将原有用地的功能转变为服务于居民的公共绿地及游园、便于交通的步行街道、配套服务设施用地。

传统建筑的保护与利用
加建建筑
传统建筑
榕树空间的再造
康乐场所
榕树
西江滨江景观带
亲水平台
景观小品
桑基鱼塘景观的再现
鱼塘
休闲步道

节点放大

焕发街道活力

1、社区参与融合街道模式

街道是否有活力，有凝聚力，往往在于参与街道活动的人群，通过良好的街道空间环境的营造，使不同年龄阶段的人交往、互动，形成欣欣向荣的街道氛围。

参与方式

空间需求

日常活动场所
休息交往空间
充足的街道家具
美观的游览空间

空间实施

2、经济行为融合街道模式

街道随着城市化及商品经济的发展，在镇区经营谋生的外来人员越来越多，商业经营方式多样化，商业活动、空间需求与本土建筑相互融合。

参与方式

空间需求

有序的街道空间
稳定的经营场所
便利的街道商业设施

空间实施

3、文化渗透融合接到模式

梁赞故居与居民娱乐广场共同设为公共空间，有利于提升街道的文化品味，增强文化认同感，有利于功夫文化的传承与发扬。

参与方式

空间需求

娱乐活动场地
拥有文化气息的环境

空间实施

通过在截取的不同地点进行农村悠闲生活的场景再现，激发各个点状空间，不同活动场所能吸引不同人群，最终使得整个片区成为一个诱惑力的场所。

人群交互、空间交互……

老年人、青年人、儿童……

休闲步道　　二层品茗台　　室内创作场所　　瞭望塔

塘中水场　　　　海鲜摊　　展览馆　　室外交流场所

休闲广场　　品茗坊　　小吃场　　艺术家工作坊　　瞭望塔基地

人群交互

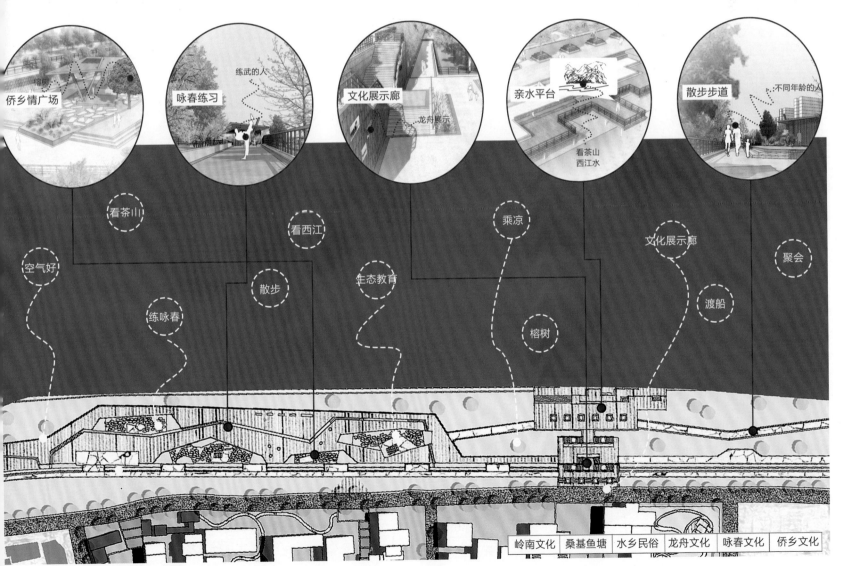

侨乡情广场　　咏春练习　　文化展示廊　　亲水平台　　散步步道

榕树　　练武的人　　龙舟展示　　看茶山 西江水　　不同年龄的人

看茶山　　看西江　　乘凉　　文化展示廊　　聚会

空气好　　散步　　生态教育　　渡船

练咏春　　榕树

岭南文化　桑基鱼塘　水乡民俗　龙舟文化　咏春文化　侨乡文化

岛空间 栖生活
——村落空心化趋势下的古劳镇新水乡规划设计

指导教师：赵炜
组　　员：韩博　陈思宇　张梦頔　蒋迪
学　　校：西南交通大学

规划体系

抓住机遇
传承文化
突出特色

← 优势 ←

镇域特征

- 得天独厚的地理区位
- 源远流长的历史文化
- 特色小镇的建设契机

← 问题 ←

- 璞玉蒙尘的山水格局
- 日渐空心的水乡村落
- 亟待转型的产业发展

→ 概念规划策略 →

- 生态优化
  - 整理自然水网
  - 规划生态过渡区
- 精明收缩
  - 适度集中居住空间
  - 实现农业内向增长
- 产业联动
  - 一、三产联动
  - 二、三产联动
  - 一、二产联动

← 水环境遭受破坏
← 村落空心化
← 环境承载力不足

城市设计基地问题

城市设计基地是镇域内的一个特征片段，镇域的核心问题在城市设计基地内均有所体现。

因此，城市设计所体现出的规划手段是解决镇域问题的一个样本。

优势一：得天独厚的地理区位

【区位分析】

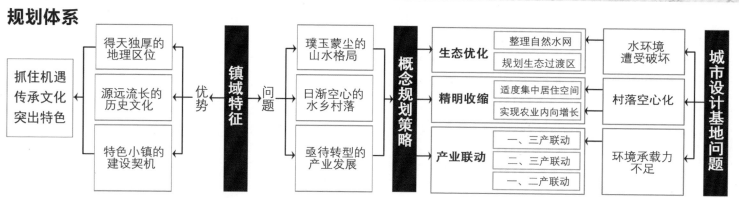

江门　　　鹤山

【交通联系】

S270省道为古劳镇、麦水工业区与三连工业区链接的南北向交通干道，也是镇区居民对外联系的重要通道。

新城路是三连工业区内的一条主要的交通干道，通向鹤山镇区。

谷西线沿西江链接高明与西江。

升古线沿沙坪通往鹤山，是古劳镇、古劳水乡对外交通的重要道路。

高明市区　鹤山市区

古劳水乡邻近珠三角核心区域的广佛肇、珠中江都市圈，约半小时可以到达佛山、江门，约1小时可到达广州，距香港约2.5小时车程，区位条件优越。

优势二：源远流长的历史文化

【历史沿革】

因水而生

三角洲形成期——史前时代
复合三角洲形成期——唐宋以前
冲缺三角洲发育期——唐宋以后
古劳原称"曹村"——晋代（公元435年）

广东劳威南逃，至西江边遇暴风雨，曹村避险，见此风水极佳，便留居此地，其表兄弟二人同籍南逃。——宋咸淳年间（1265年）

劳，古两姓人丁兴旺，遂改名古劳村。——1274年

因水而达

由乡贤冯八秀倡议沿西江筑堤，建古劳围。——明洪武二十七年（1394年）

古劳划入鹤山县，建古劳都，因有地理位置和水运之便，加上修堤后促进农业的迅速发展，成为鹤山地区经济首先发展起来的地区之一，形成商埠中心。——清雍正十年（1732年）

因水而兴

鹤山恢复古劳区，古劳改称古劳区。——1958年

建古劳镇，重修梁赞故居，发展古劳水乡旅游。——1983年

——1986年

因水而变

改为古劳乡，鹤山、高明并为古劳人民公社。——1957年

古劳未来如何发展？

  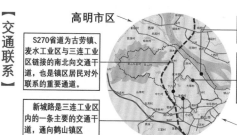

【文化延展】

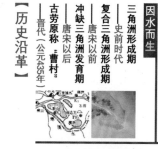
古劳水乡

古劳特色地域文化

特色地域文化

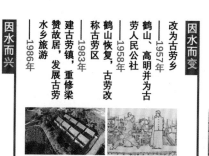

- 龙舟文化
- 凉茶文化
- 名人文化
- 印刷文化
- 侨乡文化
- 咏春文化——一脉相承
- 水乡民俗
- 岭南民居
- 醒狮文化
- 桑基鱼塘

联系　衍生　促生　相互促进

文化发展最佳状态

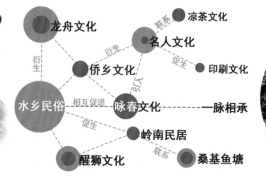
文化共荣

特色空间　特色活动

优势三：特色小镇的建设契机

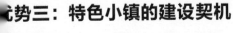
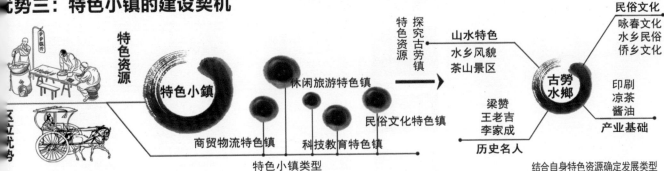

《鹤山市城乡总体规划（2007-2020）》

古劳镇具有优越的山水条件、独特的地域文化和旅游资源，在特色小镇建设的浪潮中面临着发展新机遇，应抓住特色小镇建设契机，突出自身特色，打响"功夫水乡"名号。

延伸广佛教育产业链，大力发展职业培训基地；做强印刷产业，重点发展创意产业，成为鹤山市教育培训、创意产业基地和珠三角"生态水乡"建设示范区。

问题一：亟待转型的产业发展

【横向分析——第二产业为支柱产业】

85.4% 第二产业（瓶颈）
10.4% 第三产业（新兴）
4.3% 第一产业（低迷）

2015年古劳镇产业结构图

第二产业为古劳镇的支柱产业，其中雅图仕印刷有限公司已发展为亚洲最大的印刷企业之一。

【纵向分析——二产亟待转型，三产快速发展】

古劳镇第二产业虽然为支柱产业，但其发展已经遭遇瓶颈，亟待转型。第三产业虽占比不高，但其崛起之势明显。

问题二：璞玉蒙尘的山水格局

古劳北有茶山，东邻西江，中部沙坪河穿境而过。基地东南部的古劳水乡，更是有"东方威尼斯"的美誉。山水格局浑然天成。

但当前茶山并未有效开发利用，桑基鱼塘文化并未得到良好的保护，水资源也收到不同程度的污染。古劳的生态环境有待改善。

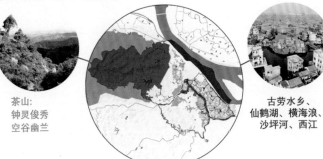

茶山：钟灵俊秀 空谷幽兰

古劳水乡、仙鹤湖、横海浪、沙坪河、西江

问题三：日渐空心的水乡村落

本地村民　本地村民去向　无人居住建筑

古劳镇村落空心化现象严重，流失的人口造成了大量空置的房屋，这些房屋可以成为后续建筑改造对象。

策略一：产业联动

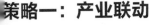
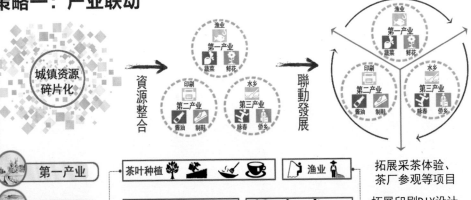

第一产业　第二产业　第三产业

拓展采茶体验、茶厂参观等项目
拓展印刷DIY设计、印刷历史展等项目
利用旅游业发展带动一、三产业联动

该线路全长36公里，串联镇域主要景点，骑行约1天时间完成环线。

【经济循环示意】　【镇域旅游线路图】

策略二：生态优化

- **整理自然水网**，延续大地原始记忆

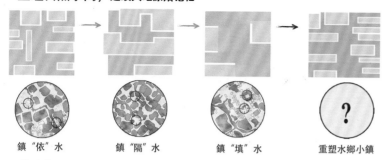

| 镇"依"水 | 镇"隔"水 | 镇"填"水 | 重塑水乡小镇 |

- **联动茶山与水乡、田地**，让原生态走入城市中心

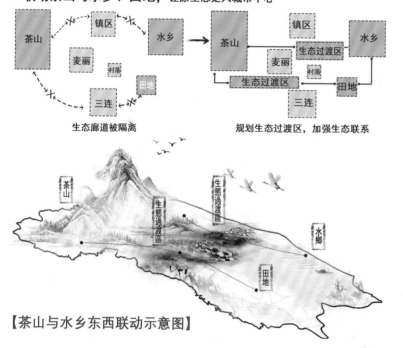

生态廊道被隔离　　　　　规划生态过渡区，加强生态联系

【茶山与水乡东西联动示意图】

【镇村体系规划图】

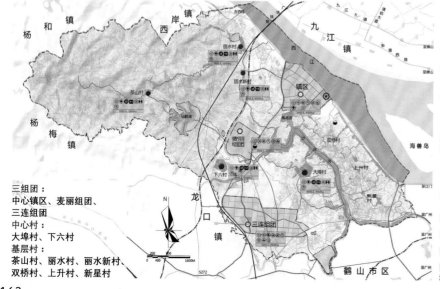

三组团：
中心镇区、麦丽组团、三连组团
中心村：
大埔村、下六村
基层村：
茶山村、丽水村、丽水新村、双桥村、上升村、新星村

策略三：精明收缩

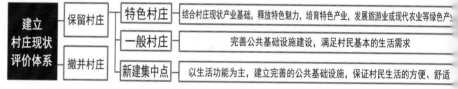

既有现状	现有村庄出现大面积人口流失	农业产值低发展面临瓶颈	部分村庄临近镇区组团
	较多农业人口离开乡村，前往镇区工厂以及鹤山市、九江谋求生计，造成古劳镇乡村出现大面积人口流失。	古劳镇第一产业主要为渔业、蔬菜种植，但在2015年古劳镇第一产业仅占比4.3%，且其增速缓慢。	现状中麦村临近麦水工业区，连南村临近连江组团，日后发展中这类临近镇区组团的村庄极有可能被撤并。
风险推导	村庄发展动力不足	现有耕地与鱼塘不足以支撑乡村经济命脉	村庄撤并不符合村民内生集聚意愿
	村庄发展动力不足将会使乡村持续衰退，使得乡村发展失去核心竞争力。	古劳镇乡村的鱼塘与耕地除了具有生产价值，还具有景观价值，但目前其景观价值未得到开发利用。	通过政策设计，以"引导+倒逼"激发村民内生的集聚意愿，从而引导居民自主集聚。
问题导向	如何顺应乡村收缩趋势并实现部分地区增长？	如何提升生产效率与收入水平？	如何避免村民利益在收缩中不被损害？
思路提出	**精明收缩** 1.适度集中居住空间，延续乡村活力；2.借助区域动力，实现农业内向增长		

1.适度集中居住空间，延续乡村活力

坚持适度集中的原则，杜绝"一刀切"式居住集中模式所带来的乡村特色丧失的现象。

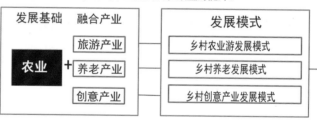

建立村庄现状评价体系	保留村庄	特色村庄	结合村庄现状产业基础，释放特色魅力，培育特色产业，发展旅游业或现代农业等绿色产业
		一般村庄	完善公共基础设施建设，满足村民基本的生活需求
	撤并村庄	新建集中点	以生活功能为主，建立完善的公共基础设施，保证村民生活的方便、舒适

2.借助区域动力，实现农业内向增长

贯彻"产业融合"的理论内涵，将农业与服务业融合发展，促进农业形态的外延及功能的扩展，增加农业的附加值，推动农业空间内在效益的提升。

发展基础	融合产业	发展模式	发展效益
农业 +	旅游产业	乡村农业游发展模式	乡村环境的改善
	养老产业	乡村养老发展模式	乡村产业的转型
	创意产业	乡村创意产业发展模式	乡村特色的传承

【用地布局规划图】

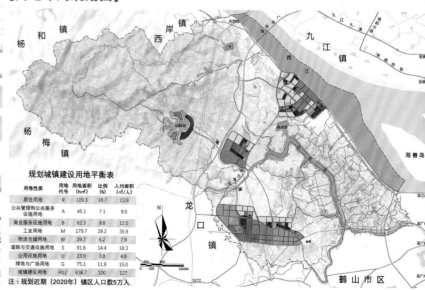

规划城镇建设用地平衡表

用地性质	用地代号	用地面积(hm²)	比例(%)	人均面积(m²/人)
居住用地	R	119.3	18.7	23.9
公共管理和公共服务设施用地	A	45.1	7.1	9.0
商业服务设施用地	B	62.3	9.8	12.5
工业用地	M	179.7	28.2	35.9
物流仓储用地	W	39.7	6.2	7.9
道路与交通设施用地	S	91.6	14.4	18.3
公用设施用地	U	23.9	3.8	4.8
绿地与广场用地	G	75.1	11.9	15.0
城镇建设用地	H12	636.7	100	127

注：规划近期（2020年）镇区人口数5万人

基地现状总平面图

经济技术指标：
总用地面积：97.8公顷
建筑总面积：15.36万平方米
建筑占地面积：6.4公顷
容积率：0.16
建筑密度：6.9%
绿地率：84.8%

桑基鱼塘

河道

河涌

黄公祠

民俗风情馆
古劳水乡民俗风情展览馆

双桥小学

保留建筑
改造建筑
拆除建筑
榕树

基地分析

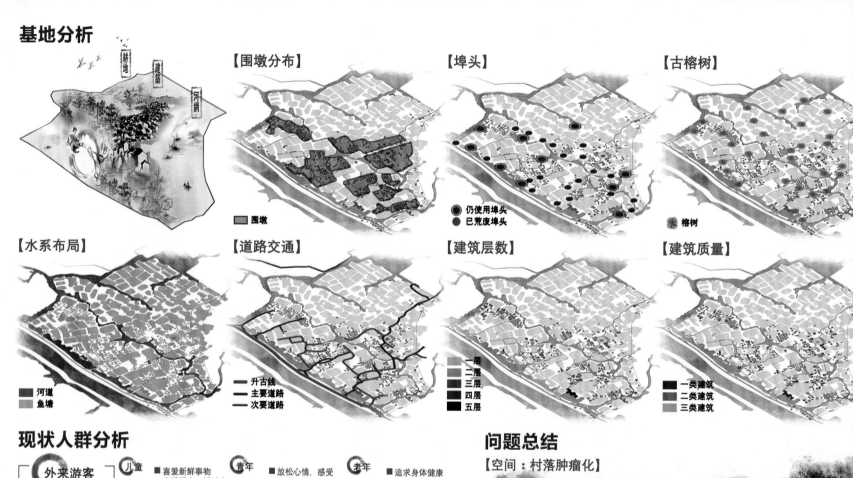

【围墩分布】

■ 围墩

【埠头】

● 仍使用埠头
● 已荒废埠头

【古榕树】

❀ 榕树

【水系布局】

■ 河道
■ 鱼塘

【道路交通】

—— 升古线
—— 主要道路
—— 次要道路

【建筑层数】

一层
二层
三层
四层
五层

【建筑质量】

■ 一类建筑
■ 二类建筑
■ 三类建筑

现状人群分析

- 外来游客
- 当地村民
- 艺术爱好者

无明显关系　无明显关系　无明显关系

儿童
- 喜爱新鲜事物
- 充满活力，活动广
- 需要多种空间，现状景点类型无法激发兴趣。

青年
- 放松心情，感受水乡生活
- 有一定消费能力
- 乐意体验创新项目

老年
- 追求身体健康
- 喜爱传统文化
- 空闲时间长

外来游客

普通村民
- 有固定的生活与生产空间，几乎无休闲活动
- 以渔业为主要收入

儿童
- 游戏空间少，课外活动少
- 喜爱新鲜事物

老年
- 作息时间规律
- 空闲时间多

当地居民

长期停留
- 多从外地赶来，目的性强，节假日与周末活动频繁
- 活动集中在水乡

短期停留
- 多为临时起意，节假日与周末活动频繁

艺术爱好者

SWOT分析

S 优势分析
1) 地理位置优越，对外交通便利：基地毗邻镇政府，新镇区；周边有公交站点
2) 建筑质量高，许多建筑具有典型的广府民居特色
3) 独具风貌的鱼塘肌理
4) 保存完好的传统文化习惯及劳作方式

W 劣势分析
1) 聚居点呈肿瘤化发展，部分鱼塘被建筑侵占，许多公共空间也逐渐消失
2) 水环境遭受破坏，水路不通，埠头荒废
3) 环境承载力不足，导致村民纷纷另寻出路，出现空心化现象
4) 交通混乱，道路狭窄，质量较差

O 机遇分析
1) 特色小镇建设的浪潮给古劳镇带来了新的建设机遇
2) 上位规划中将古劳镇规划定位为珠三角"生态水乡"建设示范区
3) 毗邻古劳镇规划了一处轻轨站点，加强了古劳镇与其他地区的联系

T 挑战分析
1) 如何平衡原住民生活与外来者需求
2) 如何解决原生态肌理保护和旅游开发之间的矛盾
3) 如何升级传统经济模式，实行水乡发展的新机制
4) 如何传承并发扬水乡独特的文化

问题总结

【空间：村落肿瘤化】

一方面，建筑布局呈肿瘤化发展，现状中大量建筑出现侵蚀鱼塘的现象。另一方面，肿瘤化的建筑布局使得公共空间被侵占。

【生态：水环境遭受破坏】

现状中部分河网被填埋，水域出现不流通的现象，同时，由于大范围发展渔业生活污水肆意排放至河流，水质污染被加剧。

【产业：环境承载力不足】

传统渔业产值不高，村民纷纷另寻出路，出现空心村现象；同时，村中配套设施落后，已经无法满足居民的生活需求，出现环境承载力不足的现象。

术路线

状

聚居点	水空间	人群需求

- 肿瘤式发展
- 缺乏联系 / 生态污染
- 人群割裂 / 活动缺乏

策略

- 精明收缩，土地整合
- 疏通水系 / 水环境治理
- 多元融合 / 活动规划

- 策略提出 / "岛" 空间
- "以水串景，以景筑城"
- "栖生活"

- 滨水空间设计 / 生态修复
- 村民 / 游客

施

旅游策略	改造策略	产业策略	产游居策略	传统五要素	驳岸设计	广场设计	步道设计	水质净化	雨水花园	雨水花园	游客体验式活动	村民与游客互动	村民栖居式活动

念引出

自地原住民
＋
旅游度假者
＋
创艺工作者
＋
外来务工者

- 以衣食住行和公共服务为主的生理需求
- 以放松心为主的自我实现需求
- 以修身养性为主的安全需求
- 以地位创造为主的尊重需求
- 以温暖互爱为主的社会需求

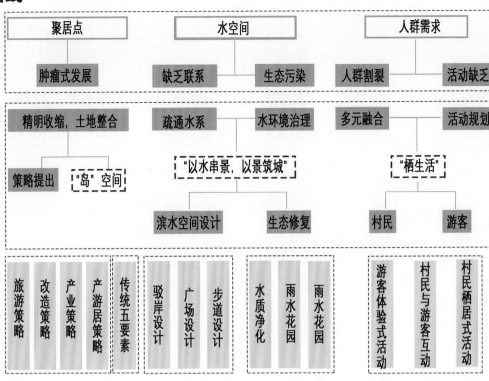

低压工作
满眼皆绿
心灵栖息地
古劳
水乡
碧水蓝天

"栖生活"

繁忙都市人的"避风塘" 水乡原住民的"栖息地"
创业工作者的"灵感源" 外来务工者的"安乐窝"

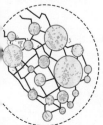

现状聚居点和田埂

融合的过程　　疏解的过程

资源集约化　　改善人居环境

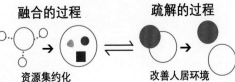

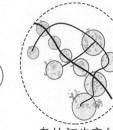

"岛空间"

岛的初步意向

发展路径

为什么提出新机制？

农业景观作为遗产，桑基鱼塘逐渐失去了生产意义，成为景观遗产

旧模式下的渔业产值不高，人们纷纷另寻出路，空心村现象较为突出

聚落肿瘤式发展，当地原住民生活品质不能得到保障，公共服务设施、基础设施缺乏

归根结底，环境承载力不足

适应变化的新机制亟待提出

新机制是什么？

	环境承载力不足	
内因		
对策	提高环境承载力	精明收缩
策略	产业的转型升级 传统渔业——旅游业	空间的传承更新 土地整合＋资源整合
实施	由传统渔业向旅游业转型，渔民休渔期可通过旅游业，增加收入来源方式。	针对环境承载力做出聚居点的调整，对空间进行更新和改进。

方案生成

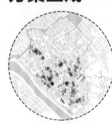
壹 根据现状聚居点核密度分析，人群聚居分布情况

贰 根据自然、公共资源分布情况初步整合边界，实现资源利用最大化

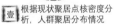

叁 疏通现状水系，增强通达性优化边界形成群岛

肆 开发主要游线的公共空间，激活地块，引导自下而上改造

伍
　　基于自然资源，引入文化要素，形成不同特色主题岛：商埠岛、风情岛、故里岛、渔情岛、原住岛、龙舟岛、创艺岛。

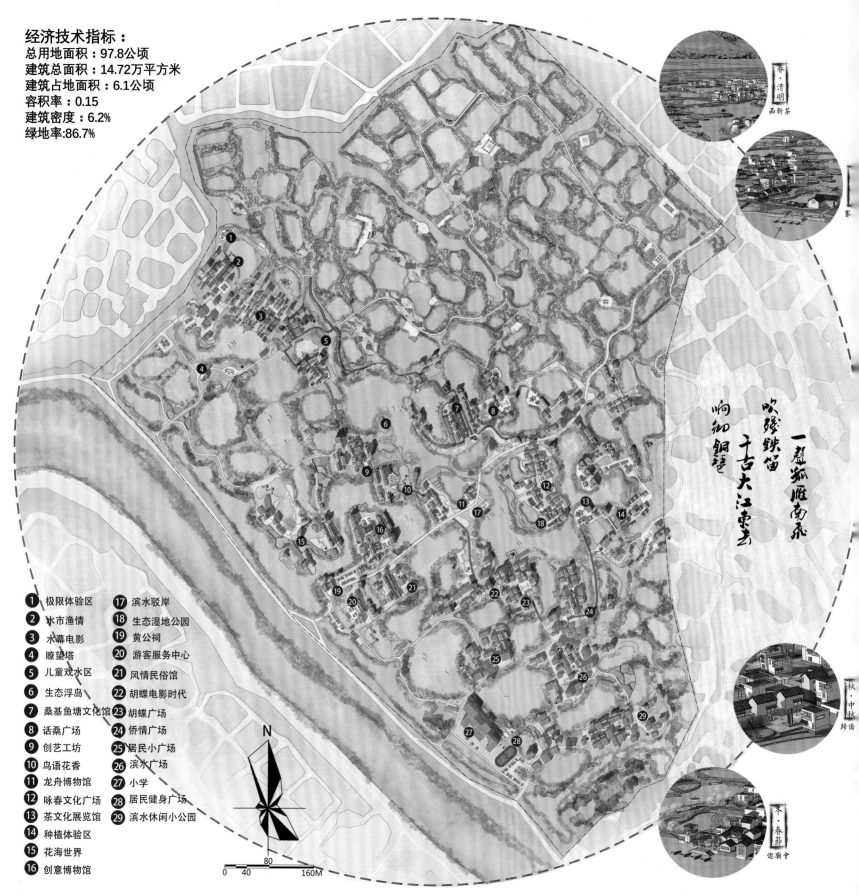

经济技术指标：
总用地面积：97.8公顷
建筑总面积：14.72万平方米
建筑占地面积：6.1公顷
容积率：0.15
建筑密度：6.2%
绿地率:86.7%

一声征雁南飞
吹残铁笛
千古大江东去
响彻铜埙

春·清明 品新茶

秋·中秋 归侨

冬·春节 逛庙会

1 极限体验区
2 水市渔情
3 水幕电影
4 瞭望塔
5 儿童戏水区
6 生态浮岛
7 桑基鱼塘文化馆
8 话桑广场
9 创艺工坊
10 鸟语花香
11 龙舟博物馆
12 咏春文化广场
13 茶文化展览馆
14 种植体验区
15 花海世界
16 创意博物馆
17 滨水驳岸
18 生态湿地公园
19 黄公祠
20 游客服务中心
21 风情民俗馆
22 胡蝶电影时代
23 胡蝶广场
24 侨情广场
25 居民小广场
26 滨水广场
27 小学
28 居民健身广场
29 滨水休闲小公园

N

0　40　80　160M

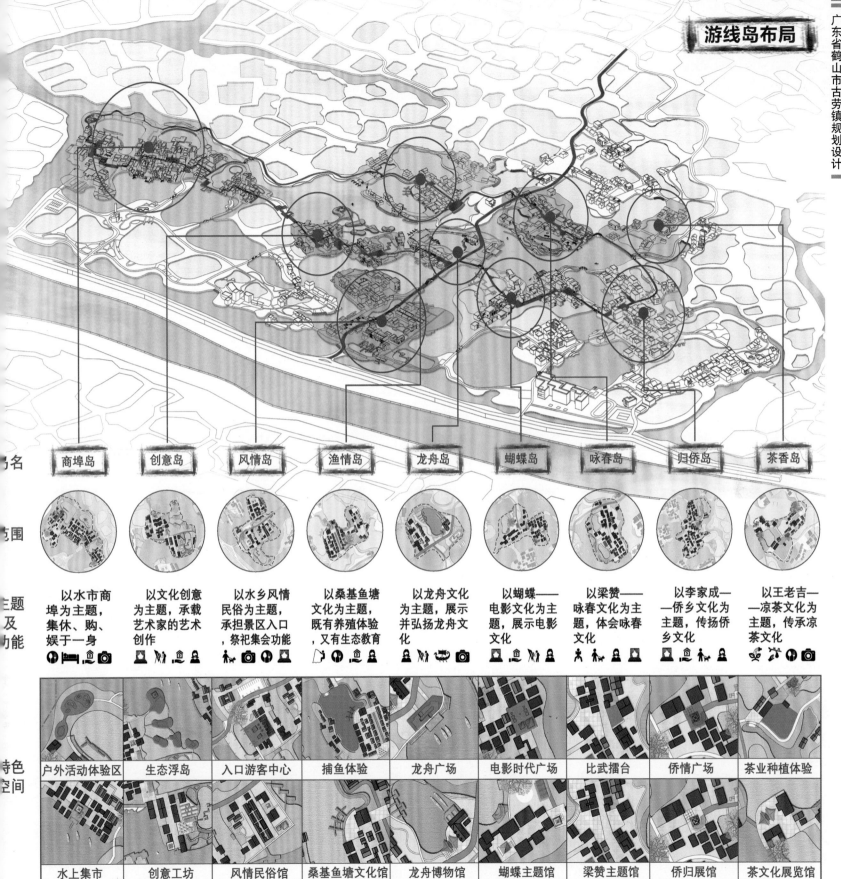

游线岛布局

岛名	商埠岛	创意岛	风情岛	渔情岛	龙舟岛	蝴蝶岛	咏春岛	归侨岛	茶香岛
范围									
主题及功能	以水市商埠为主题，集休、购、娱于一身	以文化创意为主题，承载艺术家的艺术创作	以水乡风情民俗为主题，承担景区入口，祭祀集会功能	以桑基鱼塘文化为主题，既有养殖体验，又有生态教育	以龙舟文化为主题，展示并弘扬龙舟文化	以蝴蝶——电影文化为主题，展示电影文化	以梁赞——咏春文化为主题，体会咏春文化	以李家成——侨乡文化为主题，传扬侨乡文化	以王老吉——凉茶文化为主题，传承凉茶文化
特色空间	户外活动体验区	生态浮岛	入口游客中心	捕鱼体验	龙舟广场	电影时代广场	比武擂台	侨情广场	茶业种植体验
	水上集市	创意工坊	风情民俗馆	桑基鱼塘文化馆	龙舟博物馆	蝴蝶主题馆	梁赞主题馆	侨归展馆	茶文化展览馆

规划系统图

项目策划规划

旅游区内分为七个主题岛，其中故里岛分为胡蝶岛、茶香岛、咏春岛、侨情岛。

景观结构图

基地内部景观资源丰富，沿岸线打造多样景观带，基地周边景观渗透、视野开阔。

建筑风貌图

坡屋顶
平屋顶

基地内部保存传统岭南建筑形式，考虑建筑质量及功能对其进行保护、改造、拆除。

建设时序规划

近期
中期
远期

近期疏通水系治理水环境；中期改造主要游线上岛屿公共空间；远期居民自下而上改造。

滨水岸线体系

原生态驳岸
垂直式驳岸
伸入式驳岸
台阶式驳岸

基地内部保存传统岭南建筑形式，考虑建筑质量及功能对其进行保护、改造、拆除。

公共空间分布图

公共建筑
公共空间

从原住民及游客需求出发布置不同特色、功能的公共建筑、广场、水岸等空间。

道路交通规划

停车场
车行道

延续整合基地现有道路，形成停车体系服务整个基地，基地内部尽可能采用人车分离。

慢行系统规划

一级慢行步道
二级慢行步道
三级慢行步道

以主要一级慢行步道来引导游客的主要游览顺序，与二、三级慢行步道共同构成慢行体系。

游船路线规划

桥节点
游船路线
游船水系

充分发挥水乡特色，沿水系布置特色游船路线，体验水乡特有的人文风情。

埠头分布图

保留埠头
新建埠头

根据规划需求尽可能保留基地现有埠头，要的地方布置新的停泊点，形成体系。

岛侨策略
从产业、文化、空间、生态四个方面实施岛侨策略，实现岛居。

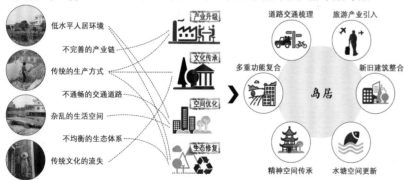

产业升级策略
通过旅游化、产业化、复合化实现由传统渔业到综合旅游业转型。

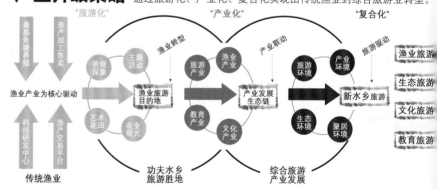

生态修复策略
从田、塘、河、林四个生态要素进行生态修复，最终实现循环发展。

【生态修复要素】

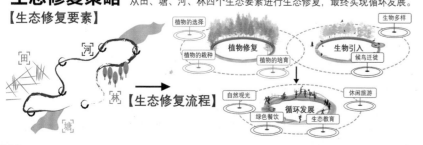

空间优化策略
从不同层次对岛空间进行优化，改善原住民生活环境，发展旅游

168

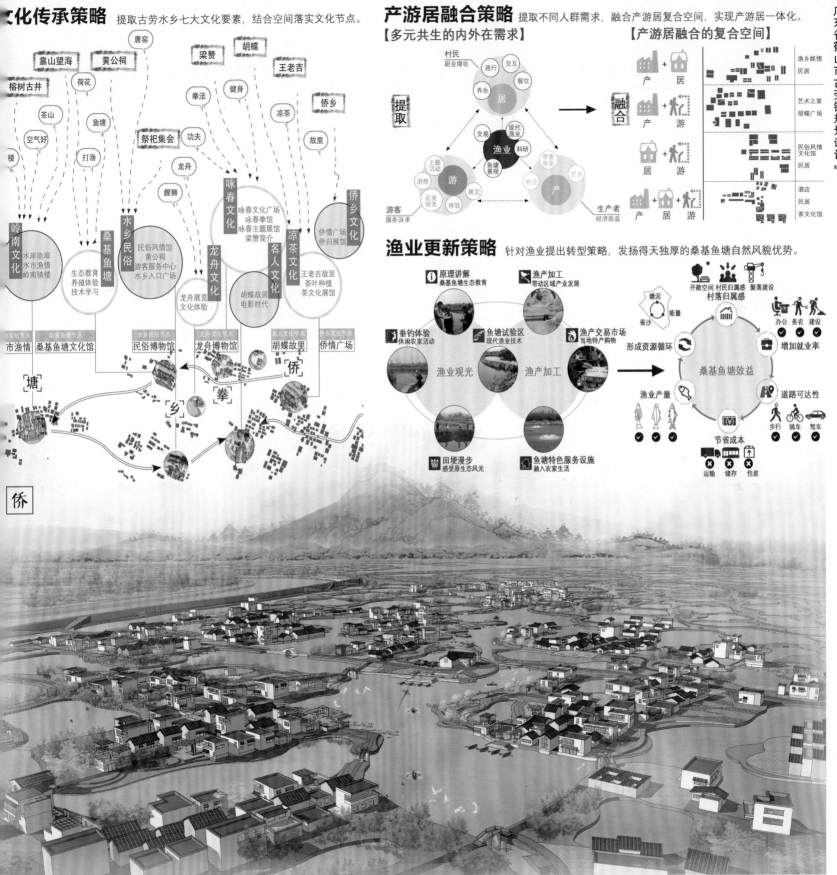

典型岭南水乡要素

○ 围【悠悠史册之古劳围墩】

围墩的发展

公元1274年	公元1348年	公元1394年	乾隆14年
宋	元末	明	清

 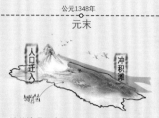  

宋代时期，原是一片滩涂泽国。

随着地理运动和人口迁入，出现大片冲积滩，但江水一涨则全部淹没。

中原移民成批迁入，需要新的土地资源，沿江修筑堤围，对冲积滩进行围垦。

续建、维修和加固，通过"九窦十三坑"构成一个良性循环系统，可排可灌。

空间结构

《鱼埠招佃告示》：古劳围基鱼埠拨归户自理，递年听众招绅打拨。

○ 桥【水乡风骨之跨溪石桥】

拱桥

 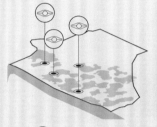

洞桥如虹亘，石梁横空蜿

梁式桥

 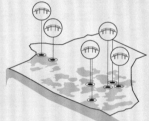

隐隐飞桥隔野烟，石矶西畔问渔船

廊桥

 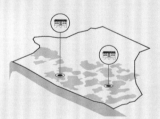

桥廊风更携留客，波底星光可醒龙

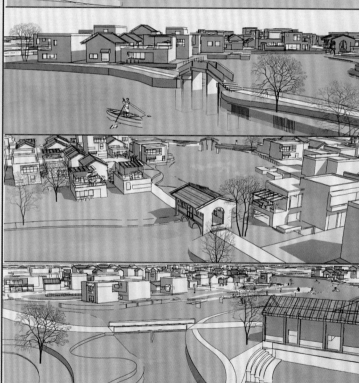

石板桥

 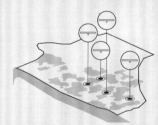

平铺石板俨成路，俯倚红栏刚及腰

○ 埠【水陆连接之亲水平台】

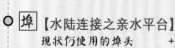

现状仍使用的埠头　＋　规划的游船路线　＋　规划的特色岛空间

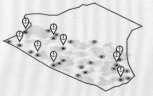 

埠头的形式

减式埠头　　加式埠头

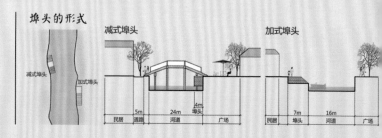

榕【传统民俗之休憩空间】

休憩空间

居民日常交互空间 / 游客游览停留空间 = 道路 + 榕树 + 鱼塘 + 建筑

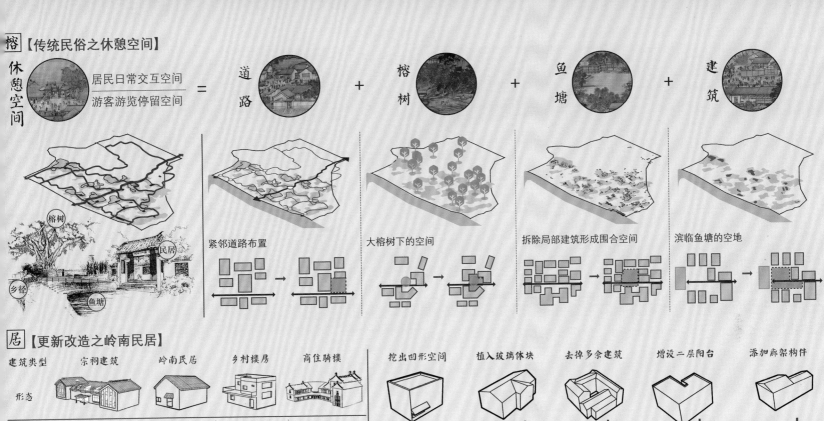

紧邻道路布置　　大榕树下的空间　　拆除局部建筑形成围合空间　　滨临鱼塘的空地

居【更新改造之岭南民居】

建筑类型	宗祠建筑	岭南民居	乡村楼房	商住骑楼
形态				
性质	公共型	居住型	居住型	商业型
服务对象	游客　居民	居民	居民	居民　商贩
活动需求	集会　观光　服务	居住　交往	居住　交往	零售　住宿

挖出凹形空间　　植入玻璃体块　　去掉多余建筑　　增设二层阳台　　添加廊架构件

水塘特色空间

采取疏、留、直、筑、跨的设计手法营造特色岛、塘、巷、桥、溪空间。

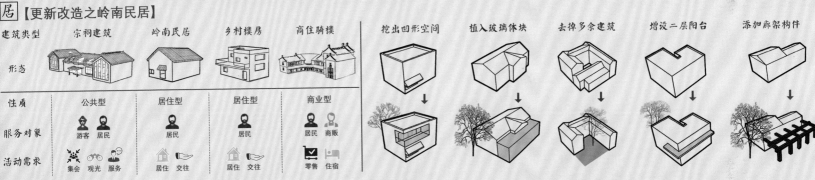

"疏" 塘化岛 ➤ 岛中 "留" 塘 ➤ 曲水 "直" 巷 ➤ 梗上 "筑" 桥 ➤ 浮岛 "跨" 溪

滨水空间设计

提取驳岸、步道、广场、建筑、植物等要素对水塘空间进行滨水设计。

【滨水步道】宽度控制在1-3米，适当放大尺度做亲水平台或台阶式步行道，亲水性更强。

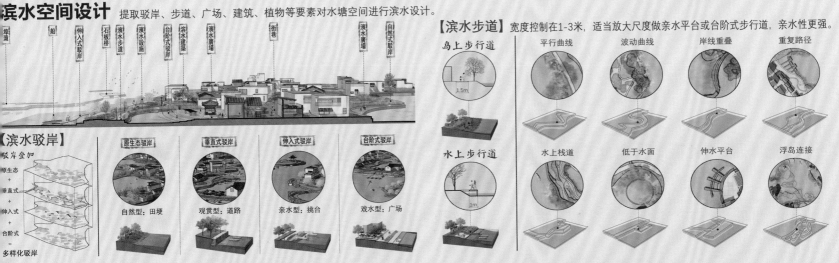

岛上步行道　1.5m
水上步行道　1m

平行曲线　　波动曲线　　岸线重叠　　重复路径
水上栈道　　低于水面　　伸水平台　　浮岛连接

【滨水驳岸】

驳岸叠加
原生态 + 垂直式 + 伸入式 + 台阶式
多样化驳岸

原生态驳岸　自然型：田埂
垂直式驳岸　观赏型：道路
伸入式驳岸　亲水型：挑台
台阶式驳岸　戏水型：广场

【滨水广场】 设计不同形式的滨水广场，提供多层次观景点，最大化发挥水乡优势。

滨水观景点

不同层次滨水景观点

岛中塘 | 田埂 | 河道 | 浮岛

【滨水建筑】 通过改吧建筑与水的衔接关系，营造不同的水岸空间。

建筑与水

正接关系

正接关系 | 建筑主体——街道——河道 | 建筑主体——聚集空间——河道 | 建筑主体——埠头——河道

叠合关系

叠合关系

内含关系

内含关系

建筑主体——平台——河道 | 建筑主体——吊脚楼——河道 | 河道——建筑主体——河道

【滨水植物】 从生态适宜性与景观多样性的角度出发，根据不同水位选择适宜的植物。

浮萍　芦苇　枫杨　樱花

乔木

灌木

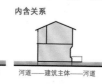

水杉

高水位

高草草丛

低矮草丛

垂柳 / 杨树

乌桕 / 粉花羊蹄甲 / 大榕树

蔓陀花 / 枸杞 / 枫杨 / 樱花

荷花 / 棒头草 / 蚊母树 / 胡枝子 / 大叶醉鱼草

灯芯草 / 水花生 / 卡开芦 / 千屈菜 / 芦苇 / 小檗木 / 多花筋骨

香根草 / 菖 / 芦竹 / 小檗木

浮萍 / 狐尾藻

低水位

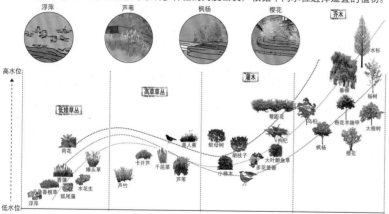

水空间修复

【河流水质净化】

进水口设计

在河流进水口设计前湾初步沉淀净化水体，前湾水通过涵管溢流进入湿地进一步净化水质。

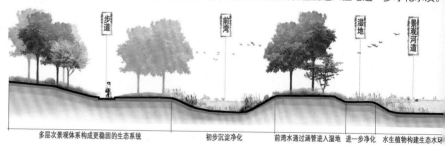

步道 | 前湾 | 湿地 | 景观河道

多层次景观体系构成更稳固的生态系统 | 初步沉淀净化 | 前湾水通过涵管进入湿地 | 进一步净化 | 水生植物构建生态水环

湿地植物净化

严格控制外部污染进入，经过连续的净化湿地，搭配合适的乡土植物品种进一步进化水质。

密集型湿地植物 ┄┄ 净化型湿地植物 ┄┄ 净化型湿地植物 ┄┄ 观赏型湿地植物

物理沉淀生化处理 | 生化处理重点净化 | 生化处理重点净化 | 水质稳定调节

【鱼塘修复】

环境修复

清淤晒塘　第一步 排干池水
第二步 铲除池边杂草杂物
第三步 铲除淤泥，使其厚度
　　　　在10~15cm之间；
第四步 冰冻，曝晒池底30天
第五步 泼洒生石灰

鱼塘修复

施肥追肥　第一步 投施基肥——发酵好
　　　　　　的禽畜粪肥；
第二步 追施有机渔肥；

加水换水　每隔7天加水一次，每隔20~30
　　　　　　天换水一次

移植水生植物　移植水花生、水荻芦、水浮萍

泼洒生石灰　保持池水弱碱性

适时增氧　增氧，保持池水溶氧>5mg/L

延伸发展

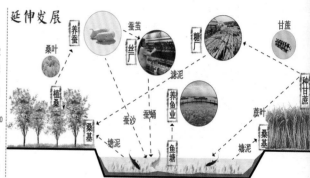

养蚕　蚕茧　糖厂　甘蔗

桑叶　丝厂　滤泥　种甘蔗

植桑　蚕沙　蚕蛹　养鱼业　蔗叶　桑基

桑基　塘泥　鱼塘　塘泥

入口广场

室外空间

生态浮岛

滨水平台

水上集市

滨水广场

游客季节活动规划

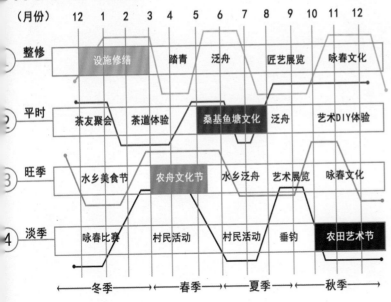

（月份）	12	1	2	3	4	5	6	7	8	9	10	11	12
① 整修	设施修缮			踏青		泛舟			匠艺展览		咏春文化		
② 平时	茶友聚会		茶道体验		桑基鱼塘文化			泛舟		艺术DIY体验			
③ 旺季	水乡美食节		农舟文化节		水乡泛舟		艺术展览		咏春文化				
④ 淡季	咏春比赛		村民活动		村民活动		垂钓		农田艺术节				

冬季 ——— 春季 ——— 夏季 ——— 秋季

原住民活动引导

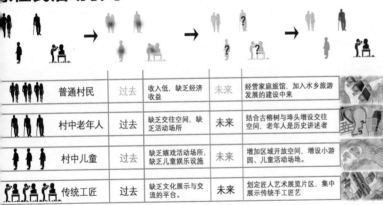

普通村民	过去	收入低，缺乏经济收益	未来	经营家庭旅馆，加入水乡旅游发展的建设中来
村中老年人	过去	缺乏交往空间，缺乏活动场所	未来	结合古榕树与埠头增设交往空间，老年人是历史讲述者
村中儿童	过去	缺乏嬉戏活动场所，缺乏儿童娱乐设施	未来	增加区域开放空间，增设小游园、儿童活动场地。
传统工匠	过去	缺乏文化展示与交流的平台。	未来	划定匠人艺术展览片区，集中展示传统手工匠艺

人群活动交互

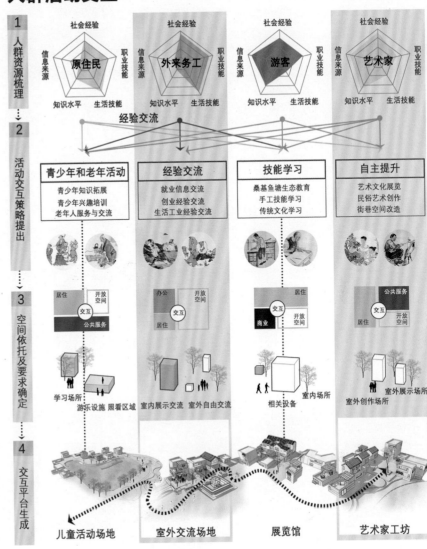

1 人群资源梳理
2 活动交互策略提出
3 空间依托及要求确定
4 交互平台生成

儿童活动场地　室外交流场地　展览馆　艺术家工坊

实施策略——自上而下与自下而上结合

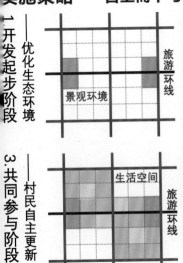

1 开发起步阶段

政府:提出解决方案，组织方案落实

村民:提出意见，参与改造

NGO:生态优化技术咨询

3 共同参与阶段

村民:结合已更新的公共空间，自主更新原住民区的生活空间

NGO:改造意见咨询

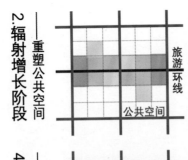

2 辐射增长阶段

政府:结合旅游环线制空间改造方案，同时优化原住民区的公共空间，带动村民自主更新

NGO:协调利益，参与监督

村民:提出意见

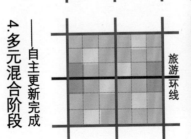

4 多元混合阶段

村民:完成余下的空间改造，改造中不得违反已制定的整体空间改造原则。

讲古

咏春拳学习

水市

采莲

浣洗

打牌

买菜

广场舞

种植

闲聊

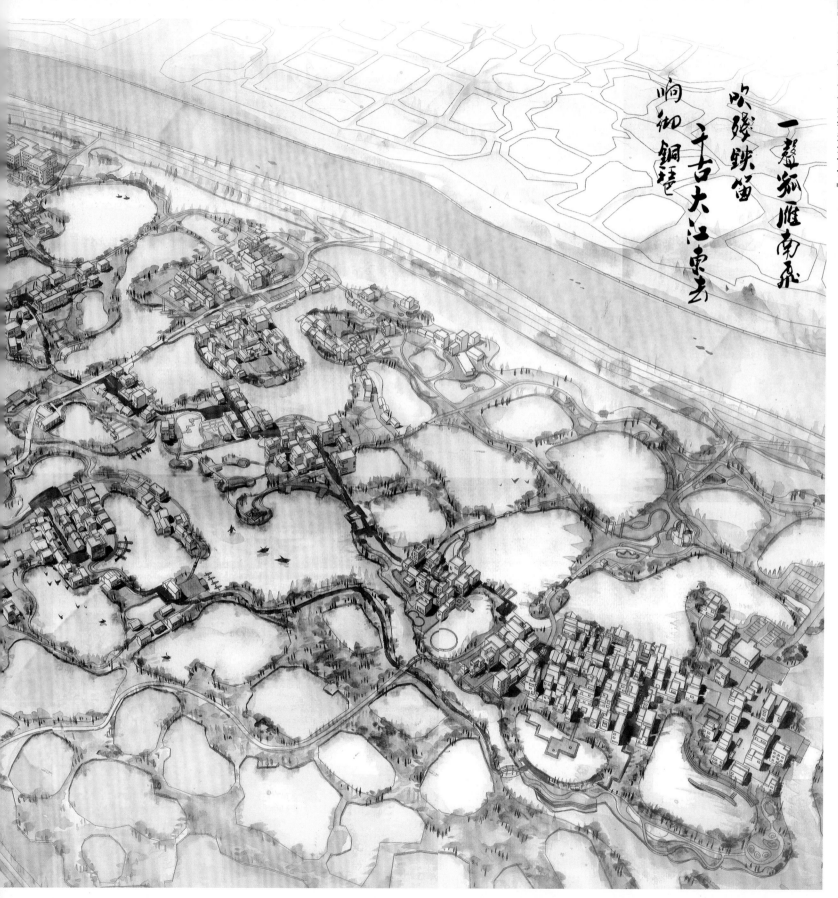

一声孤雁南飞
吹残铁笛
千古大江东去
响彻铜琶

教师感言

广州大学

漆　平

　　6+1联合毕业设计已然成为六校师生和广东省规划院的年度盛会，思考教学水平的提高是我们的责任，享受教学过程又是我们共同的期待。教学的过程虽然只有三个月，但整个工作的时间跨度却超过了半年。在这大半年当中，焦虑、期待、苦闷、愉悦的情绪是交织着的，每到年底，便会期待来年的挑战、未知和重逢。有意思的是，成都站答辩时与嘉宾同济大学的彭震伟老师说起6+1的由来，是六年前在武汉大学参加规划专指委年会时发的材料里有同济大学与重庆大学联合毕业设计的作品集，阅后大受启发，回头与西南交大赵炜老师联系，一拍即合，于五年前开始了最初的两校联合毕业设计，而同济大学与重庆大学联合毕业设计的发起人正是彭震伟老师，不免感慨多多。

　　今年的课题所在地古劳水乡是个很有地方特色的场地，选题也很切合当下的热点问题，各小组从不同角度切入，发挥了各自的特长，有令人耳目一新之感。但在调研环节时间安排不够充分，留下些许遗憾。

　　从同学们期待的目光中我感受到了压力，也是教学的动力。缜密的教学组织是顺利完成教学工作的保证，出现些许疏漏都会令人感到不安，非常感激广东省规划院的同仁和各校老师的合作，使得今年的联合毕业设计教学工作得以圆满完成。共同的价值观使我们聚在一起，团队的齐心协力使这个活动得以延续。

　　期待明年。

广州大学

骆尔提

　　在西南交通大学六校联合毕业设计终期答辩的顺利举行，为2017年"南粤杯"6+1联合毕业设计画上了一个圆满的句号。看到学生们的优秀的成果，所有的努力和付出都值了。

　　联合毕业设计从2013年至今，已经走过了5个年头，虽然在课题的遴选、教学计划的安排、教学效果的控制以及教学手段的创新等方面越来越成熟，老师之间的配合也越来越默契，但是，每年开学的时候，个人心中总还是有些忐忑不安。这种不安中包含了太多的内容：是对自己的要求，是对学生的责任，是对团队的承诺，也是对成果的期盼。正是这份不安，促使我们大家走到一起，每年为一个目标而共同努力，当墙上挂满优秀的设计成果时，我们知道，我们的目的达到了，其实，我们一直在努力追求的就是毕业设计这个"过程"。

西南交通大学

赵 炜

今年的毕业设计一如既往地有趣，然而具有更强的挑战性。岭南水乡的课题对于许多同学，甚至包括老师们都是陌生而新鲜的，但同学们对文化、生态和乡土空间的解读和表现都很出色。设计的每一个环节都得到了堪称豪华的教师团队悉心指导，严格把关，大佬们的犀利批评让学生们受益匪浅，最终成果的完成度和整体质量都令人满意。

师生们的友谊随着又一届毕业设计的圆满结束而进一步增强，想念已经自然而然地成为一种习惯了。难忘昆明的蓝天，广州的啤酒，最遗憾的是没能参加在本校举行的毕业答辩。

有欢聚也有别离。大家终归各自奔向自己的新目标，开始新的忙碌，新的征程。感谢广东省城乡规划设计研究院，祝福所有为此项公益事业付出心血的朋友们！

哈尔滨工业大学

马 辉

数个月时光又匆匆而逝，欣慰2017年六校联合毕业设计取得圆满成功。今年是哈尔滨工业大学加入联合毕业设计的第二个年头，在六校的大家庭中仍算得上是新面孔，然而学生们在联合毕设中收获累累，证明我们的联合设计的确是值得继续践行的道路。

在联合毕业设计的过程中，学生们能够与更多的同龄人共同参与到这个头脑风暴之中。无论是本校小组之间的方案推导，还是与其他学校同学们互相取长补短，都会让他们对设计本身有更深刻的了解。这样的经历绝对不是一个闭门造车的过程，而是让学生们提前熟悉今后工作的节奏，了解团队协作的重要性，为日后的学习与工作生涯打下基础。

作为老师，能够看到自己的学生们获得一份独特的人生经历，并从中对自己数年所学得到一定的回顾与启发，对于我们也是莫大欣慰。

各站行程，充实紧凑又精彩纷呈，离不开各位老师及承办方的努力。也衷心感谢在此次联合毕业设计中不辞辛劳的各位领导与老师们。期待来年的再聚！

昆明理工大学

陈 桔

转眼就到第三十三个教师节了，有人说中国教师是"地位全球最高、工资世界垫底"，有人继续点评"地位也不高嘛"，那真是有点遗憾了！其实大多数教师是乐于奉献的，也不会那么在乎名与利，否则就不必进这道门了。

转眼6+1联合毕业设计从源起至今也五年了，我们有一个地位不算高（例如职称结构、学科排名等方面），但确实乐于奉献的教师团队，不仅为这个活动思虑得最多，也言传身教得最多；我们有幸还有一个不遗余力支持教育的企业——广东省城乡规划设计研究院，每一年联合、每一个环节都从未缺位，对学生的做事做人都给出了中肯之言。我们的这一批学生都有较高的智商和情商，希望同学们可以体会和学习到这个团队的精神，希望同学们走向社会时，也能成为一批乐于奉献的人，那么大家也就不虚此行了。祝愿大家能走得更高，走得更远！祝愿"南粤杯"6+1联合毕业设计更上一层楼！

厦门大学

王量量

时间荏苒，转眼又是一年，2017年"南粤杯"6+1联合毕业设计圆满结束了。回顾此次毕设，最大的感受就是今年各个高校的成果比起去年都有了较大的提升，让指导老师们甚是欣慰。

今年已是连续第二年带队参加联合毕业设计，相比去年，对这种形式的毕业设计有了更深的认识。厦门大学城乡规划专业成立相对较晚，在很多方面要跟其他院校学习。6+1联合毕业设计提供了完美的舞台，让厦大学子们有机会和更高水平院校的学生同场竞技，相互学习。借这个机会，我首先要感谢广东省规划院的同仁能够始终不渝地支持这项活动，为六校的师生提供交流的机会。其次要感谢各位指导老师，大家除了要指导学生毕业设计，还要组织选题、开题、看现场、中期工作营、中期评审、最终答辩等各个环节，各种辛苦不言而喻。当然，我也要感谢我的学生们。记得开学初报选题的时候，我许诺他们这必将是一次"开心"的毕业设计，让他们毕生难忘。整个毕设过程中，学生们虽然很辛苦，但是的确过得十分开心，我想我应该实现了我的诺言。现在我非常期待下一次的聚首，希望明年能继续参加6+1联合毕业设计。

南昌大学

周志仪

　　三年前抱着游戏的心态参加了首次竞赛，玩了三年后发现离不开这游戏了。宽泛地说，人人都是游戏迷，孩子们天天沉迷在各种"王者荣耀"，成年人忙着在朋友圈发帖和点赞，老年人围着电视营造的各种游戏场景。对我而言，一年分为两个时间段，游戏时间和非游戏时间。游戏开发商眼里最好的游戏莫过于玩家一边玩一边购买大量的装备，还不断呼朋唤友来加入。站在这个角度来看，我们的活动就是一款成功的游戏。咱们的选手们前往多个城市去探险，其间购买各种设备，学习各种技能，不断汇报打怪升级，游戏期间不断向亲朋好友们努力宣传。游戏结束取得自己应有的名次，期待着能再来一次。

　　我们的活动今年已经是第五年了，从两个学校发展到六所院校加联合企业及学术支持机构，影响力在国内规划教育界也逐渐增强，可以说度过了草创时期正走向发展和成熟。成功游戏的设置往往有一个主线，打怪升级或者英雄救美。到底是什么能吸引我们一大群人开心地玩几年？这是个问题。平心而论，这个活动的发起院校在国内都不算顶尖院校，主持的老师们也不都是著作等身的明星学者，所选课题也没有紧跟时代热点。这个活动靠的就是"温暖"这个主线，它有时明确地写入竞赛题目，比如去年"温暖的城市"，但大多时候温暖是作为一根主线贯穿着整个过程。通过老师们对学生的引导，同学们开始对一草一木温暖地爱护，对地块温暖地解析，对多种利益群体温暖地理解，对组员及组间温暖地支持，我们发现学生们逐渐理解"温暖"的本质含义，并希望他们能将这份"温暖"保留终生，通过我们十年二十年的坚持能结出满树"温暖的果实"。

后 记 赵 炜

古劳水乡围墩和人居的关系，是典型的农业社会—生态空间系统。在快速的城镇化进程干扰下，其形态格局很有特色，但内在的结构性失调问题已经凸显。水乡生态和农作环境受到人居空间的冲击，水环境质量和生物多样性水平明显地退化。古劳的咏春拳宗师梁赞故居得到较好保护，成为水乡旅游中的一个重要节点，但似乎还未能在更大的范围内发挥影响。水乡民居的闲置、衰败等现象，则与周边工厂的勃勃生机形成鲜明的反差。

从同学们的方案中我们看到：鸟与人的和谐，游客与居民的协同；话桑归塘，乡韵入城的美好愿景；水居、渔趣、龙舟、水市，承载着乡土的文化；老镇的延续与再生得到了深入的思考；基于社会关系网络修补的规划设计"因缘而起"；因水而生的生态"曼"城展示了"蔓生态"、"漫"水乡、"慢生活"；"悠水墩，循咏源"，优联动和低介入的策略顺应着水乡和咏春的主线；而"岛空间，栖生活"的创意则令人印象深刻。

进一步思考，我们应以怎样的价值观来看待这片土地？如何探索水乡人居空间结构内涵，及其作用于空间形态的内在机理？谁能让"水乡古韵"的魅力恢复？基于韧性思维的乡村规划也许能激发更深入的思考。对粗放的增长我们如何刚性控制，又如何对待衰退采取精明收缩之策？怎样应对偶然事件的冲击？还有诸多类似的框架性问题，即使很难在短暂的教学过程中让毕业生充分理解，但可以和他们一同去探索。联合设计的教学正好为这样的深入学习提供了宝贵的机会，而不仅囿于套路化的概念和炫酷的技巧。

联合毕业设计的机制每年都在不断完善，同时不断地创新。同学们的能力在这个过程中得到全方位的展示，在他们的求学之路上难能可贵，于他们今后的职业生涯而言，也会是值得惦记的宝贵的财富。严谨认真的教学基调中，成果表现的形式丰富多样，更让我们感受到的生活与快乐融入了规划设计，专业精神在有趣的环境之中才能更加散发出魅力。希望同学们能记住这个并不是那么轻松的毕业季，能记住古劳镇的领导带着乡亲们的期盼，看到成果时的激动与喜悦。